Waidmannsdank!

Für Erika, Carsten, Simone, Carina,
Fritjof und Henri

Joachim Eilts

Waidmannsdank!

Diana war mir stets gewogen

KOSMOS

Bildnachweis

Mit 36 Fotografien des Verfassers

Impressum

Umschlaggestaltung von eStudio Calamar von unter Verwendung einer Farbfotografie von Joachim Eilts

Mit 36 Farbfotografien

Gedruckt auf chlorfrei gebleichtem Papier

FSC www.fsc.org MIX Papier aus verantwortungsvollen Quellen FSC® C005833

ISBN 978-3-440-12228-0
Redaktion: Ekkehard Ophoven
Produktion: Die Herstellung, Korntal
Printed in The Czech Republic / Imprimé en République Tchèque

Inhalt

Zum Geleit

„Waidmannsdank! Diana war mir stets gewogen“. Ich kann es nicht anders sagen: Es macht einen Riesenspaß, dieses Buch zu lesen, denn Joachim „Akki“ Eilts versteht es wie kaum ein anderer, den Leser gefangen zu nehmen. Er entführt ihn sowohl in heimische Reviere, in denen er Enten, Gänsen, Fasanen, Hasen, Füchsen, Rehen und Sauen nachstellt, als auch in die entlegensten Gegenden der Welt, wo er auf Raufußhühner, Hirsche, Gemsen, Schneeziegen, Schwarzbären, Kojoten, Elche, Springböcke, Oryx-Antilopen, Hartebeests und viele andere Wildarten mehr jagt.

Kurzweilig, witzig, mit treffsicheren Pointen, nicht selten mit überschäumender Begeisterung und herrlicher Selbstironie, zieht der passionierte „Waidmann seit ewigen Zeiten“ und leidenschaftliche „Angler von Kindesbeinen an“ den Leser in seinen Bann.

Ostfriesischer Humor, tiefgründige Gedanken, Träume, die keine Schäume sind ... In der ihm eigenen Art beschreibt der Autor bildhaft und spannend jedoch nicht nur, was sich auf der Jagd abspielt, sondern hält sich ebenfalls den Blick frei für „Zwischenmenschliches“ und die Natur, die ihn umgibt.

Schweinesonne, Blitz und Donner, Wolkenbruch, orkanartige Böen, klirrende Kälte, Schneeflocken, so groß wie Schmetterlinge, bellende Füchse, schreckende Rehe, Wolfsgeheul und Regentropfen, die an Fensterscheiben klopfen ... Es ist, als wäre man leibhaftig dabei. Man spürt, wenn der Wind weht, hört das Klingeln der Wildenten in der Luft und erschauert, wenn der Waldkauz ruft, vermeint das Jucken der Haut nach Mückenstichen zu spüren und fühlt, wie der Schweiß nach anstrengender Jagd von der Stirn über die Wangen in den Hals rinnt.

Im Paul Parey Zeitschriftenverlag und „outdoor“ liefen Akki und ich uns mehr als zwei Jahrzehnte in ständiger Regelmäßigkeit über den Weg. Und es dauerte nie lange, bis Akki die neuesten Jagdgeschichten zum Besten gab. Daher weiß ich, dass ihn die Abenteuer nicht nur anziehen – sie springen ihn förmlich an.

Gern erinnere ich mich daran, dass ich Joachim Eilts, der seit nunmehr fast einem Vierteljahrhundert zum „Inventar“ der Redaktion FISCH & FANG gehört, mehrmals „aufmüdete“, die spannenden und nicht selten besonderen Vorkommnisse zu notieren und ein Buch darüber zu schreiben. Dementsprechend erfreut war ich, als er mir das Manuskript in die Hand drückte und mich bat, das Geleitwort zu schreiben. Ich habe seine Memoiren, ein Potpourri herrlicher Geschichten, regelrecht verschlungen und hörte erst nach dem Ausrufezeichen auf der letzten Seite auf zu lesen.

Joachim Eilts hat mit Worten ein großartiges Gemälde gemalt. Ein Bild der Jagd mit all ihren Facetten. Niemals geht es ihm ausschließlich darum, Beute zu machen – auch dem Käfer im Gras und dem Spiel der Wolken am dunkelroten Abendhimmel gilt sein Blick.

„Waidmannsdank! Diana war mir stets gewogen“ – ein beeindruckendes, herzerfrischendes, köstliches Werk! Ich bin sicher, Sie sind genauso begeistert wie ich!

Horst Reetz
Chefredakteur der WILD UND HUND 1981–1997

Nur wenige Wochen, nachdem Horst Reetz auf meine herzliche Bitte hin diese Geleitworte zu „Waidmannsdank! Diana war mir stets gewogen“ geschrieben hatte, verstarb er nach schwerer Krankheit viel zu früh im Alter von 70 Jahren. *Joachim Eilts*

Einleitung

Ich weiß es noch wie heute. Es war am späten Nachmittag des 27. Juli 1988, einen Tag nach dem 40. Geburtstag meiner Frau. Freund Johann hatte mir einen guten, aber außergewöhnlich klugen und misstrauischen, abnormen Bock freigegeben, und ich pirschte auf einem von Bäumen gesäumten Feldweg in Ostfriesland Richtung „Hochsitz".

Hört sich ziemlich unspektakulär an, war es jedoch nicht, denn der „Hochsitz" befand sich in einer dicken, hohen, alten Eiche, die ich über eine locker angestellte „Hühnerleiter" erklimmen musste. Der Sitzplatz bestand lediglich aus einem auf zwei Ästen abgelegten breiten Brett. Damit es nicht gleich beim ersten Sturm herunterfiel, war es mit einer braunen nylonummantelten Wäscheleine befestigt. „Das ist der beste Platz, um den Schlaumeier zu erwischen", hatte Johann gesagt.

Weil ich, wenn es sein musste, bis zum nächsten Morgen auf der Eiche sitzen bleiben wollte, um den Bock in seinem Einstand bei der Morgenpirsch nicht zu vergrämen, hatte ich, außer der Büchse und meinem Rucksack, noch ein dickes, geflochtenes Sicherungsseil geschultert. Nur für den Notfall, um mich die Nacht über in luftiger Höhe festzubinden. Vorsichtig setzte ich beim Anmarsch zum Sitz einen Fuß vor den anderen, um ja keinen unnötigen Krach zu machen.

Das allerdings hätte ich mir sparen können, denn völlig unvermittelt kam mir eine alte, schwarz gekleidete Frau mit grauen Haaren unter einem bunten Schal entgegen, die mich bereits aus einiger Entfernung mit langem Hals und weit geöffneten Augen intensiv musterte. Als sie lediglich noch etwa drei Meter von mir entfernt war, blieb sie abrupt stehen und sagte: „Tun Sie‘s nicht, junger Mann! Sie sind doch noch so jung, und das Leben ist so schön!“

Zunächst dachte ich, sie wäre ein wenig verwirrt, aber dann begriff ich, denn ihr Blick haftete unablässig auf der Büchse und dem dicken Tau auf meinem Buckel. Sie dachte wohl, ich wolle mich entweder erschießen oder aufhängen. Oder umgekehrt. Oder beides. Woher sollte sie auch wissen, dass ich mich die Nacht über auf der Eiche festbinden wollte, um nicht herunterzufallen ...

Ich nahm mir die Zeit und klärte sie auf, bestätigte ihr mit der Inbrunst der Überzeugung, dass das Leben in der Tat schön sei. Ganz besonders das Jägerleben. Und sie solle sich um mich keine Sorgen machen, ich würde mit Sicherheit irgendwann eines natürlichen Todes sterben. Zum Beispiel durch einen Blitzschlag oder einen Flugzeugabsturz ... Und mit der Jagd würde ich erst aufhören, wenn ich in der Kiste läge oder als Staub in einer Urne.

Sichtlich erleichtert atmete die alte Dame mehrmals tief durch, drückte mich kurz und wünschte mir „viel Spaß!“ Dann tänzelte sie leichtfüßig wie eine Elfe von dannen.

Und genau in dem Moment, als sie hinter der nächsten Kurve verschwand, kam mir die Erleuchtung. Eine derart hinreißende Begebenheit und viele andere „Wahnsinns-Jagdgeschichten“ mehr, von denen ich im Laufe der Jahrzehnte unzählige erlebte, musste man einfach aufschreiben!

Ich nahm mich beim Wort und führte fortan meine Jagd-Tagebücher noch genauer und ausführlicher als sowieso schon. Außerdem machte ich mir, wenn mir bereits Vergessenes wieder in den Sinn kam, sofort Notizen. Das Ergebnis, allerdings ausformuliert, haben Sie, lieber Leser, in der Hand!

Fast hätte ich es vergessen: Der Bock, auf den ich ansaß, lag bereits 40 Minuten, nachdem ich den Hochsitz erklommen hatte. Der Blattschuss auf 80 Schritt ließ ihn blitzartig inmitten hoher Binsen in sumpfigem Gelände verenden. Ein richtig guter etwa sechsjähriger Abnormer, der Johann und mir unendlich viel Freude bereitete.

Joachim Eilts

Braune Bären und ein schwarzer Hahn

Wie elektrisiert zucke ich zusammen, als „Mikkan", die rote Finnspitz-Hündin meiner schwedischen Begleiterin Anita, Laut gibt. Kaum zehn Minuten hat sie gebraucht, einen Vogel zu finden und zu stellen. Das fängt ja gut an, denke ich.

„Mikkan" muss etwa 300 Meter entfernt sein und bellt sich die Seele aus dem Hals. Wir lassen uns Zeit und nähern uns dem Hund mit Bedacht. Da reitet urplötzlich kaum 20 Meter von mir entfernt fast provozierend ein Birkhahn aus einer Fichte ab. Ich schieße jedoch nicht, um den Hund nicht zu irritieren. Sicher würde er aufhören, den Vogel vor ihm auf dem Baum zu verbellen, und nachschauen, wer da geschossen hat. Anita hatte mich auf eine solche Situation vorbereitet, sonst wäre ich vielleicht schwach geworden.

Wir pirschen weiter. Aber der Birkhahn, den „Mikkan" verbellt, sitzt auf einer Fichte in relativ offenem Gelände und streicht sofort ab, als er uns eräugt. Macht nichts! Ich habe ja, jetzt Anfang September 2005 in Dalarna in Schweden, sechs Tage Zeit, einen Birkhahn oder noch lieber einen Urhahn zu erlegen.

Eine halbe Stunde später erklimmen wir einen kleinen Berg und genießen den wunderbaren Blick auf die fantastische Natur: Laubbäume inmitten grüner Nadelwälder, idyllische, schilfgesäumte Seen, mäandernde Bäche, mit Moosen bewachsene Felsen, knorrige Krüppelkiefern. Sonnenstrahlen lassen die allgegenwärtigen Blau- und Preiselbeeren leuchten wie Christbaumkugeln. Mir geht förmlich das Herz auf.

Als sich der Himmel zuzieht und es langsam zu nieseln beginnt, pirschen wir weiter. Ideales Wetter, Raufußhühnern nachzustellen. Auf dem nunmehr feuchten Untergrund knackt es kaum noch, als wir vorsichtig weitergehen.

Genau in dem Moment, als wir einen kleinen Bach überspringen, verlässt eine Auerhenne mit lautem Schwingenschlag die Dickung. Immer wieder fasziniert mich dieser Vogel: das perfekt tarnende waldbodenfarbene Gefieder, der kräftige Brocker, die tief befiederten Ständer und der auffällige rotbraune Brustring – einfach wunderschön. Die Henne bleibt unbeschossen – soll lieber für Nachwuchs sorgen, als im Topf zu landen.

Schließlich erreichen wir ein größeres Waldstück und setzen uns auf eine umgestürzte Kiefer. Hier wollen wir warten, bis die rote Hündin etwas gefunden hat. Mit Sicherheit die beste Strategie. Der vierbeinige Jagdgehilfe ist nun mal wesentlich klüger und leiser als wir.

Kaum ist die passionierte, unermüdlich suchende Hündin in den Bestand vorgedrungen, gibt sie bereits Laut. Aber diesmal ist ihr ein Missgeschick passiert, denn was ich nach spannendem Angehen oben in der Fichte mit dem doppelten Glas entdecke, ist kein Vogel, sondern ein ... Eichhörnchen. „Mikkan“ scheint das peinlich zu sein, denn als ich nicht schieße, verdrückt sie sich und sucht weiter. Heute jedoch wird sie nicht mehr fündig.

Am Morgen des nächsten Jagdtages bin ich ziemlich kribbelig. Ob es schon heute klappt mit meinem alten Auerhahn? Auf der Fahrt ins Reich der Raufußhühner sehen wir am Straßenrand drei Auerhennen, die Magensteine für die Verdauung sammeln. Ein schöner Anblick. Leider reicht das Licht noch nicht für ein paar Fotos.

Heute dauert es fast eine Stunde, bis „Mikkan“ einen Vogel verbellt. Diesmal ist es ein Haselhuhn, das ich im Geäst einer Kiefer 20 Meter über mir mit dem Fernglas erkenne. Es wäre keine Kunst gewesen, den mit Rebhuhngröße kleinsten Vertreter der Raufußhühner zu erlegen, aber da ich bereits vor Jahren eins in Norwegen schoss, bleibt der Finger gerade.

30 Minuten später schlägt „Mikkan“ erneut an. Zwar komme ich, jede Deckung nutzend, an den Birkhahn in einer Fichte heran

und schaffe es sogar, als der Vogel davonfliegt, die Flinte hochzureißen, schieße jedoch vorbei. Der Hahn ist derart schnell, dass ich schlicht und ergreifend nicht weit genug vorhalte.

Wir machen eine Pause und trinken den in einer Thermosflasche mitgebrachten Kaffee, teilen die Käse- und Wurstbrote mit der Hündin und unterhalten uns über Gott und die Welt. Es muss herrlich geklungen haben: Ein Ostfriese und eine Schwedin mit gleichermaßen schlechtem Englisch.

Nach der Rast pirschen wir weiter, und wieder beeindruckt mich die großartig arbeitende Hündin. Sie findet ein Geläuf, folgt ihm und veranlasst den Vogel zum Aufbaumen. Diesmal ist es eine Auerhenne. Auch sie bleibt, wie die Hennen zuvor, unbeschossen.

Der Vormittag des dritten Jagdtages beschert uns ebenfalls großartige Erlebnisse. Sechs Mal innerhalb von vier Stunden gibt „Mikkan" Standlaut, und fünf Mal schaffe ich es, in die unmittelbare Nähe der Hündin zu kommen. Erlegen allerdings kann oder will ich nichts. Zwei Auerhennen sind tabu, eine Birkhenne ebenfalls, und zwei Birkhähne plustern derart schnell von einem der Nachbarbäume davon, dass ich das Nachsehen habe. „Mikkan" – das allerdings kommt äußerst selten vor – hatte sich im Baum geirrt. Der sechste Vogel, den die Hündin findet, ist zwar ein Auerhahn, aber der reitet bereits ab, als ich noch 40 Meter entfernt bin. Viel zu weit für meine Schrote.

Am Nachmittag gehe ich allein auf die Pirsch, will keine einzige Stunde hier in Dalarna ungenutzt lassen. Immerhin ist auch der Bereich rund um die Hütte Erfolg versprechend. Doch zuvor kehre ich mit Flinte und Rucksack in einer Tankstellen-Raststätte ein. Da ich mich in den vergangenen Tagen vorwiegend von kalten Würstchen, Milch, Cola und Schokolade ernährte, habe ich Lust auf etwas Warmes. Unmissverständlich grummelt mir mein Magen zu, dass ich mich nicht ordentlich um ihn gekümmert habe.

Als ich den Imbiss betrete, bin ich äußerst angetan von der Mentalität der Menschen dort. Alle sind ausgesprochen freundlich und sprechen mich sofort an: „Schon was geschossen? Wie gefällt es dir in Schweden? Wie lange bleibst du?" Und so weiter. Hier hat man noch ein völlig natürliches Verhältnis zur Jagd und zum Angeln. Eine Wohltat! Ungeniert lege ich die gebrochene Flinte seitlich auf den Tisch und stelle den Rucksack daneben. Dann bestelle ich Bratkartoffeln mit Elchfleisch und schlage mir den Bauch voll.

Derart gestärkt mache ich mich auf den Weg und bekomme bereits nach wenigen Pirschminuten einen jungen Elchhirsch zu Gesicht. Nur kurz nimmt er Notiz von mir, bevor er weiterzieht. Immer wieder stoße ich nun auf frische Fährten dieser Hirschart.

Das Glück ist mir hold, denn als ich eine Bergspitze passiere, entdecke ich bei gutem Wind zirka 50 Meter entfernt einen Braunbären, der gerade dabei ist, etwas auszubuddeln. Als er mich mitbekommt, klatsche ich in die Hände und rufe ihm zu, dass er von mir nichts zu befürchten hat: „Die Flinte ist lediglich für die Jagd auf Raufußhühner! Glaub's mir!" Daraufhin verdrückt er sich. Weil er sich dabei viel Zeit lässt, vermute ich, dass er der deutschen Sprache mächtig ist.

Nachdem ich eine Viertelstunde gewartet habe, schaue ich nach und sehe, dass der etwa dreijährige Petz ein Wespennest auseinandernahm und die Larven fraß.

In Dalarna gibt es ungewöhnlich viele Braunbären, und auch der Wolfsbesatz nimmt zu. Vertreter der letzteren Art allerdings bekommt man kaum zu Gesicht. Die Aussicht, einem Petz zu begegnen, ist dagegen nicht schlecht.

Nach einer kurzen Rast höre ich, als ich vorsichtig über einen Hügel schaue, einige Hundert Meter entfernt das typische „Gurren" von Birkwild. Während ich die Vögel anpirsche, bekommen sie mich jedoch mit und streichen ab – viel zu früh für einen Schrotschuss. Schwacher Wind bringt das trockene Laub der Büsche auf dem Boden zum Rauschen, und das leise Wispern der Grashalme hört sich an wie die tänzelnden Schritte einer Elfe.

Obwohl ich in der Folgezeit die Nadelbäume fortwährend systematisch mit dem Glas absuche, entdecke ich nicht einen Vogel. Wirklich fantastisch, wie unsichtbar sich Auer- und Birkwild machen kann. Erst wenn sie abreiten, weiß ich, wo die Vögel gesessen haben.

Der vierte Jagdtag in Dalarna steht bevor: Ob es heute mit meinem Hahn klappt? Ich zweifle, denn frei nach einem Sketch von Loriot hatte meine Frau, als ich fast euphorisch den Rucksack für die Reise nach Schweden packte, gefrotzelt: „Ich glaube, mit deinem Gefühl stimmt etwas nicht!"

Und dann passiert's! Urplötzlich reißt mich „Mikkan" aus der Grübelei und gibt Laut. So laut, dass es mir vorkommt, als bekäme ich Stromstöße ins Gehirn. „Langsam, es ist ein Großer!", gibt mir Anita auf Englisch zu verstehen. Dass es ein Urhahn sein muss, erkennt sie am besonders aggressiven Standlaut der Hündin. Und schon mache ich mich auf den Weg. „Waidmannsheil!", flüstert sie. Eines der wenigen Worte in Deutsch, die sie kennt.

Aber mir steht einiges bevor: Riesige moosbewachsene Felsen und Steine, verfaulte Stämme mit Flechten und Ästen sowie ein zwei Meter breiter Bach und Krüppelkiefern erschweren den Weg. Sie alle scheinen sich gegen mich verschworen zu haben! Vielleicht wollen sie auch nur den Vogel, den ich jetzt anpirsche, schützen.

Es ist zum Verzweifeln! Ein harter Wacholderstrauch findet exakt den Weg durch meinen im Eifer des Gefechts aufgegangenen Hosenschlitz. Die Nadeln pieken gewaltig, aber ich stecke es weg wie ein Mann.

Stakkatohaft ertönt der Laut des Spitzes, lenkt den Auerhahn ab. Schweißgebadet und völlig aus der Puste kämpfe ich mich voran. Immerhin habe ich bereits drei anstrengende Jagdtage hinter mir. Schweiß läuft mir in die Augen und brennt darin wie Feuer.

Wie aus heiterem Himmel bekomme ich einen Krampf in der linken Wade. Das hat mir gerade noch gefehlt. Warum tust du dir das an, frage ich mich. Weil es mir Spaß macht, hier in diesem herrlichen Revier zu jagen! Nur zu gut weiß ich, dass man erst durch die Hölle muss, um in den Himmel zu gelangen.

Nachdem der Krampf verflogen ist, setze ich langsam, ganz langsam einen Fuß vor den anderen und achte peinlich darauf, jede Deckung zu nutzen. Längst ist die Flinte im Voranschlag. Jetzt bloß keinen Fehler machen!

Und dann mache ich ihn doch: beginne, über Stock und Stein zu fliegen. Zweimal hintereinander bricht unter meinem linken Fuß ein Zweig. Ich komme zur Besinnung und lasse es langsamer angehen. Zu meiner Erleichterung bellt sich „Mikkan“ nach wie vor die Kehle aus dem Hals. Der große schwarze Vogel ist noch da.

Schließlich befinde ich mich nur noch 30 Meter vom Hund entfernt und suche den Baum ab, vor dem die Hündin seit 25 Minuten Laut gibt. Immer noch bellt sie und äugt aufgeregt in den Wipfel einer hohen Fichte. Aber ich sehe den Vogel nicht!

Es ist unfassbar: Ich stehe vor dem Baum und sehe den riesigen Auerhahn nicht. Selbst, als ich den Stamm von oben bis unten mit dem Fernglas unter die Lupe nehme, entdecke ich nichts. Nicht einmal eine Feder. Der Vogel muss senkrecht hinter dem Stamm hängen. Anders kann es nicht sein!

Unaufhörlich suche ich weiter, aber der Erfolg bleibt aus: nichts! In einem solchen Fall hatte mir Anita geraten, zurückzupirschen, langsam und vorsichtig einen großen Bogen zu machen und von der anderen Seite erneut mein Glück zu versuchen. Ich befolge den Rat und habe es schließlich geschafft. In der Tat: Der Hahn drückt sich vom Hund abgewandt senkrecht an den Stamm! Ein Wahnsinnsbild, als ich ihn kaum 30 Meter entfernt entdecke.

Noch immer bellt die Hündin, die genau weiß, was sie zu tun hat. Zentimeter für Zentimeter schiebe ich mich durch die Äste und versuche in Schussposition zu kommen. Der Puls schlägt mir bis zum Hals, das Herz trommelt, das Blut schießt nur so durch die Adern.

Im Zeitlupentempo hebe ich die Flinte, und schon verlassen die drei Millimeter dicken Schrote den Lauf. Zwar sehe ich, als ich etwas seitlich vom Hahn stehend schieße, dass der stattliche Vogel die Schwingen geschlossen hat, und bemerke, dass einige Zweige im Weg sind, aber ich musste handeln, denn schon die kleinste weitere Bewegung hätte die Riesenchance zunichte machen können.

Sofort nach dem Schuss erwarte ich, dass der Auerhahn verendet zu Boden taumelt. Aber es kommt wieder einmal anders. Getreu dem Motto meines Freundes Arndt, der seit Jahren behauptet, ich könne kein einziges Stück Wild „normal“ schießen, streicht der Urhahn pfeilschnell davon. Genauso wie manche beschossene Gans in Ostfriesland.

Mehrmals hatte ich dort erlebt, dass die großen grauen Vögel tödlich getroffen mit ausgebreiteten, steifen Schwingen noch nahezu einen Kilometer weitersegelten, bis sie im Strandhafer an der Küste landeten, wo sie dann jedoch immer von meinem Drahthaar „Hatz“ gefunden wurden.

Der Hahn fliegt noch über 700 Meter weit über einen See und geht exakt auf dem zirka 30 Meter breiten Uferbereich zwischen Gewässer und Waldrand zu Boden. Erst zwei Stunden später finden wir ihn mithilfe des Hundes und sind natürlich überglücklich.

Der alte Hahn wiegt nahezu sechs Kilogramm, und die beiden äußeren Schaufeln des Stoßes sind ungewöhnlich breit. Der hornfarbene Schnabel ist voll ausgeprägt. Ein starker Urhahn mit einem richtigen Charakterkopf.

Was für ein Tag! Was für eine Jagd! Was für eine Freude! Ein Traum, hier jagen zu dürfen! Bevor es auf den beschwerlichen Weg zurück zum Auto geht, machen wir eine Pause. Etwas Kaffee ist noch in der Kanne, die Brote jedoch sind bereits aufgefuttert. Die Augen schweifen in die Ferne, dahin, wo Himmel und Erde miteinander verschmelzen. Hier hat die Zivilisation noch nicht ihr Gift verspritzt.

Spätestens jetzt weiß ich, warum die Wildmark in Dalarna Wildmark heißt. Weil Dalarna im wahrsten Sinne des Wortes ein wildes, urtümliches Land ist. Dass ich mir auf dem Rückweg nasse Füße hole und mehrmals schmerzhaft umknicke, ist mir, gelinde gesagt, egal.

Am späten Nachmittag fahren Anita und Gunther, der Mann der Bärenforscherin Andrea Friebe, und ich zu einer Bärenhöhle in einem Mischwald, um ein paar Fotos zu machen. Sie ist etwas größer als normal, sodass wir davon ausgehen, dass sich hier im Winter eine Bärin mit Jungen einschneien ließ. Wie die meisten von

Braunbären gegrabenen Winterhöhlen befindet auch sie sich in einem verlassenen Ameisenhügel.

Dass ich am Tag darauf einen weiteren Birkhahn fehle, macht mir nicht wirklich etwas aus. Ich habe ja meinen alten Urhahn. Und als ich mich nach dem sechsten ebenfalls spannenden und eindrucksvollen Jagdtag in der Dämmerung auf den Weg zurück zur Hütte mache, bin ich nur noch dankbar: Sechs Tage nacheinander war ich jeweils zwölf Stunden im Wald und legte dabei im Schnitt 20 Kilometer über Stock und Stein zurück.

21 Auerhähne, elf Auerhennen, sieben Birkhähne, drei Birkhennen sowie ein Haselhuhn bekamen wir in Anblick, wie ich meinem peinlich genau geführten Tagebuch entnehme.

Wehmut überkommt mich, als ich daran denke, dass es morgen wieder nach Hause geht. Aber der Anfall hält nicht lange an, denn die herrlichen, stimmungsvollen Jagdtage in der bezaubernden Wildmark Dalarnas kann mir niemand mehr nehmen. Ich ziehe den Hut und grüße den Wind, die Wolken, die Sonne, den Mond und die Sterne ...

Casanova

Zwölf Jahre lang arbeitete ich die Woche über im Paul Parey Verlag in Hamburg in der Redaktion Fisch & Fang und anschließend, nachdem Parey an den Mittelrhein Verlag in Koblenz verkauft worden war, 13 Jahre in Singhofen in Rheinland-Pfalz. Mein Hauptwohnsitz, wie es sich für einen Ostfriesen gehört, blieb natürlich Emden.

Beide Standorte, sowohl Hamburg – die für mich schönste Stadt der Welt – als auch das idyllische Dorf Singhofen in Rheinland-Pfalz, in dem sich seit Juni 1998 die Redaktionen Fisch & Fang, DER RAUBFISCH, Wild und Hund, Deutsche Jagdzeitung sowie JAGEN WELTWEIT befinden, hinterließen bleibende Eindrücke.

Und dann war da noch das wunderevolle Wild-und-Hund-Testrevier in Obertiefenbach im Taunus, kaum sieben Kilometer von Singhofen und meinem Arbeitsplatz entfernt, in dem ich – und dafür war ich unendlich dankbar – mehr als zehn Jahre zusammen mit den „wilden Hunden“ jagen durfte.

Das Revier hat eine Größe von 540 Hektar, und der Feldanteil beträgt 65 Prozent. Allerdings werden die landwirtschaftlichen Flächen von Waldstücken, Remisen sowie knickartigen Hecken zergliedert.

Ein sehr guter Rehwildbestand, regelmäßiges Schwarzwildvorkommen, Damwild als Wechselwild, Füchse, Dachse ... Der jagdlichen Möglichkeiten gab es viele. Aber auch Baum- und Wanderfalken und die in den Mischwaldkomplexen lebenden Wildkatzen sowie alle vier heimischen Wildtaubenarten finden in diesem Kleinod am Limes ideale Lebensbedingungen. Ein Revier, Sie werden es in mehreren Abschnitten des Buches noch lesen, an dem ich sehr viel Freude hatte, in dem ich im Laufe der Jahre so einiges erlebte.

Zunächst jedoch möchte ich von „Casanova“ erzählen, einem jungen Damhirsch, der mit einer breiten, gelben, weithin leuchtenden Weidezaun-Litze an den Schaufeln und um den Hals durchs Revier geisterte. Aus der Ferne sah das Band aus wie ein Schal. Daher fiel es uns ausgesprochen leicht, einen passenden Namen zu finden: „Casanova“!

Der Erste, der ihn in Anblick bekam, war Wild-und-Hund-Volontär Burkhard Fischer. Die Litze am Hals des Kniepers hatte sich an einem warmen Vorfrühlingstag in einem Stacheldrahtzaun verfangen, und obwohl sich der Hirsch während seiner Befreiungsversuche auf der Wiese mehrmals derart überschlug, dass die Deckenhaare nur so flogen, blieb er „angebunden“.

Erst als sich Burkhard ihm mit der Drahtschere in der Hand näherte, um ihn zu befreien, „drehte er völlig durch“, war urplötzlich frei und stürmte mit der gelben Perücke auf dem Haupt davon. „Bald wird er abwerfen, und vielleicht kann er sich ja dann von der Litze befreien“, hofften wir.

Aber dieses Glück blieb ihm versagt. Als er einige Wochen später wieder gesichtet wurde, trug er das Band stramm gezogen um den Träger und zog einen regelrechten Schweif hinter sich her, weshalb er sich einen breitbeinigen Gang angewöhnt hatte.

Auch das Abwerfen der Stangen nutzte nichts mehr. Eine hing bombenfest im Schnursalat und baumelte unentwegt vor seinen Vorderläufen hin und her, sodass er nur mit Mühe äsen konnte. Ein erbärmlicher Anblick. Wenn er sich irgendwo festhängen würde, wäre die Gefahr groß, dass ihn die Sauen bei lebendigem Leib fressen oder er sich stranguliert, deshalb wurde er zum Abschuss freigegeben.

Aber die Jagd gestaltete sich schwierig. Der Hirsch wurde von Tag zu Tag heimlicher und mied es zusehends, sich vor Einbruch der Dunkelheit auf freiem Feld zu zeigen. Obwohl die Kollegen von Wild und Hund und ich des Öfteren ansaßen, bekamen wir ihn nicht zu sehen. Mehrmals blieb ich nach dem Abendansitz auf der

Kanzel, schlief, so gut es ging, auf einer Isomatte, um in der Morgendämmerung noch einmal mein Glück zu versuchen. Vergeblich.

Dann jedoch, am 3. Juli 2003, klappte es mit der Erlegung: Gleich nach Feierabend fuhr ich von der Redaktion aus ins Revier und trug mich auf dem Parkplatz der Firma Schleimer Transporte, wo sich der Wild-und-Hund-Briefkasten mit Kalenderbuch befand, für einen bestimmten Sitz ein. Ich glaube, es war der „Geiersberg".

Aber weil von dem hoch gelegenen Parkplatz aus fast zwei Drittel des Reviers mit dem Fernglas abgeglast werden können, machte ich auch an diesem Tag wieder Gebrauch davon. Eine lieb gewonnene Zeremonie. Schluppenwiese, Katzenbuckel, Blaue Lagune, Zungenwiese, Heide ... Nichts zu sehen. Die Windmühle im Nachbarrevier zeigte an, woher der Wind wehte.

In der Zwischenzeit war es kurz vor 17 Uhr. Ich stellte das Autoradio an, um bei geöffneter Tür die Nachrichten hören zu können, drehte jedoch mit dem Fernglas außerhalb des Wagens eine zweite Runde. Diesmal allerdings von rechts nach links: Heide, Zungenwiese, Blaue Lagune, Katzenbuckel, Schluppenwiese. Na bitte. Auf der Schluppenwiese stand ein Reh. Beim Blick durchs Spektiv erkannte ich, dass es eine Ricke war.

„Also gut. Eine Runde drehe ich noch, dann gehe ich auf den Ansitz!" Schluppenwiese, Katzenbuckel, Blaue Lagune, Zungenwiese, Heide ... Hallo? Was ist denn das? Während ich die Heide abglaste, erschienen am rechten Waldrand mehrere Damhirsche und begannen sofort zu äsen. Eins, zwei, drei, vier, fünf, sechs, sieben Stück. Also noch mal her mit dem Spektiv: Jawoll. Sieben ... nein, acht Hirsche, denn – mir fielen fast die Augen aus dem Kopf – auch Casanova hatte sich zu ihnen gesellt. Unschwer zu erkennen an seinem leuchtend gelben Schal. Selbst auf die Entfernung von fast einem Kilometer konnte ich ihn mit dem Spektiv eindeutig ansprechen.

Diese Chance wollte ich mir natürlich nicht entgehen lassen, denn das ständig vagabundierende Damwild würde morgen ganz woanders sein. Ich strich die Kanzel, für die ich mich eingetragen hatte, im Kalenderbuch durch, kritzelte in Windeseile „Akki, Heide" auf das Blatt, startete den Wagen und fuhr mit leicht überhöhter Geschwindigkeit los.

Damit mich die Damhirsche nicht mitbekamen, parkte ich das Auto seitlich auf einem weit entfernten Waldweg und machte mich dann, lediglich mit der Büchse in der Hand, auf den Weg. Aber es wurde ein beschwerlicher. Was ich zu diesem Zeitpunkt noch nicht wusste: Bereits in einer Stunde hat mir Diana zugelächelt!

Gut 200 Meter musste ich am Waldrand durch ein riesiges Brennnesselfeld pirschen und anschließend noch einmal etwa 100 Meter über die Wiese, der sogenannten Pferdeweide, einen Drahtzaun entlang. Dann, wenn Casanova noch da war, und die anderen Hirsche vertraut blieben, müsste ich mit etwas Glück zu Schuss kommen.

Verflixt ... Ausgerechnet jetzt schlängelte sich direkt vor mir eine Ringelnatter durchs Gras. Nie zuvor hatte ich dort eine gesehen. Kaum eine Minute später verkündete ein erbärmlich klingender Todesschrei, dass die Schlange erfolgreich gejagt hatte.

Egal. Jetzt galt es. Nur noch höchstens 120 Meter, dann wäre ich in Schussweite. Der Wind stand gut, wehte mir aus Richtung der Damhirsche, sie befanden sich noch an fast gleicher Stelle wie vor 20 Minuten, direkt ins Gesicht.

Eigentlich musste ich pinkeln. Aber ich tat einen Teufel, die Hose zu öffnen, denn über meinem Kopf tanzte ein riesiger Mückenschwarm. Es fiel mir schwer, das unaufhörliche „Siii, siii, siii, siii" zu ertragen. Zwar hatte ich kein Blut zu verschenken, aber weil ich jede auffällige Bewegung vermeiden musste, ließ ich mich widerwillig anzapfen. Man ist ja schließlich leidensfähig.

„O mein Gott!" Der einzige Zweig weit und breit, aber ich berührte ihn und ließ ihn knacken. Sicher mehr als zwei Minuten bewegte ich mich daraufhin nicht mehr und war, als ich den Kopf wieder hob, hoch erfreut, dass die Hirsche weiterhin völlig vertraut ästen. Dennoch zog ich die Trekkingschuhe und die Socken aus, zog die Schuhe wieder an und stülpte die Socken darüber. Der Erfolg war verblüffend, denn ich konnte die Füße fast so sanft aufsetzen wie eine Katze ihre Pfoten bei der Mäusejagd.

Was für eine Spannung. Atemnot stellte sich ein, und der Schweiß rann mir nur so von der Stirn. Kurzes Kitzeln im Nacken! Hat der Wind gedreht? Keine Ahnung. Weiter. Jetzt oder nie.

Nur noch etwa 40 Meter wie ein Indianer über die Wiese bis zum mit hohem Gras versehenen Drahtzaun gerobbt, dann hatte ich es geschafft. Die Entfernung zu den Hirschen betrug gerade mal 80 Meter. Gottlob! Sie hatten mich nicht mitbekommen.

Äußerst vorsichtig – im Zeitlupentempo – hob ich die Büchse, um an einem Holzpfahl anzustreichen. Aber dieses Vorhaben gab ich sofort wieder auf, denn Casanova, der bereits über die Hälfte seines neuen Geweihs geschoben hatte, befand sich oberhalb der sieben anderen Schaufler. Im Moment war an einen Schuss nicht zu denken. Minutenlang deckten sie ihn.

Dann jedoch zog das Rudel langsam äsend nach links, und Sekunden später stand der Hirsch meiner Begierde frei. Es war wirklich kein schöner Anblick, wie Casanova breitbeinig stehend das Haupt senkte und versuchte, das Gras vor dem nun auf dem Boden liegenden Bandsalat, in dessen Mitte sich die Abwurfstange vom Mai befand, zu äsen. Ich handelte: Einstechen. Schuss.

Wie vom Blitz gefällt sank er nach dem Blattschuss zu Boden, schlegelte noch kurz und war verendet. Weil ich wusste, gut abgekommen zu sein und mich unmittelbar nach dem Knall „drückte", konnten die anderen Hirsche das Geschehene nicht einordnen und zogen zögernd in den Wald.

Erst 15 Minuten später, als sie nicht mehr zu sehen waren, ging ich – stolz und traurig zugleich – mit einem lachenden und einem weinenden Auge zu meinem Hirsch. Den Stacheldraht, den ich noch passieren musste, drückte ich aus Sorge um ein besonders wertvolles Teil weit nach unten. Rund um Casanovas Träger befanden sich kaum noch Haare, und aus mehreren Risswunden tropfte der Schweiß ...

Nach einer kurzen Zeit der Besinnung rief ich Burkhard und Michael, die noch in der Wild-und-Hund-Redaktion zu tun hatten, per Handy an und bat sie, mit dem Fotoapparat zu kommen, um ein paar Bilder zu schießen. Kaum eine viertel Stunde später trafen sie ein. Auch Karl-Heinz ließ es sich nicht nehmen zu kommen, brauchte jedoch etwas länger, denn auf der engen Straße, die zum Spriestersbacher Hof führt, prallte sein Auto mit dem Geländewagen der Firma Schleimer zusammen. Das allerdings trübte unsere Freude über die Erlegung von Casanova in keinster Weise.

Einen Tag darauf, auch das kann ich meinem Jagdtagebuch entnehmen, schaute ich mir in der Nähe der Kanzel „Staatsforst" eine Stelle genauer an, an der Sauen gebrochen hatten. Und sofort fielen mir einige freigelegte „Steine" auf, die im ersten Moment aussahen wie Lava. Aber es war Eisenschlacke!

Ich recherchierte ein wenig und erfuhr, dass die Kelten in dieser Gegend zu Beginn der Hallstattzeit, etwa 700 vor Christi, in sogenannten Rennöfen Eisen schmolzen. Sie verflüssigten zerkleinertes Erz unter Zugabe von Holzkohle.

Zuerst gewannen sie Eisenluppe, ein Gemenge aus metallischem Eisen und Schlacke. Dieses Gemenge wurde nochmals bis zur Weißglut erhitzt und anschließend kräftig geschmiedet, sodass ein großer Teil der Schlacke ausgepresst werden konnte. Die Hauptaufgabe der damaligen Schmiede bestand in der Herstellung von Waffen und landwirtschaftlichen Werkzeugen sowie Geräten für den Haushalt.

Ich war den Sauen ausgesprochen dankbar, denn ohne ihre „Buddelei" befände sich heute in meinem „Angel- und Jagdmuseum" zu Hause keine Eisenschlacke ...

Dem Himmel sei Dank!

Mitte Dezember 1995: Die ganze Nacht fegte ein gewaltiger Sturm über den Norden der Bundesrepublik. Mit Ostfriesland meinte er es besonders gut. Der Borkum-Anleger stand unter Wasser, und unzählige entwurzelte Bäume an den Landstraßen behinderten den Verkehr. Überall rauschte, knarrte, krachte und quietschte es. So sehr, dass ich kein Auge zubekam. Es hörte sich an, als schleuderten riesige Wellen unaufhörlich manövrierunfähige Schiffe gegen die Anlegestelle. Angst und bange konnte einem werden. „Ob das Dach hält?“ Es hielt.

Am nächsten Morgen hatte sich der Wind fast gelegt und ich beschloss, auf die Entenjagd zu gehen. Heute, da war ich mir ziemlich sicher, müssten die Breitschnäbel und Gänse auf den Schwingen sein. Keine Ahnung wieso, aber als ich mich aus dem Kessel geschoben hatte und mir die Zähne putzte, wusste mein Drahthaar Hatz, dass wir ins Revier fahren würden. Er wich keinen Zentimeter von meiner Seite.

Ich öffnete die Tür und ließ ihn in den abgeschlossenen Innenhof unseres Hauses, damit er sich auf dem Rasen lösen konnte. Aber die Prozedur dauerte nicht lange. Nach zweimaligem Beinheben folgte bereits der „krumme Buckel“. Kaum zwei Minuten später war er wieder in der Wohnung. Ich könnte mich ja durch die Hintertür ohne ihn verdrücken ...

Weil meine Frau bereits in aller Frühe mit dem Zug nach Hamburg gefahren war, um Weihnachtsgeschenke einzukaufen, wollten wir den ganzen Tag bis zur Dunkelheit jagen. Deshalb packte ich für Hatz ein paar Würstchen und einen Drei-Liter-Kanister voll Wasser sowie für mich vier belegte Brötchen und eine große Thermoskanne mit Tee in den Rucksack. Erika hatte alles vorbereitet. „Im Kühlschrank findest du es ja sowieso nicht!“, sagte sie.

Schon saßen wir im Auto und fuhren wohlgelaunt ins Revier von Freund Harold, das sich kaum zehn Kilometer von Emden entfernt in unmittelbarer Nähe zur Ems und zum Dollart befand. Es war etwa 300 Hektar groß und bestand aus Äckern, Wiesen, Entwässerungsgräben, Schilfgürteln, einem kleinen, von Röhricht, Büschen und Bäumen umgebenen See, zwei Wäldchen sowie ein paar 100 Metern Emsufer mit einem großen, vorgelagerten Schilfbestand. Vom Deich aus konnte man nach Holland rübergucken.

Harold, Leiter des Veterinäramts in Emden und Kreisjägermeister, hatte Hatz und mir bis zum Ende der Pachtperiode, wenn er in Pension gehen würde, freie Flinte und Büchse gegeben. Ein Angebot, das ich mit großer Dankbarkeit annahm. „Nutze das Revier, solange es geht!“ Ein Satz, den ich mein Lebtag nicht vergessen werde.

Dort angekommen, gefror die Atemluft und legte sich als glitzernde Eiskruste auf meinen Vollbart. Weil er bereits grau war, änderte sich an der Farbe jedoch nichts.

Was für ein wunderbares Revier! Hier gab es alles: Enten, Fasanen, Kaninchen, Rehe, Steinmarder, Iltisse, Große Wiesel, Kleine Wiesel, Elstern und Rabenkrähen. Hier schnürte der Fuchs, klatschte der Täuber, kauerte Mümmelmann in seiner Sasse.

Heute jedoch hatten wir es in erster Linie auf Enten abgesehen. Und so saßen Hatz und ich schließlich hinter einem uralten Holunderbusch am Graben und harrten der Dinge, die da kommen sollten. Herrlich still war es im Polder. Nur gelegentlich tuckerte auf der sogenannten „Katastrophenstraße“ vor dem Deich zur Ems ein Auto oder Motorrad vorüber.

„Weißt du“, redete ich mit meinem Hund, „wie man früher in der Steinzeit die Vegetarier nannte?“ Hatz allerdings hatte zum Reden keine Lust, sondern schaute voller Passion in die Luft. Wie immer würde er mir sofort anzeigen, wenn sich Flugwild näherte. Dennoch gab ich ihm die Antwort: „Vegetarier nannte man Grasfresser. Das waren die, die ständig nach der Jagd ohne Beute heimkamen! Die waren zu blöd zum Jagen!“ Hatz war völlig desinteressiert an meinen Ausführungen. „Quatsch nicht, pass’ lieber auf!“

Ich kannte Hatz durch und durch und wusste aufgrund seiner Gestik sofort, wenn etwas im Anflug war. So auch heute. Natürlich sah und hörte mein Hund die Vögel lange vor mir, und ich hatte daher genügend Zeit, mich auf den Schuss vorzubereiten. Graugänse! Es lief mir kalt den Rücken herunter! Drei Graugänse flogen in einer Höhe von maximal 30 Metern genau auf uns zu.

Mir stockte der Atem, wie so oft, wenn ich die Möglichkeit hatte, eine Gans zu erlegen. Als die Grauen genau über uns waren, zog ich etwas mit und schoss die zwei Läufe der Bockdoppelflinte leer. Zu meiner Erleichterung fielen beide Gänse mausetot auf den Acker. Erst dann war, wie beim Röntgen, „weiteratmen“ angesagt.

„Apport!“ Das ließ sich Hatz nicht zweimal sagen. In Windeseile brachte er zunächst die eine, dann die andere Gans und strahlte mich regelrecht an, als er die wunderbare Beute ausgegeben hatte. Hechelnd mit lang aus dem Fang heraushängender Zunge stand er vor mir. Der richtige Moment, ihm frisches Wasser zu geben, das ich aus dem Kanister langsam in die rechte, gewölbte Hand goss. Immer gerade so viel, wie er saufen konnte. Eine Zeremonie, die uns beiden große Freude bereitete. Weil zäher Marschenklei seine Pfoten ums Doppelte vergrößert hatte, entfernte ich ihn. Eine nicht ganz einfache Prozedur, denn Hatz war kitzelig. „Mimose“, sagte ich, als er nicht stillhielt.

Dann tat sich eine ganze Weile nichts. Nur dass der Wind wieder ein wenig zunahm und es von Zeit zu Zeit etwas schneite. Innerhalb der nächsten zwei Stunden wurde die bis dahin braun-grüne Landschaft mit weißem Puderzucker bestäubt. Wunderschön! Niemals würde ich dieses Land, mein Ostfriesland, länger als vier Wochen verlassen.

Weil Hatz und ich etwas fröstelten, drückten wir uns aneinander und knurrten abwechselnd vor Vergnügen. „Ich bin richtig froh, dass ich dich habe, Hatz“, sagte ich, was ihm aus Verlegenheit einen langen, tiefen Seufzer entlockte.

Dann sahen wir fast zeitgleich in der Ferne ein Schof Enten. Etwa 15 Stück. Winzig klein sahen sie aus, wie ein Schwarm Mücken. Aber, wie das manchmal so ist, wenn man Glück hat, auch sie kamen exakt auf uns zugeflogen. Stockenten! Zweifelsfrei. Oder doch Krickenten? Nein – Stockenten!

Erst als sie in Schusshöhe zirka 25 Meter rechts an uns vorüberflogen, schoss ich. Eine Ente fiel zu Boden, der zweite Schuss blieb ohne Wirkung. „Apport!" Kaum hatte Hatz die Beute gebracht, war bereits der nächste Schof im Anflug. Diesmal traf ich besser. Eine Erpel-Dublette! Dem Himmel sei Dank! Im wahrsten Sinne des Wortes. Hatz wusste, was er zu tun hatte.

Was für ein Tag: zwei Graugänse und drei Enten! Ein Festmahl! Großartig. Ich sah mich bereits mit bloßem Oberkörper am Tisch sitzen, um ja kein Oberhemd vollzukleckern. Hinterher duschen, und alles war gut ...

Jetzt begann es richtig zu schneien. Flocken, so groß wie Schmetterlinge! Bereits nach wenigen Minuten sahen wir aus wie Weihnachtsmänner. Das heißt, ich sah aus wie ein Weihnachtsmann, Hatz eher wie ein weißer Hund.

Und dann: sensationell! Immer wieder strichen Enten über uns hinweg. Hunderte. Leider zirka 20 Meter zu hoch. Die Patronen blieben im Lager.

Fast hätte ich vergessen, die nächste Pause einzulegen. Wir ließen Enten Enten sein und verdrückten uns für eine halbe Stunde unter eine in der Nähe befindliche Fasanenschütte. Wat 'n Spaß. Der Schnee konnte uns mal. Köstlich, die belegten Brötchen und der heiße Tee. Auch Hatz, das war ihm deutlich anzusehen, war mit der Qualität der Würstchen äußerst zufrieden. Das mit dem Schmatzen beim Fressen allerdings konnte ich ihm nie abgewöhnen. Keine Ahnung, bei wem er sich das abgeguckt hat.

Schließlich richteten wir uns erneut unter dem Holunderbusch ein, und ich musste schmunzeln, als ein Graureiher schwerfällig klafternd wie ein führerloser Drachen kaum 20 Meter über uns hinwegflog. Wäre er ein Mensch gewesen, die Polizei hätte einen Alkoholtest verlangt.

Zwei Mal noch hatte ich die Chance, eine Ente zu erlegen. Die eine fiel, die andere fehlte ich, woraufhin mich Hatz ziemlich vorwurfsvoll ansah. „Entschuldigung!“ Als ich gegen Abend, kurz bevor es dunkel wurde, die Beute im Schnee zur Strecke legte, hüpfte mir vor Freude das Herz in der Brust: zwei Gänse und vier Enten. Ein ausgesprochen erfolgreicher Tag. Erika und die Kinder würden sich freuen! Für heute war es gut gewesen. Wir verzichteten darauf, den Abendstrich noch mitzunehmen und machten Schluss. Wieder einmal hatten uns sowohl die Glücksgöttin Fortuna als auch Diana persönlich über die Schultern geschaut.

Auf dem Rückweg zum Auto ließen wir es uns nicht nehmen, trotz der nasskalten Witterung den Zauber der Winterlandschaft noch ein wenig zu genießen. Zwar saugten sich meine Stiefel bei jedem Schritt in die aufgeweichte, wabernde Erde, und auch Hatz bekam vom zähen Boden erneut riesige Klei-Pfoten, aber das machte uns nichts aus. Wir kannten es ja. Gemächlich setzten wir einen Fuß vor den anderen. Um genau zu sein, Hatz exakt doppelt so viele wie ich ...

Als etwa 30 Graugänse kaum mehr als 100 Meter entfernt laut kakelnd vorüberflogen, blieben Hatz und ich wie auf ein Kommando stehen und schauten ihnen nach. Noch lange hörte ich ihre melancholischen, heiseren Schreie und fühlte eine eigenartige Verbundenheit zu den Vögeln.

Zugegeben: Als wir in der Dunkelheit wieder zu Hause waren, klappte ich zusammen wie ein Taschenmesser und musste mich erst einmal eine halbe Stunde hinlegen. Neun Stunden Jagd machen eben doch etwas müde. Hatz dagegen war nicht kleinzukriegen und machte sich mit wackelndem Stummelschwanz über sein Fressen im Napf her. Danach soff er, kleckernd wie ein besoffener Wikinger, und legte sich neben mich. „Was bist du doch für ’ne Pottsau!“, sagte ich, was ihn veranlasste, noch heftiger mit dem Schwanz zu wackeln als sowieso schon.

Erst als Erika zwei Stunden später voll bepackt mit Weihnachts-Überraschungen aus Hamburg zurückkam, erhoben wir uns und strahlten um die Wette.

Leichter gesagt als getan

Sehr witzig: „Wer den Bau hat, hat den Dachs!“ Wann immer ich im Jahr 2003 versuchte, Grimbart auf die Schwarte zu legen, es misslang. Unzählige Male saß ich von August bis Ende Oktober im Wild-und-Hund-Testrevier schon lange vor Dämmerungsbeginn auf der offenen Kanzel, dem Erdsitz oder einem Sitzstock vor den Dachsröhren an der Plätzer Mühle. Ein Bereich, ein Hang im Fichtenaltholz, den die Schmalzmänner auf einer Länge von nahezu 150 Metern regelrecht in einen Schweizer Käse verwandelt hatten. Auch Reineke fühlte sich dort wohl.

Ich wollte meinen Dachs unbedingt mit der Schrotflinte erlegen, aber was ich auch tat, es war nicht von Erfolg gekrönt. Mal drehte urplötzlich der Wind, oder im letzten Licht, als ich jeden Moment den Dachs erwartete, schüttete es wie aus Eimern. Als ich mich einige Tage später vor einer anderen Röhre ansetzte, hörte ich es im Dickicht laut knacken. Kurz darauf wurde eine ältere Dame von ihrem Hund durch den Wald gezerrt ... „Einen schönen Abend noch!“, sagte sie, als sie mich sah.

Den nächsten Versuch wollte ich eine Woche vor Vollmond unternehmen. Aber, Fleitjepiepen, der Wettergott hatte andere Absichten und versteckte die „Dachslaterne“ tagelang hinter dicken Regenwolken. Als sich Grimbart eines Abends schließlich bequemte, den Bau zu verlassen, war es derart dunkel, dass ich ihn mit dem lichtstarken Fernglas zwar noch schemenhaft erkennen, mit bloßem Auge übers Korn jedoch nicht mehr erfassen konnte.

Beim nächsten Ansitz hätte ich ihn fast bekommen, wenn ich nicht minutenlang der starken Wildkatze, die sich in der Nähe aufhielt, fasziniert beim Jagen zugeschaut hätte. Erst im allerletzten

Augenblick sah ich den Dachs davonpoltern, kam jedoch nicht mehr zu Schuss. „Blödmann“, sagte ich zu mir selbst. So verging die Jagdzeit von Schmalzmann, und ich guckte in die Röhre.

Anfang August des Folgejahres ging ich die Baue ab und war äußerst erfreut, als ich eindeutige Hinweise auf die Anwesenheit mindestens eines Dachses fand. Mehrere breite Sohlenabdrücke zeichneten sich im gelben Sand vor den Bauen klar ab.

Diesmal packte ich die Sache anders an: Ich brachte meine alte 12er-Bockdoppelflinte „Simson Suhl“ von zu Hause mit. Viele Jahre lang stellte ich damit in Ostfriesland bei Mond nachts den Füchsen nach. Sie ist mit einem lichtstarken Zielfernrohr versehen und hat sich prächtig bewährt.

Da die Flinte mit einer Drei-Millimeter-Waidmannsheil-Patrone eingeschossen war, ich dem Dachs jedoch mit vier Millimeter starken Schroten einer „Winchester XX“ auflauern wollte, machte ich einige Probeschüsse.

Dabei stellte ich fest, dass die schwarzen Querbalken des Absehens vier genau auf dem Rücken von Schmalzmann liegen müssen. Weil ich nicht groß am Zielfernrohr herumfummeln wollte, denn bald würde es wieder auf die Füchse gehen, ließ ich alles wie gehabt. Ich wusste ja Bescheid: „Genau auf den Rücken!“

Während der ersten zwei Ansitze blieb ich zwar wieder erfolglos, aber beim dritten Mal bekam ich ihn zu Gesicht, meinen Dachs. Im allerletzten Licht, als Amsel und Rotkehlchen längst verstummt waren, schob er sich zeitlupengleich aus dem dunklen Tunnel. Als er draußen war, kratzte er sich kurz mit dem linken Hinterlauf am Gehör. Etwa 15 Meter entfernt war er mit dem Fernglas noch relativ gut zu erkennen.

Jetzt ging es um Sekunden. Ich wagte kaum zu atmen. Vorsichtig und leise hob ich die Flinte, sah den nächtlichen Räuber im Zielfernrohr jedoch nur schemenhaft. In unmittelbarer Nähe zur Röhre musste er sich nach dem langen Tag in der Dunkelheit erst an die neuen Lichtverhältnisse gewöhnen. Ich wartete, wollte ganz sicher sein, ihn perfekt zu treffen. Der Gewehrlauf pendelte hin und her wie eine freudig erregte Hunderute.

Als sich der Dachs schließlich langsam verdrücken wollte, hatte ich das Glück, dass er etwa acht Meter vom Bau entfernt genau an einer Stelle mit relativ hellem Hintergrund verhoffte. Zwar konnte ich weder das Haupt noch den ganzen Körper des Dachses, jedoch erstaunlich gut die Rückenkontur ausmachen.

Jetzt war meine Minute gekommen. Die schwarzen Balken des Zielfernrohrs senkten sich auf die Rückenlinie des breit stehenden Dachses, und schon verließen die Schrote den Lauf. Ein kurzes Klagen, ein paar zitternde Brantenschläge, und Schmalzmann war verendet. Deutlich hörte ich, wie er den Hang hinunterrollte. Dann war Ruhe. Die mehrjährige Fähe wog genau elf Kilogramm.

Eine Kleinigkeit, einen Dachs zu erlegen? Nein! Speziell bei der Jagd an der Dachsburg muss alles passen, sonst klappt es nicht mit unserem größten Marder. Ich jedenfalls war um einige Erfahrungen reicher.

Wo ich gerade so darüber nachdenke, fällt mir eine weitere Dachsgeschichte ein: Es war in einer Julinacht, und ich saß zwei Tage vor Vollmond bei erstaunlich gutem Licht für die Jahreszeit mitten im Wald auf der Kanzel vor einer gut einsehbaren Kirrung, um den Sauen auf die Schwarte zu rücken. Ich genoss die vielfältigen Geräusche, das Raunen der Nacht in vollen Zügen. Es hörte sich an, als würde die Erde atmen.

Gegen Mitternacht sah ich plötzlich einen großen Dachs, wahrscheinlich einen Rüden, der, wie ein Schweißhund auf der Wundfährte, etwas zu suchen schien. An den Leckerbissen auf der Kirrung jedenfalls war er nicht interessiert.

Und dann zuckte ich zusammen. Wie aus dem Nichts erschien ein weiterer Dachs auf der Bühne und machte unmissverständlich Gebietsansprüche geltend. Ich bin sicher, ein zweiter Rüde: „Das hier ist mein Revier! Hier ranze ich!“ Leider konnte ich nicht alle Einzelheiten des nun beginnenden Kampfes erkennen, sah jedoch immer wieder zwischen den vermodernden Baumstümpfen, dass sich die beiden Erdmarder regelrecht fetzten. Unaufhörlich gingen sie sich schnaufend und knurrend im wahrsten Sinne des Wortes an den Kragen.

Nachdem sie sich etwa drei Minuten lang ineinander verbissen hatten, wobei sie sich mehrmals überschlugen, ertönten Schreie, die mich erschauern ließen! Hätte ich die Dachse nicht gesehen, ich hätte per Handy die Polizei gerufen: „Hier wird gerade jemand umgebracht!"

Das also waren sie, die unheimlichen nächtlichen Schreie, die ich schon so oft gehört hatte und über die bereits so viel geschrieben wurde. Schreie, die in der Tat Ähnlichkeit mit angsterfüllten, menschlichen Hilferufen hatten. Und, wer weiß, vielleicht hat ja der gute Edvard Munch für sein Wahnsinnsbild „Der Schrei" einen hysterisch schreienden Dachs „vermenschlicht". Ich werde sie nie vergessen, diese Nacht.

Der schönste Fuchs meines Lebens

Oktober 1989. Die Zeit, in der das Grüne rot wird. Bereits eine Stunde vor Dunkelheit saß ich warm angezogen auf einer offenen Leiter vor dem Luderplatz und wollte versuchen, einen sehr dunklen, fast schwarzen Kohlfuchs, der mich in den vergangenen Wochen mehrmals genarrt hatte, zu überlisten.

Langsam sank die Sonne unter den Horizont, und von der fernen Dorfkirche ertönten vertraute Glockenklänge. Was für ein Bild, die blutrote Scheibe und die dunkelgrauen mit goldenen Rändern versehenen Wolken. Aber innerhalb weniger Minuten war der Zauber vorbei. Das glühende Abendrot verblasste, und zarte Nebelschleier legten sich geisterhaft in die Senken der Felder.

Kaum 50 Schritt entfernt zog langsam, mal hier, mal dort ein Blättchen naschend, eine Ricke mit ihren beiden Kitzen in den Einstand. Als sie eine Weide passierten und sich ihnen ein neugieriges Fohlen näherte, flüchteten sie.

Schließlich kam die Dämmerung und legte ihren schwarzen Mantel über die Landschaft. Mehr und mehr versagten die Augen und umso wacher wurden die Ohren. Ich schob mir die mitgebrachte zwei Zentimeter dicke Filzmatte unter den Hintern und gab mich mit allen Sinnen dem Zauber der einbrechenden Nacht hin. Längst nicht alle Laute konnte ich deuten.

Hinter mir rief ein Waldkauz, ein zweiter antwortete. Grillen zirpten, Frösche quakten, und um mich herum schwirrten Tausende summende Mücken, vergleichbar einem zarten, hohen Geigenton. Nicht mehr lange, und der fast volle Mond würde aufgehen.

Als es dunkel war, funkelten die Sterne am Himmel auf meine kleine, friedvolle Welt. So, als gäbe es keine Kriege, kein Leid und keinen Hunger, als gäbe es keine Intrigen, keine Halunken, keinen Hass und keine Morde. Endlich erschien hinter der von Fichten bestandenen Bergkuppe die helle Scheibe des Mondes und wanderte im Zeitlupentempo aufwärts.

War da nicht etwas? Her mit dem Fernglas. Als mir die Augen bereits zu tränen begannen, war ich, trotz des noch schwachen Lichts, sicher, dass sich ein Freibeuter am Luderplatz zu schaffen machte. Weil er verdammt dunkel gefärbt war, konnte ich ihn immerhin schemenhaft erkennen. Ich setzte das Glas ab, wartete einige Sekunden, und schaute erneut hindurch. Ja! Eindeutig! Das war mein Fuchs.

Siedendheiß durchfuhr es mich. Ich spürte, wie ich langsam eine Gänsehaut bekam, wie Puls und Blutdruck stiegen. Zu gern hätte ich mein vor Aufregung und Jagdfieber rasendes Herz beruhigt, aber es ging nicht. Sollte es heute tatsächlich klappen mit dem Schlaumeier?

Unbeweglich saß ich da und wartete auf den Augenblick, wann ich die Flinte in Anschlag bringen könnte. „Verdammt!“ Vom nahen Waldrand her strich kalter Ostwind zu mir herüber und begann tief und hohl in den Mündungen meiner Bockdoppelflinte zu pfeifen. Ausgerechnet jetzt. Dennoch. Was für eine Musik! Das Flötenkonzert von Friedrich dem II. war ein Scheißdreck dagegen. Den Freibeuter schien es nicht zu stören, denn er kratzte weiter die verbuddelten Leckerbissen aus der Erde.

Und dann kam mir der Zufall zu Hilfe. Die Schleierwolken vor dem Mond verzogen sich! Von einer Sekunde zur anderen wurde es richtig hell am Luderplatz. Ich fackelte nicht lange und schickte die dreieinhalb Millimeter dicken Schrote auf die Reise. Im Feuer glaubte ich, den Fuchs Rad schlagen zu sehen.

Tatsächlich. Als ich unmittelbar nach dem Schuss das Fernglas an die Augen riss, hüpfte mir das Herz vor Freude in der Brust. Er lag. Fast einheitlich tiefschwarz war er. Ein Kohlfuchs, wie er im Buche steht. Eine Augenweide.

Was für ein Glück! Seit gut einer Woche schon schien mir – sinnbildlich – die Sonne ständig auf den Hintern. Und das, obwohl es tagelang regnete. Auch heute. Mitten in der Nacht. Aber wie das so ist. Wenn's geht, geht's leicht. Glücksphase nennt man so etwas wohl.

Dass ich einen zweiten Fuchs, der sich zirka 20 Minuten später übervorsichtig durch die Büsche in Richtung Luderplatz bewegte und immer nur wenige Sekunden mehr schlecht als recht zu sehen war, nicht bekam, machte mir nicht wirklich etwas aus. Als Reineke bei nunmehr küselndem Wind bereits nervös die Gehöre spielen ließ, hob ich die Flinte, aber ehe ich mich versah, empfahl sich der rote Schelm mit unangenehmer Plötzlichkeit und verdrückte sich in eine Schwarzdornhecke.

Auweia. Fast Mitternacht! Ab nach Hause. Ab in die Sasse. Ein paar Minuten zum Entspannen allerdings gönnte ich mir noch und setzte mich auf den Stamm eines vom Sturm gefällten Baumes neben meinen Kohlfuchs. Beinahe wäre ich eingeschlafen, so müde war ich.

Fressen und gefressen werden

Vorsichtig, fast im Zeitlupentempo, stapfe ich durch den etwa zehn Zentimeter hohen Schnee. Wie dicke, weiße Watte liegt er auf Büschen und Bäumen. Weil das Fernglas vor meiner Brust hin und her wackelt, schiebe ich es unter die Jacke und ziehe den Reißverschluss so leise wie möglich nach oben. Als ich kurz unter einer Fichte stehen bleibe, rieselt mir eine Handvoll der weißen Pracht direkt in den Nacken. Ständig klirrt das oberhalb des Schnees steif gefrorene, mit Raureif überzogene Gras unter meinen Stiefeln. Langsam! Bloß keinen unnötigen Krach machen. Rund 300 Meter sind es bis zur Kanzel „Heide" im Wild-und-Hund-Testrevier.

Unwillkürlich schaue ich auf die Armbanduhr: Es ist der 5. Januar 2002, kurz nach 16 Uhr. Die Jagdfreunde belächeln mich, weil ich ihrer Meinung nach immer „viel zu früh" ansitze. Aber es macht mir einfach Spaß, den Tag schwinden und die Nacht hereinbrechen zu sehen. Außerdem ist es hochinteressant, die Spuren im weißen Buch der Natur zu deuten. Hase, Reh, Fuchs, Sau und Damwild, sie alle gaben sich die Ehre.

Ich muss lächeln. Denke an meine Großmutter. „Wenn der Frost knallt und die weißen Flocken wirbeln, bekommen Liebespaare, Jäger und Angler kalte Füße!" Ein Satz, den sie alljährlich mehrmals zum Besten gab. Ich hauche meinen warmen Atem in die Hände und schlage die steif gefrorenen Arme um den Leib. Wer weiß, vielleicht schaut Omi ja vom Himmel herunter ...

Und noch einmal huscht mir ein Lächeln übers Gesicht. Als ich meiner Frau am Wochenende berichtete, dass die Sauen gebrochen hätten, antwortete sie: „Selber Schuld. Warum fressen sie so viel."

Kaum habe ich mich auf der Kanzel eingerichtet, treten etwa 200 Meter entfernt drei Rehe und einige Stücke Damwild aus. Gegen den weißen Hintergrund sehen sie aus wie hin und her wandernde Scherenschnitte. Die Ricke führt zwei starke Bockkitze und scheint absolut keinen Respekt vor den fünf halbstarken Damhirschen zu haben. Jedenfalls weicht sie keinen Meter zur Seite. Etwas weiter entfernt sehe ich mit dem Fernglas auf dem Schnee mehrere dunkle Punkte, die aussehen wie schwarze Fliegen auf einer hellen Tapete. Hasen. Gut, dass ich sitze, so vergräme ich nichts.

Zwar ist es bereits eine Woche her, dass wir Vollmond hatten, aber selbst als es dunkel wird, kann ich aufgrund der weißen Pracht trotz des bedeckten Himmels relativ gut sehen. Immer wieder glase ich die etwa 150 mal 200 Meter große Weide, die wie eine Schneise in den Wald hineinragt, ab. Rechts von mir und hinter mir zeichnet sich der dunkle Bestandesrand ab. Eine faszinierende Kulisse. Ich habe es auf Sau und Fuchs abgesehen, und nicht im Geringsten ahne ich, zwei Ansitznächte vor mir zu haben, die ich mein Leben lang nicht vergessen werde.

In der Dickung ruft ein Waldkauz, in der Ferne bellt sehnsüchtig ein Fuchs, die Ranzzeit hat begonnen. Die Damhirsche scherzen. Lautes Knacken im Wald! Sauen? Im Nachbarrevier fällt ein Schuss. Kurzweilig ist es. Was sind das doch für arme Menschen, die jetzt zu Hause vor der Glotze sitzen, denke ich.

Kurz vor 22 Uhr sehe ich mit bloßem Auge, dass der etwa 130 Meter entfernte Waldrand vor mir plötzlich einen „großen schwarzen Bauch“ bekommt. Sauen! Durchs Glas erkenne ich eine Bache mit vier etwa 15 Kilogramm schweren Frischlingen. Und schon beginnen sie auf der Wiese mit ihrer „tiefgreifenden“ Nahrungssuche. Das Herz beginnt zu bubbern.

Noch während ich überlege, ob ich den Schuss wagen soll, sehe ich im Augenwinkel rechts von mir am Waldrand eine Bewegung. Wieder Sauen! Eine zweite Rotte. Durchs Glas kann ich sie ansprechen: fünf einzelne Frischlinge. Einer trägt eine Mütze aus Schnee. Wie angewurzelt verhoffen sie in einer Entfernung von etwa 70 Metern. Von „dicker Mama“ keine Spur.

Das ist die Chance: Sofort vergesse ich die Bache mit den Frischlingen vor mir und bringe die Büchse vorsichtig in Anschlag. Das Licht ist erfreulich gut, sodass ich einen sicheren Schuss auf den kleinsten der Frischlinge direkt hinter den Teller anbringen kann. Wie vom Blitz getroffen bricht er zusammen und ist verendet. Die Bühne ist leer, aber die Sau liegt. Ich bin mehr als zufrieden.

Fünf Minuten später erhalte ich eine SMS von Sascha, der einige 100 Meter entfernt auf einer anderen Kanzel sitzt: „Is' was?" – „Sau liegt", antworte ich. Beim Blick durchs Fernglas entdecke ich drei Hasen und vier Rehe in einer Entfernung von etwa 400 Metern. Sie haben mir den Schuss nicht übel genommen und äsen vertraut.

Etwa eine Stunde danach wird es aufgrund des Hochnebels dann doch etwas dunkel, sodass ich mit bloßem Auge kaum noch etwas erkennen kann. Wieder nehme ich das Glas und leuchte das Feld ab. Plötzlich sehe ich bei einem Schwenk zum Waldrand vor mir die Silhouette eines Fuchses, der sich aus dem Schatten der Bäume löst. Geradewegs schnürt er über die Wiese auf mich zu.

Ich tausche das Fernglas gegen das Gewehr, und schon habe ich den Fuchs im Absehen. Aber schießen kann ich bei dem schwachen Licht nicht. Immer wieder korrigiere ich die Anschlagposition und verliere Reineke dabei ständig aus den Augen. Dann jedoch verharrt der Rotrock mit hoch erhobenem Fang und windet in meine Richtung. Kann er ruhig, denn der Wind bläst mir direkt ins Gesicht. Zu Schuss komme ich wieder nicht.

Was macht er denn jetzt?, denke ich, als er in Richtung meines erlegten Frischlings schnürt. Sekunden später sitzt er – das kann doch wohl nicht wahr sein – bereits auf meiner Sau und beginnt, diese anzuschneiden. Wie ein Greifvogel, der seine gerade geschlagene Beute kröpft. Unglaublich! Das kann ich mir natürlich nicht bieten lassen, und so versuche ich, trotz des immer noch schlechten Lichts und einsetzenden Jagdfiebers den Roten Freibeuter zu erlegen.

Hoch, runter, links, rechts, hoch runter, links, rechts: Schließlich glaube ich, den Roten im Absehen des 8-x-56er-Zielfernrohrs perfekt erfasst zu haben und schicke die 7-x-57-Kegelspitz-Patrone auf die Reise. Gleich darauf sehe ich durchs Fernglas, dass der Fuchs direkt neben dem Frischling liegt. Bevor ich mich wie ein Schneekönig freuen kann, muss ich erst einmal tief durchatmen.

Piep, piep, macht mein Handy. SMS von Sascha: „Hast du schon wieder geschossen?" – „Ja. Ein Fuchs wollte meine Sau fressen. Hab' ihn vom Frischling runtergeschossen!" Sascha: „Du spinnst!" – „Na, dann komm' doch her!" Ich bleibe so lange auf der Kanzel sitzen, bis er eintrifft. Erst dann gehen wir gemeinsam zum Ort des Geschehens.

Der Frischling, das stellen wir später fest, wiegt aufgebrochen 28 Kilogramm, und Reineke entpuppt sich als alte Fähe mit wunderschönem Winterbalg. Freudestrahlend gleitet meine linke Hand über den Balg des Fuchses, die rechte über die Schwarte des Frischlings.

Dass es sich selbst bei Neumond durchaus lohnen kann, in schneebedeckter Landschaft nachts auf Sauen anzusitzen, bewies Markus exakt eine Woche später. Kurz vor Mitternacht erlegte er bei erstaunlich guter Sicht aus einer achtköpfigen Rotte einen Frischling mit einem Gewicht von 24 Kilogramm.

Drei Wochen später sitze ich wieder auf der „Heide". Zwar liegt kein Schnee, aber heute – einen Tag vor Vollmond – sind die Lichtverhältnisse die ganze Nacht über hervorragend. Wie eine große leuchtende Kugel steht die weiße Mondscheibe über dem Bergrücken. Noch ist der Waldrand vor mir ein einziger schwarzer Schatten.

Die Brille habe ich abgenommen, denn auf den Gläsern spiegelt sich der Mond. Selbst mit bloßem Auge kann ich einen Hasen auf 300 Meter Entfernung ansprechen. Ein starker Rammler, drei Jahre alt ... Nein. War natürlich ein Scherz.

Gegen 21 Uhr: Eine Ricke tritt aus. Ihr folgen in kurzen Abständen zuerst das Bock-, dann das Rickenkitz. Der Wind steht gut, so dass sie mich nicht einmal spitzkriegen, als sie in unmittelbarer Nähe zur Kanzel stehen. Mit dem Lasso hätte ich sie einfangen können.

Plötzlich zähle ich vier Rehe, habe den älteren Bock, der bereits eine Handbreit über Lauscherhöhe geschoben hat, nicht kommen sehen. Und dann muss ich lächeln: Das Bockkitz mit seinen kleinen „Knubbeln" auf dem Haupt beginnt mit dem älteren Bock zu scherzen. Dann jagen sich beide übermütig über die Wiese. Die Ricke und das Rickenkitz beäugen das Treiben. Schließlich wird es dem alten Bock zu bunt. Unmissverständlich gibt er dem Hänfling zu verstehen, dass er sich verdrücken soll. Herrlich. Bei der Jagd ist es mir lieber, wenn mir der Mond zuschaut als die Sonne.

Fast 22 Uhr: Deutlich sehe ich einen starken Fuchs, der von oben links nach unten rechts diagonal über die Wiese schnürt. Instinktiv ahne ich, dass er kurz vor dem Waldrand verharren wird und mache mich fertig. Kaum zehn Meter von der Stelle entfernt, an der ich im Januar den Frischling und die Fähe erlegte, steht er für einen Augenblick breit, wie die Scheibe auf dem Schießstand, und ich mache den Finger krumm. „Bravo", höre ich mich sagen, denn Reineke ist augenblicklich verendet.

Bis 23 Uhr tut sich nichts mehr. Lediglich ein Waldkauz macht es sich auf dem Dach meiner Kanzel bequem. Als er zu schreien beginnt, halte ich mir die Ohren zu. Kurz darauf knackt es im Unterholz. Erst leise, dann immer lauter. Das können nur Sauen sein. Schließlich sehe ich sie: eine Bache mit drei Frischlingen. Kaum 30 Meter vom erlegten Fuchs entfernt treten sie aus dem Wald und fangen sofort an zu brechen.

Und dann passiert's: Die Bache sowie zwei ihrer Frischlinge ziehen etwas nach links, der dritte Frischling nach rechts – genau auf meinen Fuchs zu. Ich beginne zu zittern. Die Sau wird sich doch wohl nicht an Reineke vergreifen? Kaum gedacht, zupft der Frischling bereits am Balg des roten Freibeuters. Genau wie am 5. Januar, nur umgekehrt. Nicht Fuchs schneidet Sau an, sondern Sau vergeht sich an Fuchs.

Sekunden später knallt es, und als ich durchs Glas schaue, sehe ich, dass der Frischling etwa einen Meter vom Fuchs entfernt liegt. Irritiert reibe ich mir die Augen. „Unglaublich", höre ich mich sagen. Jubel und Triumph? Nein. Aber große Freude.

Zum Glück habe ich mein „Abschleppseil" zum Bergen von Wild dabei, sodass ich den etwa 35 Kilogramm schweren Frischling ohne Probleme bis zum Auto ziehen kann. Allerdings muss ich zweimal laufen, denn Fuchs, Sau, Rucksack und Gewehr auf einmal, das wäre zu viel des Guten gewesen.

Als ich einige Tage darauf entsprechende Eintragungen in mein Schussbuch mache, steht Freund Arndt plötzlich hinter mir und pöbelt: „Akki Eilts, du blöder Hund, kannst du nicht wie jeder andere Jäger mal ganz normal 'ne Sau schießen?" Ich hab's gewusst! Leise und eingeschüchtert antworte ich: „Ich versuch's, aber versprechen kann ich es nicht!"

„Black and White“

September 1990. Indian Summer in Britisch Kolumbien – etwa 90 Meilen südlich von Terrace: Zentimeter um Zentimeter schiebe ich die Büchse in Position. Es fällt mir schwer, denn die Hände zittern. Unsere Deckung hinter einem Felsen weit oben in den Bergen der Rocky Mountains allerdings ist gut, und meine unters Gewehr gelegte Faserpelzjacke schluckt jedes Geräusch.

Vorsichtig schaue ich immer wieder über den Felsrand. St. Hubertus sei Dank! „Mr. Billy“, mein Schneeziegenbock, ist noch da! Mehr als 200 Meter entfernt zwar, aber doch in guter Schussdistanz. Kraft strahlt er aus, der bullige Körper mit leichtem Höcker. Jetzt heißt es, überlegt vorzugehen. Dennoch: Das Herz schlägt mir bis zum Hals!

Erst vor wenigen Minuten mussten mein Freund und Guide Harry McCowan und ich ein für den Bock leicht zu übersehendes tiefes Tal durchqueren, und der Ausgang dieses Manövers war mehr als fraglich. Kurzerhand hatte mich „Goat Harry“ – sein Spitzname, weil er enormen Erfolg bei der Jagd auf diese imposante Wildart hat – in die Arme genommen und gesagt: „Wir sind jetzt ein Bär!“ Die Betonung lag auf „ein Bär“!

Und so watschelten wir dann, ich vorne, Harry hinter mir, langsam und behäbig wie ein Schwarzbär durch die Wildnis. Sicher, mit einem flauschigen Fell konnten wir nicht dienen, aber die kraftvoll wirkenden, leicht rollenden Bewegungen eines Bären bekamen wir ziemlich gut hin. Harry nahm seine Aufgabe sehr ernst. Aufmerksam verfolgte „Mr. Billy“ unsere Schritte, schöpfte jedoch augenscheinlich keinen Verdacht, als wir näher kamen. Jedenfalls machte er keine Anstalten, sich zu verdrücken.

Nun jedoch gilt es! „Was für ein Kaliber hat deine Büchse, was für Patronen hast du im Magazin?“, fragt Harry. – „7 x 57 und Torpedo Idealgeschoss 11,2 Gramm“, stottere ich. Harry überlegt etwas und empfiehlt mir dann aufgrund der beträchtlichen Entfernung etwa 20 Zentimeter höher als normal zu halten. Und dann kommt mir das Glück zu Hilfe: „Mr. Billy“ beginnt im Zeitlupentempo einen Felsen zu erklimmen. Dabei steht er einen Augenblick fast senkrecht, mir dennoch seine Breitseite zeigend, völlig frei. Weil ich mich in der Zwischenzeit beruhigt habe, halte ich das Kreuz des Absehens wie empfohlen zirka 20 Zentimeter über dem Blatt an, atme noch einmal tief durch und ... lasse fliegen.

Donnernd bricht der Schuss durch die Stille, und von allen Seiten hallt das Echo zurück. Unmittelbar danach sehe ich, dass die Schneeziege wie vom Blitz getroffen in sich zusammensackt. Sofort repetiere ich und werde vom Jagdfieber geschüttelt.

Harry, der das Fernglas nicht von den Augen nimmt, beruhigt mich. „Ich glaube, er ist im Schuss verendet“, flüstert er. Ich bin erleichtert. Vorsichtshalber soll ich hier in der Wildnis, wo man grundsätzlich, um lange Nachsuchen zu vermeiden, auf Nummer sicher geht, noch zwei Schüsse hinterhersetzen, was ich auch tue. Aber die gehen, weil vom Billy kaum noch etwas zu sehen ist, deutlich sichtbar ins felsige Gestein. Nur langsam fällt die Spannung von mir ab.

Nie vergesse ich die Sekunden, als mir Harry, der den Bock nach halsbrecherischer Klettertour weit vor mir erreichte, zurief: „You hit him with the first shot! Waldmannsheil!“ Er rief Waldmannsheil, aber es sollte natürlich Waidmannsheil heißen.

Als auch ich bei der Schneeziege ankomme, fallen wir uns in die Arme. „Waldmannsheil! Ein guter Bock!“, sagt Harry. „Waidmannsdank!“, erwidere ich und muss mich erst einmal setzen, denn ich bin fix und fertig.

„Mr. Billy“, wie er von den Kanadiern liebevoll genannt wird, wiegt etwa 240 Pfund, ist mindestens sieben Jahre alt, und die Hörner haben Längen von 25 Zentimetern. Wirklich gut! Blendend weiß ist sie, die Decke meiner Schneeziege.

Man sagt, dass die indianischen Jagdgötter gelegentlich mit Weißen sympathisieren. Heute haben sie es getan. Immer und immer wieder streiche ich über das seidenweiche Fell. Solange ich lebe, werde ich diesen Jagdtag, die Erlegung dieses wundervollen Stück Wildes in Erinnerung behalten.

Wie hatte Harrys Frau noch gesagt, bevor wir mit dem kleinen Wasserflugzeug losflogen, um „irgendwo in den Bergen auf einem See“ einzufallen? „Harry geht nicht zu den Tieren. Die Tiere kommen zu ihm!“ In der Tat!

Es klingt verrückt, aber während ich der Mountain Goat über das schneeweiße Fell fahre, denke ich an meinen Deutsch-Drahthaar Hatz daheim und wünsche mir von ganzem Herzen, er wäre hier.

Schließlich kehrt wieder Ruhe ein. Wohltuende Ruhe. Keine hysterischen Menschen, keine überfüllten Autobahnen, keine Hektik, keine Sorgen. Wir haben Zeit und können alles um uns herum aufnehmen. Was für Farben. Rote, braune und gelbe Blätter an allen Büschen und Bäumen um uns herum. Der Herbst, der Indian Summer, zeigt sich von seiner schönsten Seite. Einmalig.

Wir tun nichts, sitzen nur da. Schauen und noch mal schauen, saugen die Wahnsinns-Atmosphäre, die Eindrücke der grandiosen Landschaft in uns hinein: eine schneebedeckte Bergspitze hinter der anderen, üppige Wälder, türkisfarbene, im Sonnenlicht blinkende Seen und glasklare, mäandernde Flüsse ... Die Gedanken kreisen:

Bereits während unseres Erkundungsfluges über Harry McCowans Jagdgründe hatten wir mehr als 100 Schneeziegen ausgemacht, allerdings zum Teil in Gebieten, in denen sie wegen schroffer Felsen und steiler Schluchten kaum zu bejagen sind. Vorsichtshalber, damit sie nicht in Panik gerieten und abstürzten, hielten wir mit dem Flieger einen großen Abstand. Inbrünstig hatte ich mir einen Billy gewünscht, und nun bin ich am Ziel.

„Hier, oberhalb der Baumgrenze“, sagt Harry, „ist es, wo das Leben beginnt.“ – „Where the life begins!“ Ganz in unserer Nähe, wo der ewige Schnee in der Sonne zu schmelzen beginnt, was wir mit dem Fernglas genau erkennen können, entstehen kleine Rinnsale. Nach und nach werden daraus Bäche, schließlich reißende Flüsse ...

Wir stillen unseren Durst. Das Wasser aus einer kleinen Mulde in einem kaum 20 Zentimeter breiten Rinnsal schmeckt besser als Champagner. Anschließend schlagen wir Mr. Billy aus der Decke und zerwirken ihn. Ich werde mir ein Kopf-Träger-Präparat fertigen lassen.

Und dann erklingt die schönste Musik auf Erden. Das Heulen der Wölfe. Etwa 500 Meter entfernt zwar, aber dennoch deutlich zu hören: „Aoouuuh, aouuuh, aouuuh, aouuuh!“ Gänsehaut! Immer wieder, von kurzen Unterbrechungen und Beißereien abgesehen, erklärt mir Harry, rufen sie ihren Triumph, ihren Jagderfolg in den Äther: „Sie haben irgendetwas erbeutet, vielleicht ein Elchkalb oder ein Karibu!“ Als die Wölfe erneut mehrstimmig zu heulen beginnen, läuft mir ein ganzer Wolkenbruch über den Rücken. „They killed something!“, bekräftigt Harry die Situation. Ich habe nicht den geringsten Zweifel.

Vor dem Abstieg mit dem Wildbret auf unseren Schultern ist uns nicht bange. Runter geht’s leichter als rauf! Aber Vorsicht: Immer wieder sacken wir bis zu den Waden ins Moospolster unter unseren Schuhen ein. Wir haben das Gefühl, als würden wir auf Luftmatratzen laufen. Selten habe ich die Jagd so intensiv erlebt wie in dieser Wildnis, wie in diesen Stunden.

Harry McCowan, damals Inhaber der Jagd- und Fischereirechte in diesem Bereich, ist vielen amerikanischen und europäischen Jägern und Anglern noch heute ein Begriff. Der nördlichste Zipfel des Gebiets reicht an den Douglas Channel heran, der als Kitimat-Arm im Städtchen Kitimat südlich von Terrace endet. Das Areal ist rund 2 500 Quadratmeilen groß.

Kaum ein anderer Platz gibt die bizarre Schönheit Britisch Kolumbiens so eindrucksvoll wieder, wie dieses Fleckchen Erde. Vom Salzwasserufer über Flüsse und Bäche bis hin zu alpinen, schneebedeckten Gipfeln im Hochland reicht die Bandbreite der Landschaftsformen.

Einen Tag kann man in 1 800 Metern Höhe in einer Mondlandschaft verbringen, die in erster Linie von Steinen, Flechten, Krüppelbäumen und Wildziegen bestimmt wird, am nächsten Tag kann man durch Urwald marschieren, entlang eines Bachs voller laichender Lachse sowie auf Wechseln, die auch der Grizzly benutzt.

Nachdem wir Mr. Billy im Wasserflieger verstaut hatten, startete Harry die Maschine, und wir machten uns auf den Rückweg zum Camp. Kaum hatten wir die ersten steilen Berge passiert, zogen Gewitterwolken auf, und ehe wir uns versahen, flogen wir, flankiert von dreitausend Meter hohen Gebirgszügen im Dunkeln. Sichtweite höchstens 50 Meter.

Zugegeben, ich hörte bereits die Todesengel mit den Flügeln schlagen, aber Harry behielt die Ruhe, zog die Maschine so weit es ging nach oben und schaffte es nach abenteuerlichen Manövern über den Wolken, alle Gefahren zu umfliegen. Okay. Als das Flugzeug die letzte schwarze Wolke verließ, befanden wir uns gerade mal 30 Meter von einem Felsvorsprung entfernt ...

Am Abend meines dritten Jagdtages sitzen „Goat Harry", „Grizzly Doug", Allan Porter, ein noch junger Jagdführer, zwei kauzige Amerikaner und ich in einem Camp mitten in der Wildnis völlig entspannt am prasselnden, funkensprühenden Lagerfeuer. Genüsslich nippen wir am schottischen Single Malt, den ich mitgebracht habe. Hochprozentig ist er in der Lage, einen Scheintoten zum Sambatanzen zu bewegen. Es ist urgemütlich. Geschichten von anno dazumal, aus der „Pionierzeit", machen die Runde.

In besonderer Erinnerung geblieben ist mir, was Doug Rogers, alias „Grizzly Doug", gestenreich mit ernster Miene erzählte: Vor langer Zeit wurde er zusammen mit einem Jagdgast in tiefster Wildnis ausgesetzt. Geplant war ein Aufenthalt von drei Tagen, sodass sie nur wenig Proviant mitnahmen. Aber die beiden konnten nicht pünktlich abgeholt werden, denn ab dem zweiten Tag zog ein fürchterliches Unwetter heran, das fast drei Wochen lang anhielt. Der Flieger, der die beiden zurückholen sollte, konnte beim besten Willen nicht starten.

„No Kaffee, shit Essen", erzählte Doug. Wie sie sich ernährt haben? Von Wasser aus einem kleinen Bach und Vögeln, denen sie mit der großen Kugel den Kopf abschossen! Als sie schließlich nach genau 20 Tagen gerettet wurden, erschrak der Pilot: „Sie fielen mir vor Freude um den Hals, sahen aus wie Vogelscheuchen und stanken wie Iltisse!", sagte er.

„Grizzly Doug" setzte noch eins drauf: Vor exakt neun Jahren brachte er einen Jagdgast aus den Staaten mitten in einem relativ jungen Fichtenbestand auf einen gewaltigen Grizzly zu Schuss. Aber der bereits etwas betagte Herr versetzte dem Bären lediglich einen Streifschuss. Daraufhin schlug der angeschweißte Petz mit „Handkantenschlägen" um sich und fällte so mehrere der zwölf Zentimeter dicken Bäume in einer Höhe von etwa eineinhalb Metern. „Klack, klack, klack, klack, klack …"

Wir rutschten etwas zurück, mussten aufpassen, dass uns Doug, der laut brüllend die Handkantenschläge des Grizzlys nachmachte, nicht vom Hocker fegte!

Richtig dramatisch wurde es, denn in seiner Wut rückte der unaufhörlich um sich schlagende Grizzly den beiden Waidmännern immer näher auf die Pelle. „Erst nach dem zehnten Schuss", berichtete Doug mit nunmehr hochrotem Kopf, „ging der kapitale Bär kaum 15 Meter vor uns zu Boden und verendete! Noch heute schlottern mir die Knie, wenn ich daran denke!"

Schließlich ließ auch ich mich nicht lumpen und erzählte, was ich im Laufe der Jahre an verrückten Angel- und Jagdstorys so alles erlebt hatte. In aller Bescheidenheit. Es war eine Menge. Am besten allerdings kam die Geschichte von „Mama Leone" aus Kenia an, wo ich im Lake Turkana den Nilbarschen nachstellte:

Eines Abends saß ich mit mehreren Mitanglern in einer Bar, um einen Schlaftrunk zu mir zu nehmen. Gespenstisch die Atmosphäre: diffuses, durch starken Zigarettenrauch gedämpftes Licht, leise Hintergrundmusik, flackernde Kerzen, laut gestikulierende Menschen aus aller Herren Länder, bestens betreut von den „Blumen der Nacht", deren Aufgabe es war, sich um Zwischenmenschliches zu kümmern.

Das 45 Hektar große Wild und Hund-Testrevier in Obertiefenbach in Rheinland-Pfalz: Kleinod am Limes.

Es hat geklappt. Die Pirsch auf den Auerhahn im schwedischen Dalarna war erfolgreich.

Der „Casanova“: In der Litze befindet sich noch die Abwurfstange vom Mai.

Die Gänsejagd in Ostfriesland übt seit Jahrzehnten einen ganz besonderen Reiz auf mich aus.

Und plötzlich saß „Mama Leone" neben mir. Etwa 60 Jahre alt mit einem riesigen bunten Hut auf dem Kopf. Weil sie tiefschwarz war, blieb mir bis heute das Leuchten ihrer hellwachen Augen in besonderer Erinnerung. „Ich nix bummmßen!", sagte sie, „ich nur sprechen mit Gäste." – „Ich auch nix bummmßen", antwortete ich, „ich nur angeln in Kenia."

Da hatte ich den Freunden am Lagerfeuer in Britisch Kolumbien etwas gesagt. Den ganzen Abend kicherten sie herum: „Ich nix bummmßen, ich nix bummmßen!" Albernes Volk!

Zurück zur Jagd. Die folgende Nacht ist für mich ein Erlebnis der besonderen Art: Der Vollmond scheint durchs Fenster in mein Zelt, die Sterne am wolkenlosen Himmel glitzern, und von Norden her wabern Nordlichter über den Himmel. Gegen Mitternacht holt mich das Geheul von Wölfen aus dem Schlaf. Mir scheint, sie haben das Camp umzingelt. Keiner dürfte mehr als 300 Meter entfernt sein. Ihr Konzert schickt mir kalte Schauer über den Rücken, die Haut kribbelt, und ich kann mich nicht satthören.

Aber was ist das? Laut schmatzende Geräusche in unmittelbarer Nähe erzeugen Gänsehaut! Am nächsten Morgen stelle ich fest, dass sich Meister Petz kaum 20 Meter entfernt über die Waldbeeren hergemacht hat ...

Überhaupt: Der ganze Urlaub in den Rockys ist ein einziges Abenteuer, und am letzten Tag meines Aufenthalts kann ich sogar noch einen guten „Last minute bear" erlegen: Allan, mein Guide an diesem Tag, und ich haben bei der Pirsch mit dem Boot am Ufer eines Flusses eine Stelle ausgemacht, an der über 30 „filetierte" Hundslachse liegen. „Hier muss ein Feinschmecker am Werk gewesen sein", sagt Allan. Von Rogen keine Spur.

Genau dort setzen wir uns an, und ich komme am späten Nachmittag von unserem „Erdsitz" am Ufer aus auf einen alten Schwarzbären mit einem Gewicht von fast 400 Pfund und einer Größe von siebeneinhalb Fuß zu Schuss. Zwar bricht auch er, wie meine Schneeziege, nach dem Schuss wie vom Blitz getroffen zusammen, erhebt sich jedoch völlig überraschend nach etwa einer Minute wieder und versucht, den reißenden Fluss zu durchrinnen. Mitten in der Strömung allerdings verlassen ihn die Kräfte. Er verendet und treibt langsam davon.

Wir lösen den Anker, springen ins Boot und paddeln hinterher. Den Motor müssen wir nicht starten, denn das große Aluboot treibt schneller, als der nunmehr über ein flaches Kiesbett rollende Bär. Die Bergung ist alles andere als einfach. Schließlich überholen wir die Beute und springen vom Boot aus ins Wasser. Aber wir haben uns verschätzt, stehen plötzlich bis zum Hals in den eiskalten Fluten und können uns kaum auf den Beinen halten.

Allan hat sich das Tau, das am Boot befestigt ist, um den Bauch gebunden, und gemeinsam greifen wir den herantreibenden Bären. Unglaublich, wie schwer er ist. Ich bekomme das Haupt zu fassen, aber es entgleitet mir. Zum Glück hat Allan, der muskulöse, schwergewichtige Leistungssportler, einen festeren Griff. Er nimmt den Kopf des Bären in den Schwitzkasten, und wir stolpern in Richtung Ufer. Ich glaube, wir wären lieber abgesoffen, als dass wir den Bären losgelassen hätten.

Schließlich ist es geschafft. Minutenlang stehen wir mit der Beute am Fluss und atmen schwerer als je zuvor in unserem Leben. Als wir uns gefangen haben, sind wir allerdings nur noch glücklich. Dass meine Jacke unter beiden Achseln aufgerissen ist, und der gut zehn Zentimeter lange, tiefe Riss in der linken Hand blutet wie Sau, ist mir völlig egal.

„Blacky“ hat, genau wie mein „Billy“, eine sehr dichte Decke. Imponierend die mächtigen Pranken und die kurzen, aber starken Nägel des Sohlengängers. Dazu der bullige Schädel ... „Black and White“ in nur einer Woche: Ich bin absolut happy! „I love Canada“, entfährt es meinen Lippen, und Allan antwortet spontan „and Canada loves you!“

Die Schwarzbärdecke ließ ich mir von Michael Sonntag, einem befreundeten Präparator, gerben und wie beim Tiger im Sketch „Dinner for one“ mit einem Kunstschädel versehen. Der Originalschädel wurde abgekocht. „Mister Billy“, mein siebenjähriger Schneeziegenbock, sollte als Kopf-Träger-Präparat den Kamin zieren.

Als Michael eines Tages bei uns zu Hause klingelte und die sehnsüchtig erwarteten Präparate vorbeibrachte, wurde er jedoch von meinem ansonsten immer freundlichen und ausgeglichenen Drahthaar Hatz gar nicht freundlich empfangen. Knurren, Zähnefletschen, Bellen ... Er war außer sich, als er die „komischen Tiere“ auf Michaels Arm sah. So gut es ging, beruhigte ich ihn und bat meinen Sohn, der gerade zum Angeln aufbrach, ihn mitzunehmen.

Aber Hatz hatte durchaus nicht vergessen, was da in seinem Haus vorging, und schlich, als er mit Carsten zurückkam, wie ein Panther durch die Wohnung. Seine Nackenhaare erreichten Dimensionen wie die eines zum Angriff übergehenden Keilers. Als er die Schneeziege an der Wand über dem Kamin entdeckte, begann er sofort wieder zu bellen und mit den Zähnen zu fletschen, und vor dem anscheinend verendeten Bären auf dem Boden stand er minutenlang wie erstarrt vor.

Wieder redete ich ihm gut zu, aber dennoch dauerte es mehrere Tage, bis er sich einigermaßen beruhigte und die seltsamen Hausgenossen mehr schlecht als recht akzeptierte. Die Schneeziege allerdings bellte er selbst nach Wochen gelegentlich noch an.

Auf jeder Feder drei Augen …

Jeder, der einmal versucht hat, eine Krähe oder eine Elster zu erlegen, weiß es: Rabenvögel sind ausgesprochen klug, gewitzt und misstrauisch. Gegen jede List allerdings sind sie nicht gewappnet. Ich erzähl mal:

Nach mehreren „Gummipirsch-Kontrollen" mit dem Auto Anfang Januar im Wild-und-Hund-Testrevier war klar: Es gibt zu viele Krähen. Die Landwirte klagten bereits. Einige der cleveren Gesellen (die Rabenvögel, nicht die Landwirte!) mussten also erlegt werden. Da sie jedoch äußerst lernfähig sind, war Einfallsreichtum gefragt:

Burkhard von der Redaktion Wild und Hund begleitete mich. Er wollte sein Glück mit der Flinte versuchen, ich mit der .22 Hornet. Als Lockvogel diente eine Uhu-Attrappe. Während sich „Burgel" mit weißem Tarnanzug an einem noch mit Schnee bedeckten Hang unsichtbar machte, entging ich dem überscharfen Gesichtssinn der schlauen Vögel mit grünem Anzug in einer Brombeerhecke. Um die Tarnung perfekt zu machen, hängte ich mir ein dunkles Mückennetz vors Gesicht.

Es war wirklich ein hartes Brot, die Schlaumeier zu überlisten. Und wenn wir an einer Stelle schließlich mehrere erwischt hatten, taten wir gut daran, den Platz zu wechseln. Aber auch an den neuen Orten war die Jagd äußerst schwierig. Ohne Tarnung lief kaum etwas. Eine falsche Bewegung, und die Chance war vertan. „Die haben auf jeder Feder drei Augen", knurrte Burkhard, und ich konnte ihm nicht widersprechen.

Aber der „Uhu" war ein guter Partner. Die Rabenvögel, gelegentlich auch ein Bussard, der natürlich nicht erlegt wurde, betrachteten ihn als Feind, wohl auch als Nahrungskonkurrenten und hassten auf ihn. Immer wieder bedrängten sie laut krächzend den mit Schwingen und Federn eines überfahrenen Bussards versehenen Eulenvogel.

Nachdem ich innerhalb kurzer Zeit fünf Krähen sowie drei Elstern erlegt hatte, müssen sie sich regelrecht verständigt haben, denn kaum war ich in den Tagen darauf mit meinem Auto im Revier, sah ich, dass sich sowohl Krähen als auch Elstern frühzeitig und hektisch verdrückten: „Achtung, Achtung, der graue Passat-Kombi mit dem Emder Kennzeichen!“ Noch bevor ich ausstieg, um über den Pirschweg meinen auserkorenen Platz aufzusuchen, war die Bühne leer – und blieb es auch.

Dann jedoch fiel es mir wie Schuppen aus den Haaren. Ich musste sie austricksen: Ich lieh ich mir den andersfarbigen Wagen eines Kollegen und war keineswegs erstaunt darüber, dass mich die hellwachen Geschöpfe jetzt nahezu ignorierten. Über mir erklang das „Krah, krah, krah“ der Rabenkrähen, etwas entfernter das durchdringende „Klong“ eines Kolkraben.

Damit sie mich auf dem Weg in die Dickung nicht erkannten, machte ich einen krummen Buckel und humpelte. Das Gewehr presste ich ans rechte Bein ... Ich will es vorwegnehmen: Die List gelang. Eine Stunde später zierten vier schwarze Vögel den Galgen. Auf das Wie kommt es an, nicht auf das Was.

Wie pfiffig speziell Rabenkrähen sind, konnte ich bereits mehrmals beobachten: Auf dem Uferrasen an der Lahn in Nassau zum Beispiel, da, wo sich die Fisch & Fang-Redaktion einige Jahre befand, erschien mehrmals am Tag eine Rabenkrähe, die ergattertes Brot versteckte. Sie stopfte es mit dem Schnabel in eine im Erdreich geschaffene Grube, rupfte wie eine Kuh Gras und bedeckte damit ihr Depot. Während dieser Prozedur sicherte sie ständig in alle Richtungen. Wie ein scheinäsendes Reh. Faszinierend!

Noch eine Geschichte: Etwa 30 Haustauben flogen, wie ich ebenfalls von meinem Arbeitsplatz in Nassau aus sehen konnte, unaufhörlich mit Karacho durch die Lahnbrücke. Ich konnte ihnen den Übermut förmlich ansehen.

Schließlich muss eine der jüngeren Tauben wohl den Bruchteil einer Sekunde nicht aufgepasst haben, denn sie donnerte mit dem Kopf gegen einen der Beton-Brückenpfeiler und fiel mit Gehirnerschütterung bewusstlos ins Wasser.

Während sie mit der Strömung abtrieb, flatterte sie zwar noch etwas mit den Schwingen, weil sich der Kopf jedoch bereits Sekunden später vollständig ins kühle Nass senkte, ertrank sie. Leblos trieb sie mit der leichten Strömung ans gegenüberliegende Ufer.

Dort, und jetzt kommt's, wartete bereits eine Rabenkrähe. Erwartungsfroh tippelte sie unaufhörlich hin und her. Als die Taube angespült war, schnappte sich der schwarze Vogel mit dem Schnabel einen Flügel und zog die Beute rückwärts strauchelnd an Land, wo er sofort mit dem Rupfen begann. Derart wild und heftig, dass die Federn nur so flogen. Ein Greif hätte es nicht besser gemacht. „Guten Appetit!“, rief ich der Krähe durchs zwischenzeitlich geöffnete Fenster zu. Das allerdings hätte ich mir sparen können, denn sie ließ sich nicht im Geringsten stören.

Einige Wochen darauf sah ich zu Hause in Ostfriesland, wie eine Rabenkrähe, geschickt wie eine Möwe, im Flug Brotstücke von der Wasseroberfläche pflückte. Brot, das Urlauber für die dort schwimmenden Enten ins Wasser warfen. Sie flog unmittelbar über dem Wasser, streckte den Kopf nach unten und fasste blitzschnell zu. Ein Vorgang, der sich mehrmals wiederholte. „Guck mal Mama, eine schwarze Seemöwe“, sagte ein kleines Mädchen.

Zwei hab' ich noch: Während eines Ansitzes auf Rehwild erlebte ich hautnah, wie eine Krähe einen Junghasen aus der Luft attackierte. Verzweifelt versuchte die Häsin, die sofort zur Stelle war, den Vogel zu vertreiben. Der jedoch entging immer wieder geschickt Mümmelmanns trommelnden Vorderläufen. Keine zehn Minuten später war der Kampf entschieden.

Lange Zeit hielt ich die Behauptung, Rabenkrähen würden frisch gesetzte Lämmer angreifen, für ein Gerücht. Aber genau das beobachtete ich eines Tages auf einem Deich in Ostfriesland. Kaum war das soeben geborene schwarze Lamm nach unzähligen Schnabelhieben der sechs Rabenkrähen, die geduldig auf ihre Chance gewartet hatten, verendet, machten sie sich daran, die Beute zu verspeisen.

Zurück zur Jagd mit der Uhu-Attrappe: Als ich meine letzte Krähe erlegt hatte, wuselte urplötzlich aus einem Erdloch ein bis auf die Luntenspitze schneeweißes Großes Wiesel heran – ein unwirklicher Anblick in der fast schneelosen Landschaft. Es packte den Vogel und begann, ihn vom freien Feld in die nahe Dickung zu ziehen. Weil an dieser Stelle kein ausreichender Kugelfang vorhanden war, ließ ich natürlich den Finger gerade. Nach langem Geziehe und Gezerre befand sich der kleine Räuber mit meiner Beute schließlich in Sicherheit.

Aber nicht nur mit dem Uhu, auch mit dem speziellen Krähenlocker des Lockjagd-Experten Klaus Demmel erlegte ich so manche Rabenkrähe. Ende Dezember 2006 war ich besonders erfolgreich und schoss innerhalb von sechs Stunden 17 der schwarzen Vögel.

Das „Kraah, kraah, kraah“, das ich dem Instrument entlockte, muss derart echt geklungen haben, dass die schwarzen Gesellen völlig arglos näher kamen. So nah, bis die Schrotladungen das Rohr verließen.

Später bin ich dann dazu übergegangen, ein Tarnzelt mitten auf den Acker zu setzen, und auch die über 30 Lockvögel, die ich ausbrachte, verfehlten ihre Wirkung nicht. 54 Krähen überlistete ich an drei Wochenenden. Seitdem – man ist ja schließlich lernfähig – habe ich mich auch nicht mehr in Hecken oder unter Bäumen versteckt, sondern mich für die eindeutig effektivere Tarnnetz-Methode entschieden.

Manchmal hat man Glück

Mitte November 2004: Drückjagd im Revier unseres Verlegers im Lahntal bei Bremberg in Rheinland-Pfalz. Alle 72 angereisten Schützen freuen sich auf einen schönen Jagdtag. Man kennt sich, schüttelt eine Hand nach der anderen. Wohl 30 Mal ziehe ich den Hut. Brückenartig überspannen zwei übereinanderstehende Regenbogen den Wald im Südwesten.

Pünktlich um neun Uhr ergreift Walterpeter Twer mit honoriger Stimme das Wort. Totenstille während der Ansprache: „Erlegt werden darf alles Schwarzwild, außer führenden Bachen. Weiterhin weibliches Rehwild und Kitze beiderlei Geschlechts, Dam-Schmaltiere und -kälber sowie natürlich Füchse. Kein flüchtiges Rehwild beschießen! Das erste Treiben beginnt um 10 und endet um 12.30 Uhr. Das zweite dauert von 14 bis 16.30 Uhr." Gleich darauf folgt die Sicherheitsbelehrung: „Jeder ist für seinen Schuss verantwortlich."

Lautstark werden die Schützen ihren Anstellern zugeteilt, und schon geht's los. Flott besteigen die Waidmänner die mit Heuballen als Sitzgelegenheit versehenen Anhänger und werden mit Traktoren ins Revier gefahren. Auch die Treiber und Hundeführer machen sich auf den Weg, wissen genau, was zu tun ist. Wie immer ist alles perfekt durchorganisiert.

Als ich nach kurzer Pirsch und geflüsterter Einweisung des Jagdaufsehers mitten im Wald meinen Platz auf der offenen Kanzel eingenommen und die Büchse geladen habe, finde ich die Muße, mich umzuschauen. Was hatte der gute Mann gerade noch zu mir gesagt? „Von diesem Stand aus hat Doktor Soundso vor zwei Jahren fünf Sauen geschossen." Nun denn. So ein Glück habe ich nicht.

Wieder drehe ich den Hals wie eine Eule. 200 Meter links und 250 Meter rechts von mir befinden sich die Nachbarschützen. Weithin sind ihre orangefarbenen Jacken und Hutbänder zu sehen. Freundlich heben sie die Hand: „Hier bin ich!"

Der Laubteppich auf dem Waldboden ist mehrere Zentimeter dick, in den Kronen der hohen Bäume spielt der Wind, und zwischen den Forstpflanzen hinter mir wuchert dichtes Brombeergestrüpp. Aber was ist das? Direkt vor meinen Stiefeln glänzt ein Häufchen Marderlosung. „Drei Jahre, männlich", würde Arndt jetzt sagen. Weit über den Wipfeln uralter Eichen krächzt ein Kolkrabe. Es klingt, als hätte er die ganze Nacht durchgesoffen.

Es ist frisch, um die vier Grad. Reif überzieht Gräser und Blätter. Gut, dass ich meine Thermo-Unterwäsche angezogen habe. Vielleicht sollte man doch öfter auf seine Frau hören. Zum Glück bleibt es trocken. Zum ersten Mal seit Tagen.

Noch bevor ich das Signal „Anblasen des Treibens" vernehme, fallen vereinzelt Schüsse. „Auf anwechselndes Wild darf nach Einnahme der Stände auch vor dem Anblasen geschossen werden", hatte Thorn, der Sohn des Verlegers, den Ausführungen seines Vaters hinzugefügt.

Und dann, etwa 20 Minuten später, gellt es „hopp, hopp, hussa, hussa!" durch das Buchenaltholz mit eingestreuten Eichen. Unmittelbar darauf werden Stöcke gegen Bäume geschlagen.

Plötzlich jault ein Hund auf, gefolgt von hysterisch klingendem Hetzlaut. „Jiff, jiff, jiff!" Gleich darauf fallen unmittelbar hintereinander etwas weiter entfernt im Lahntal drei Schüsse. „Bauf!" „Bauf!" „Bauf!" Dumpf klingen sie, und die Echos rollen durch die steilen Täler. Ich liebe diese Klänge. Einmalig! Sie sowie aufgeregtes Vogelgezwitscher, beschleunigen meinen Puls.

Noch sind die Treiber und Hunde weit entfernt, und ich spitze die Ohren, denn die vom Regen am Tag zuvor durchgeweichten Blätter wirken schalldämpfend. Instinktiv setze ich zum zweiten Mal den Hut auf, der im Ast über mir hängen geblieben ist.

Plötzlich jedoch zucke ich zusammen. Da war doch was! In der Tat. Das Rauschen, das ich vernehme, wird zunehmend lauter und bewegt sich exakt auf meinen Sitz zu. Sauen? Fast bin ich sicher, dass Schwarzkittel anwechseln.

Irrtum. Ricke und Kitz. Sekunden später höre ich sogar das Fiepen und Keuchen des Kitzes. Längst habe ich mich erhoben, und behutsam gleitet der Schaft der Büchse an die Schulter. Als das Rickenkitz etwa 40 Meter entfernt verhoffend breit steht und sich der Zielstachel des Absehens auf dem Blatt befindet, lasse ich das 10,5 Gramm schwere Torpedo-Idealgeschoss fliegen. Wie vom Blitz getroffen kippt das Kitz ins Laub. Ein letztes Schlegeln noch, dann ist es verendet.

Unmittelbar nach dem Schuss geht die Ricke hochflüchtig ab und verschwindet mit Riesensätzen hinter einer Brombeerhecke. Als mich Minuten später vier Treiber passieren, ist einer so freundlich, das Kitz aufzunehmen und am Waldweg in der Nähe abzulegen. Wäre nicht nötig gewesen. Trotzdem danke!

„Tapp, tapp, tapp!“ Wieder ist Wild im Anmarsch. Ich mache mich fertig, aber schießen darf ich nicht. Der Knieper scheint zu wissen, dass er nicht frei ist. Fast provozierend langsam zieht der junge Damhirsch gerade mal 20 Meter vor mir in eine Fichtendickung.

Bis auf einen hochflüchtigen Bock im Stangenholz, der noch nicht abgeworfen hat, habe ich keinen weiteren Anblick, aber überall ist Hundegeläut zu hören. Als hintereinander mehrere Schüsse fallen, verstummt es kurz.

12.30 Uhr. Mittag. Das erste Treiben ist beendet. An der Sammelstelle gibt’s heiße Suppe mit Bockwurst. Hinterher Kaffee. Wunderbar! Nirgendwo sonst schmeckt er besser als im Wald. Das Zwischenergebnis kann sich sehen lassen: 23Sauen, ein Damkalb, sieben Rehe und zwei Füchse liegen bereits auf der Strecke.

Schneller als gedacht ist die Mittagspause verstrichen, und die Gruppenführer sammeln ihre Schützen für das zweite Treiben. Auf geht’s!

Auch jetzt wird mir ein aussichtsreich erscheinender Stand zugewiesen. Am Stamm einer mächtigen Buche bohre ich den Sitzstock in die Erde, so, dass ich mich beim Sitzen anlehnen kann und zugleich Deckung habe. Der Wind bläst mir von rechts in den Nacken. Hätte schlimmer kommen können.

Hundegeläut! „Jiff, jiff, jiff!“ Lauthals verkünden die Terrier, dass sie etwas aufgemüdet haben. Die Treiber schreien. Es klingt, als würden sie ein Megafon benutzen. Fernglas an die Augen, aber ich sehe nichts.

Doch dann kommen sie in Anblick. Vier etwa gleichgroße Sauen. Schätzungsweise plus minus 50 Kilo. Überläufer. Das passt. Nicht hochflüchtig, eher gemächlich ziehen sie kaum mehr als 40 Meter vor mir diagonal den steilen Hang aufwärts.

Längst habe ich die entsicherte Büchse an der Wange, bringe den spitzen Todeszeiger ins Blatt, und im Schuss rollt der letzte der Überläufer den Berg hinunter. Nach etwa zehn Metern bleibt er an einer entwurzelten Fichte hängen.

Zugegeben. Ich bin kein wirklich guter Drückjagdjäger, aber an diesem Tag habe ich mich selbst übertroffen. Kammer auf, neue Patrone in den Lauf, konzentrieren, die wiederum letzte der drei Sauen erfassen, und schon knallt es. Bauz!

Etwa 30 Meter unterhalb des Bergrückens bricht der Kujel inmitten des Buchenaltholzes mit sauberem Blattschuss zusammen. Obwohl sofort verendet, rutscht er – sich mehrmals überschlagend – den Berg hinunter, prallt jedoch bereits nach etwa fünf Metern mit der Breitseite gegen eine Buche und bleibt liegen. Puh!

Wieder repetiere ich, schieße jedoch nicht. Die beiden vorderen Sauen, die in der Zwischenzeit einen Zahn zugelegt haben, befinden sich nur noch wenige Meter unterhalb des Bergrückens kurz vor einer Fichtendickung, sodass ich keinen ausreichenden Kugelfang mehr habe.

Als der Spuk vorbei ist, registriere ich mit großer Freude, dass ich soeben zwei Sauen erlegt habe. 52 und 47 Kilo aufgebrochen wird die Waage anzeigen.

Sicher, ein Spezialist, von denen es viele gab auf dieser Drückjagd, hätte aus dieser Bilderbuchsituation sicher mehr gemacht, vielleicht sogar alle vier Sauen erwischt. Einige von ihnen, ich hatte es in den vergangenen Jahren mehrfach bewundern können, schossen wie der Teufel. Fantastisch, wie sie hochflüchtige Schwarzkittel, die einen vier Meter breiten Waldweg überflogen, mit sauberen Blattschüssen erlegten. Dennoch: Ich bin bester Laune. Zutiefst zufrieden. Endlich. Nach drei erfolglosen Drückjagdjahren, gibt's mal wieder einen Bruch!

Nachdem ich mich beruhigt habe, wandert der Blick gemächlich in die Richtung, aus der die Sauen kamen, und ich erstarre. Ein Fuchs! Ein starker Rüde, wie sich bald herausstellen wird, zieht langsam, immer wieder in alle Richtungen sichernd, exakt auf dem gleichen Wechsel wie die Sauen zuvor auf mich zu. Das kann ja wohl nicht wahr sein!

Hatte ich durchgeladen? Ja! Im Zeitlupentempo entsichere ich die Waffe, gehe in Voranschlag und warte, bis der rote Freibeuter etwa 60 Meter entfernt zwischen zwei Buchen kurz verhofft. Bauz!

Ich kann es kaum fassen: Der Rüde liegt im Schuss und rührt sich nicht mehr. Ein Reh, zwei Sauen und ein Fuchs! Nie zuvor habe ich bei einer Drückjagd eine derartige Strecke erzielt. Es ist wohl so: Mal hält Diana einen Schönheitsschlaf, ein anderes Mal schüttet sie ihr ganzes Füllhorn über den Waidmann aus.

Und wieder knallt es mehrmals hintereinander im Lahntal. Es hört sich an wie das Grollen eines Gewitters. Was für Geräusche, was für eine Stimmung. „Hopp, hopp", rufen die Treiber mit erhitzten Gesichtern und aufgerissenen Händen. Selbst auf weitere Entfernung ist roter Schweiß von durchs Dickicht gezogenen erlegten Sauen an Jacken und Hosen zu erkennen. Zwischendurch ertönt das Geläut der Hunde. Nur noch vereinzelt fallen Schüsse.

Der Blick auf die Uhr zeigt, nur wenige Minuten noch, dann ist die Jagd vorbei. Der rote Feuerball hinter den Bergen ist bereits versunken, und auf dem Bauernhof in der Nähe gackern die Hühner, drei Mal unterbrochen vom lauten „Kikerikiiieee!" des Hahns. Es stinkt nach Mist. Herrlich! Noch einmal fällt ein Schuss. Mehrmals ist sein Echo zu hören, das schließlich wie eine Meereswoge an einem Felsen zerbricht. 100 Meter links von mir leuchten Warnwesten auf: die Treiberwehr.

16.30 Uhr: In der Ferne verkündet ein Horn „Hahn in Ruh!" Ich entlade meine Büchse und schleppe die Sauen sowie den Fuchs zum Weg. Der Nachbar zur Linken hilft.

Nur der Vollständigkeit halber: Die Gesamtstrecke der Drückjagd war hervorragend. Von den 72 Schützen wurden 57 Sauen, vier Stück weibliches Damwild, elf Rehe und sechs Füchse erlegt. Und das bei kaum mehr als 150 Schüssen. Einfach nur gut. Jede zweite Kugel traf. Lediglich drei Sauen mussten nachgesucht werden.

Damals in der Steiermark

Vor mir auf dem Schreibtisch liegt mein Fotoalbum „Jagen in Österreich“. Ich blättere ein wenig darin herum und stoße auf das Bild meines stärksten Gamsbocks. Je länger ich es betrachte, desto lebendiger werden die Erinnerungen. Wie war das noch damals, Ende Oktober 1992, in der Steiermark?

„Die Brunft der Gams hat begonnen. Du musst sofort kommen!“, brüllt Josef, mein österreichischer Freund, in die Muschel seines altertümlichen Telefons. Ich, am anderen Ende in Ostfriesland, kann einen Hörsturz nur durch blitzschnelles Handeln verhindern. Den Hörer mindestens 20 Zentimeter neben dem rechten Ohr schreie auch ich, sonst hätte Josef mich wohl nicht verstanden: „In Ordnung! In drei Tagen bin ich da!“ – „Was?“ – „In drei Tagen bin ich da!!!“ – „Gut! Servus!“

Josef, ich muss das kurz erzählen, ist eine Seele von Mensch. Sein einziger Fehler: Er hat beim Schießen zu selten einen Kopfhörer aufgesetzt, weshalb er „ein wenig“ schwerhörig wurde.

Zwar komme ich erst spät in der Nacht in der Steiermark an, aber Josef kennt keine Gnade. Bereits in aller Herrgottsfrühe geht es am nächsten Morgen bei Nebel und Nieselregen bergauf. Während die graue Suppe immer dichter wird, die Konturen der Landschaft zunehmend im milchigen Weiß verschwimmen, pfeifen meine Lungen wie eine Signal gebende Dampflok.

Nach einer – jedenfalls für einen Flachlandmenschen wie mich – ziemlich glitschigen und anstrengenden Kraxelei erreichen wir in einer Höhe von etwa 1 900 Metern ein Plateau, von dem aus wir gute Einblicke in die Steilhänge und Felswände der umgebenden Berge haben.

Josef ist exakt zehn Jahre älter als ich und schmunzelt, als ich ihm vorschlage, zunächst auf der Veranda vor der alten Schäferhütte in der Nähe eine Brotzeit zu machen. Nur widerwillig gibt er meinem Flehen nach. Während ich bereits ziemlich platt bin, während in meinen Muskeln sämtliche Fasern vibrieren, ist er noch nicht einmal warmgelaufen.

Und genau in dem Moment, als ich den in den Becher der Thermosflasche gegossenen heißen Kaffee an die Lippen setze, hören wir es über uns steineln. Langsam, jede hastige Bewegung vermeidend, hebt Josef das Doppelglas an die Augen und wird sofort fündig. „Das ist die uralte Rehgeiß, die hier ihren Einstand hat. Schau selbst. Sie besteht fast nur noch aus Haut und Knochen!“ In der Tat, die alte Dame sieht ziemlich verhärmt aus. „Sie wird den nächsten Winter wohl nicht überleben!“, sagt Josef und reicht mir die abgestellte Büchse. „Versuch's!“

Ich trinke einen Schluck vom mittlerweile lauwarmen Kaffee und pirsche dann, den Wind berechnend, durch den herbstlich verfärbten Mischwald den steilen Hang hinauf. Als ich einen Felsvorsprung erreiche, der eine sichere Auflage bietet, mache ich mich fertig. Wenn ich Glück habe, müsste sich die Geltgeiß irgendwann zeigen.

Und wirklich. Etwa 15 Minuten später sehe ich sie. Erst nur das Haupt und den Träger, dann jedoch in ganzer erbärmlicher Größe. Als sie in einer Entfernung von etwa 80 Metern kurz breit steht, lasse ich fliegen und sehe zu meiner großen Erleichterung, dass sie, wie vom Blitz getroffen, umfällt und sich nicht mehr rührt. „Waidmannsheil!“, ruft Josef, der plötzlich hinter mir steht, und freut sich mit mir über den geglückten Hegeabschuss.

„Für heute lassen wir es gut sein“, sagt er und beginnt das Reh aufzubrechen. Den Transport zurück ins Tal jedoch übernehme ich. Josefs lautstarker Protest prallt an mir ab. „Wenn ich in den nächsten Tagen eine Gams erwische“, beruhige ich ihn, „kannst du sie tragen.“

Exakt 24 Stunden später befinden wir uns im gleichen Bereich, allerdings etwa 200 Meter höher. Wieder bin ich völlig aus der Puste und muss mich erst einmal erholen. Immerhin bin ich kein Bergsteiger und verfüge darüber hinaus bereits über eine stattliche Zahl an Jahresringen.

Hang für Hang, Wand für Wand und Graben für Graben suchen wir mit dem Fernglas ab, als Josef plötzlich innehält. „Da drüben, unterhalb der Tannenschonung, da stehen mehrere Gams!" Schließlich sehe auch ich sie. In einer Entfernung von gut 400 Metern äsen vertraut sieben Gams. „Alles Weiber", sagt Josef. „Ein Bock scheint nicht dabei zu sein."

„Ein Bock? Soll das heißen, ich habe einen Bock frei?" Josef grinst. „Sollte ich tatsächlich vergessen haben, dir das zu sagen?" – Welch Freude! Ich habe einen Bock frei! „Also, suchen wir weiter", sagt Josef, und wiederum habe ich Probleme, ihm durch nahezu undurchdringliche Latschenfelder und Zwergwacholder den Berg hinauf zu folgen. Als der Hang extrem steil wird, kann ich nur langsam und vorsichtig vorankriechen. Mehrmals halte ich mich krampfhaft an Grasbüscheln fest.

„Je größer die Anstrengung, je härter die Pirsch, desto größer ist die Freude, wenn der Gams liegt", versucht mich Josef anzuspornen. Es klappt. Plötzlich geht alles leichter.

Was sind denn das für Geräusche? Als wir zeitgleich über die Felskuppe vor uns blicken, sehen wir die Verursacher. Zwei schwarze Gams, zwei Böcke, fliegen nur so über Berg und Tal. Fast senkrecht springen sie eine mehrere Meter hohe Wand hinunter. Als der stärkere der beiden den vor ihm davonstürmenden Jüngling erreicht, hakelt er ihn. Was für ein Anblick. Davon hatte ich geträumt. Die Gamsbrunft hautnah erleben zu dürfen.

Nachdem die Kontrahenten mehrere Minuten hinter einer Felswand verschwunden waren, tauchen sie plötzlich wie aus heiterem Himmel kaum 40 Meter vor uns wieder auf, friedlich nebeneinander äsend. Ruhig, als wäre nichts gewesen. Stoßweise geht ihr Atem. Die Hatz ist zu Ende.

Josef stupst mich an. „Schießen", flüstert er und nickt, um dem Ganzen Nachdruck zu verleihen, zusätzlich mehrmals heftig mit dem Kopf. Weil sich beide Böcke in Richtung der uns abgewandten

Lang, lang ist es her: Stolz präsentieren Hinni und Karl den soeben gemeinschaftlich erlegten Fasan.

Nur mit letzter Kraft gelang es Allan und mir, meinen kanadischen Schwarzbär zu bergen, nachdem er tödlich getroffen erst mitten im Fluss verendete.

Als Kopf-Träger-Präparat wird mich „Mr. Billy" immer an den grandiosen Jagdtag mit „Goat-Harry" erinnern.

Die Suche hat sich gelohnt. Nachdem Heiko das Kitz in Sicherheit gebracht hat, kann gemäht werden.

Dank revierübergreifender Drückjagd kamen ein Damkalb, 16 Sauen und ein Schmalreh zur Strecke.

Seite bewegen, schaffe ich es, die Büchse im Zeitlupentempo in Position zu bringen, und steche ein. „Den alten, den linken!", sagt Josef. „Aber erst, wenn das Blatt frei ist."

Ich bin bereit, muss jedoch hinnehmen, dass sich beide Böcke fast zeitgleich niedertun. War wohl doch etwas zu anstrengend, die Hatz. Jetzt ist Warten angesagt. Mein Adrenalinpegel steigt. Doch wir haben Glück. Nach nicht einmal zehn Minuten erhebt sich der ältere der beiden „schwarzen Teufel" und steht breit. „Bauz!", reißt es den Schwarzen von den Läufen. Während der Knall durchs Tal rollt, schlegelt er noch kurz und hat sein Leben exakt in dem Moment ausgehaucht, als das letzte Echo verklingt.

Längst ist der jüngere der beiden Böcke drei Mal schrill pfeifend hinter einem Bergrücken verschwunden. Während mir Josef anerkennend mehrmals kräftig auf die Schulter schlägt, stellt sich bei mir das Jagdfieber ein. Ich zittere am ganzen Körper.

Als wir den Gams erreichen, zählt Josef die Ringe an den Krucken. „Acht Jahre. Und wenn mich nicht alles täuscht, um die 100 Punkte!" 100 Punkte? Die Schallgrenze. Ein Traum.

Jetzt erst spüre ich die Strapazen des Aufstiegs. Schweiß rinnt mir von der Stirn. Kurzatmigkeit macht sich breit, und in der linken Wade schmerzt ein Krampf. Dennoch: Das Aufbrechen des Bocks lasse ich mir nicht nehmen, wohl wissend, dass Josef die Beute im Rucksack zu Tal tragen wird.

Bevor wir aufbrechen, stärken wir uns und genießen den Ausblick auf das fantastische Panorama der Berge. Nie zuvor haben mir kalte Wiener Würstchen, Tomaten mit Salz und Pfeffer und Mineralwasser so gut geschmeckt wie an diesem Tag in den Bergen der Steiermark.

„Um wie viel schwerer", sage ich zu Josef, „haben es doch die vor Zehntausenden von Jahren in Felle gekleideten Tiermenschen gehabt, die mit Pfeilen und Speeren, an denen sie Spitzen aus Feuerstein befestigten, sowie Faustkeilen dem Wild und den Fischen nachstellten. Sie hatten keine Zentralheizung in ihren Höhlen, keinen Herd zum Kochen, kein aus der Wand kommendes fließendes Wasser, keine Kettensäge und keine elektrische Bohrmaschine, um mal eben schnell eine Blockhütte zu bauen. Mit dem Flugzeug über den großen Teich, Radio, Fernsehen, Telefon, Angelruten aus Carbon, geflochtene Schnüre, lasergeschärfte Haken, Präzisions-Büchsen und Doppelflinten ... Unvorstellbar! Kein Wunder, dass sie wesentlich früher starben als die Menschen der Neuzeit."

„Ja, ja", antwortet Josef und beginnt regelrecht zu grübeln: „Wenn ich damals gelebt hätte, wäre ich wahrscheinlich schon 40 Jahre tot."

Während wir so dasitzen und philosophieren, frischt urplötzlich der Wind auf, und gleich nachdem wir die schwarze Wolkenwand über den Bergen entdecken, beginnt es fürchterlich zu stürmen. „Auweia!"

Fast fluchtartig machen wir uns mit der Beute zurück auf den Weg zum Auto. Aber das Unwetter ist schneller. Böen und Regenschauer schütteln uns regelrecht durch, und etwa 200 Meter vor dem Wagen entladen sich die Wolkenberge mit einer derartigen Wucht, dass wir nass bis auf die Haut werden. Direkt über uns blitzt und donnert es ...

Wie hatte Josef noch gesagt? „Je größer die Anstrengung, je härter die Pirsch, desto größer ist die Freude, wenn der Gams liegt." Wie recht er doch hatte.

Als mir Josef ein halbes Jahr später die Trophäe zuschickte, fügte er auch das Ergebnis der Bewertungskommission bei: 102 Punkte! Der stärkste Gams meines Lebens.

Zur richtigen Zeit am richtigen Ort

Es ist Anfang Juni, und bereits eine Stunde vor Sonnenaufgang befinde ich mich im Revier. Harold, mein guter alter Freund, hat mir einen Knopfbock freigegeben. Und zwar einen ganz bestimmten, von dem ich ihm erzählte. Er hatte bereits verfegt, und beide etwa acht Zentimeter lange Spießchen waren gedreht, fast wie ein Korkenzieher.

Als es zu dämmern beginnt, tanzen Dunstfahnen über den Wiesen, und die veilchenblauen Wolken scheinen zu glühen. Mit dem Fernglas entdecke ich über den weißen Wogen des Nebels ein dünnstangiges Sechsergehörn. Nur schemenhaft sind die Spitzen der Lauscher zu erkennen. Vom Bock selbst bekomme ich nichts zu sehen, denn Sekunden später zieht er in einen Schilfgürtel und entschwindet meinen Blicken.

Kaum habe ich mich auf der offenen Kanzel eingerichtet, schiebt sich im Osten der nunmehr feuerrote Ball höher und höher, und der Nebel löst sich auf. Deutlich kann ich erkennen, wie die Sonne den Raureif von den Gräsern und Büschen leckt.

Wieder leuchte ich mit dem Doppelglas die Umgebung ab. Etwa 200 Meter entfernt mache ich zwei Hasen aus, die sich auf den Hinterläufen stehend ohrfeigen, dass die Unterwolle nur so fliegt, und – wie aus dem Nichts – steht urplötzlich ein Fasanenhahn vor dem Schilfgürtel des Grabens in unmittelbarer Nähe. „Ko-koko-ko, ko-koko-ko!“, meldet er sich lautstark zu Wort und schlägt sich weithin hörbar die Milben aus den Flügeln.

Plötzlich schiebt ein Fuchs seinen schwarz glänzenden Windfang aus der Hecke. Nach minutenlangem Winden beginnt er zu mausen. Unverkennbar eine Fähe. Innerhalb kurzer Zeit fängt sie mehrere Nager. Jedes Mal, wenn sie einen der flinken Langschwänzigen erwischt hat, tötet sie ihn und legt ihn im Gras ab. Ich habe mitgezählt. Neun Stück.

Nach etwa einer halben Stunde, in der ich ihr fasziniert zuschaue, sammelt sie eine Maus nach der anderen wieder auf. Alle Neune! Füchse müssen zählen können! Zwar fallen ihr beim Aufnehmen des letzten Nagers einige aus dem Fang, aber das Missgeschick ist schnell korrigiert.

Während sich am Himmel milchig weiße Schäfchenwolken bilden, hält ein fast weißer Bussard in luftiger Höhe auf der Stelle schwingenschlagend Ausschau nach einer unvorsichtigen Maus.

Heute ist richtig was los im Revier: Ich freue mich über die großen Libellen, die zwischen den langen Grashalmen mit ihren Flügeln surren und schmunzle über den dicken Igel, der gemächlich aus den Büschen trottet und ärgerlich grunzt, als er Wind von mir bekommt. Mit elegantem Schwingenschlag streicht eine Wiesenweihe zu ihren Jagdgründen, und hinter dem kleinen Wäldchen ruft unaufhörlich ein zweiter Fasanenhahn.

Als ich den Hals drehe und kurz auf den Bereich in meinem Rücken schaue, höre ich leise Vogelstimmen. Es kommt aus Richtung alter Fuchsbau. Der jedoch, das hatte ich Tage zuvor festgestellt, war nicht befahren.

Und schon erscheinen die Verursacher der Geräusche. Watschelnd und unaufhörlich piepsend kommen sechs schwarz-weiß gezeichnete Küken, gefolgt von einer Brandgans, aus der Röhre ans Tageslicht. Zauberhaft. Alle zugleich schütteln sie sich den Sand aus dem Gefieder und marschieren dann im Gänsemarsch, so schnell sie können, hinter Mama her zum nahe gelegenen Graben, wo der erste Schwimmunterricht ansteht.

Kaum 100 Gänge vor mir entdecke ich ein Schmalreh. Keine Ahnung, woher es kam. Erst vor einigen Tagen ist es in sein rotes Sommerkleid geschlüpft. Als es Wind von mir bekommt, springt es in die Dickung und teilt allen Tieren weit und breit mit lautem „bö, bööö“ unmissverständlich mit, was es von mir hält. Ob sich mein Böcklein noch blicken lässt? Eher nicht.

Plötzlich höre ich Geräusche und mache einen langen Hals, als ich auf dem Feldweg hinter mir eine ältere Dame erblicke. In brummendem Ton führt sie lautstark Selbstgespräche, des Öfteren unterbrochen von unartikulierten Handbewegungen und höhnischem Lachen. So, als würde sie sich mit einer unsichtbaren Gefährtin unterhalten. Erst Minuten nachdem sie hinter einem Wall verschwunden ist, beginnen die Vögel wieder zu zwitschern: „Die Luft ist rein!"

Und dann sehe ich mit dem Fernglas, wie ein mit zwei Personen besetzter schwarzer Golf etwa 500 Meter entfernt von der „Katastrophenstraße" aus in einen Feldweg fährt. Nach etwa 100 Metern parkt der Fahrer den Wagen hinter einer von der Hauptstraße aus nicht einsehbaren Kurve unter einem Ahorn, und dann dauert es auch nicht mehr lange, bis das Auto zu schwanken beginnt.

Es ist nicht das erste Mal, dass mir das rauschige Pärchen in Anblick kommt. Vor einigen Tagen zogen sie noch ebenerdige Liebesspiele vor, heute jedoch bleiben sie im Auto.

Was soll ich machen? Die Jagd beenden? Auf keinen Fall. Es muss genügen, dass ich den Brunftplatz meide. Und das, obwohl sich im Bereich dort normalerweise eine Menge Wild aufhält.

Ich übe mich in Geduld, und, wie in den Wochen zuvor, dauert der Beschlag der Ricke, vielleicht war es auch ein Schmalreh, etwa eine halbe Stunde. Nachdem die beiden aus dem Auto gestiegen sind und die unteren Teile der Bekleidung in Ordnung gebracht haben, küssen sie sich eng umschlungen noch ein paar Minuten und fahren schließlich von dannen. „Waidmannsheil!"

Hallo? Was ist denn das für ein roter Klumpen? Im Schilf am Rand des Schlotes, des Grabens links von mir, kommt mir ein Reh in Anblick. Zwar ist das Haupt noch verdeckt, aber intuitiv mache ich mich fertig. Ob es das Korkenzieher-Böckchen ist? Die Entfernung beträgt kaum mehr als 60 Meter.

Zentimeter um Zentimeter bewegt sich das Reh aus dem Schilfgürtel heraus und steht schließlich auf der Wiese, wo es zu äsen beginnt. Ja! Es ist der Gesuchte. Was macht der Wind? Er steht mir ins Gesicht. Also kein Grund zur Sorge.

Fast zehn Minuten lang zeigt mir der Bock nur den Spiegel, aber als er schließlich breit steht, reißt ihn die Kugel von den Läufen. Ein leichter und sicherer Schuss, denn ich konnte mich mit der Büchse in aller Ruhe an den Holzstreben an der rechten Seite des Hochsitzes „festsaugen". „Glück gehabt", nuschele ich mir in den Bart. „Zur richtigen Zeit am richtigen Ort!"

Ich breche den Bock auf, binde alle vier Läufe mit dickem Band zusammen, hänge ihn wie eine Handtasche über die Schulter und mache mich auf den Weg zum Auto.

Am Rand eines Grabens entdecke ich den angeschnittenen Kadaver eines erst vor wenigen Tagen gesetzten Rehkitzes. So manchem Stadtmenschen würde es jetzt sicher kalt den Rücken herunterlaufen. Aber das tote Tier vor mir weist auf einen völlig natürlichen Vorgang hin. Leben und sterben. Wie sagte neulich ein Freund? „Wir sind alle auf dem Heimweg, wissen nur noch nicht, wann wir ankommen."

Albert Schweitzer, der legendäre Urwaldarzt aus Lambarene, drückte es so aus: „Die Natur ist schön und großartig, von außen betrachtet. Aber in ihrem Buch zu lesen, ist schaurig." Es ist wohl so. Die Natur ist ein grausames Schlachtfeld. Da darf man sich nichts vormachen.

Als ich den Wagen erreicht habe, hält neben mir ein grüner Kombi: Freund Hermann! Gut gelaunt, das sehe ich ihm sofort an, steigt er aus und schüttelt mir die Hand: „Waidmannsheil!" Hermann ist ein Ostfriese, wie er im Buche steht, kommt immer und überall mit verdammt wenigen Worten aus. „Moin", sagt er, wenn wir uns in der Stadt treffen, was so viel bedeutet wie „Hallo mein Lieber, wie geht's dir?" Dann folgt das „und?" (Erzähl mal. Alles in Ordnung zu Hause?) „Jo!", antworte ich dann (Übersetzt: „Ja, alles prima. Uns geht es gut."). Alles Weitere ist überflüssig. Wer mehr quatscht, ist in seinen Augen ein Schwätzer.

Und noch eine Besonderheit gibt es: Er ist der einzige Mensch, den ich kenne, der sich sowohl vor als auch nach dem Pinkeln die Hände wäscht. „Warum machst du das eigentlich?", fragte ich ihn mal. „Ehre, wem Ehre gebührt", antwortete er. Ich erzähle das alles nur, um deutlich zu machen, was für ein pingeliger Hund er manchmal ist.

Beim Jagen jedoch zeigt er sich von einer ganz anderen Seite, da ist er ein richtiges Wildschwein, geht selbst bei absolutem Sauwetter im wahrsten Sinne durch dick und dünn.

„Guck mal", sagt er, während er den Deckel seines Kofferraums öffnet. Und mir fallen fast die Augen aus dem Kopf. Auch er hat einen Bock geschossen. Und was für einen. Der alte Gabler mit ausgeprägten Dachrosen, sein „Telefongabelbock", wie er ihn nennt, hat hoch auf und dürfte aufgrund der außergewöhnlich dicken, stark geperlten Stangen ein Gehörngewicht von annähernd 400 Gramm auf die Waage bringen. „Mindestens sechs Jahre alt!", sagt er und kneift gleich darauf erschrocken die Lippen zusammen. Mehr als drei Worte unmittelbar hintereinander! So viel redet er manchmal den ganzen Tag nicht.

Einmal Namibia, immer Namibia

Schweiß rinnt mir von der Stirn, gelangt in die Augen und brennt wie Feuer. Die Zunge klebt am Gaumen, meine Kehle ist trocken wie die Kalahari, und die vom Kriechen auf allen vieren durchs hohe Gras der namibischen Steppe verkratzten Arme und Beine beginnen zu bluten ... Aber, wie heißt es so schön? Indianer kennen keinen Schmerz.

„Komm weiter, Akki", flüstert mein Jagdführer Gert vor mir. „Big Bull!" In der Tat. Der immer noch gut 250 Meter entfernte alte Kuhantilopen-Bulle, den wir seit gut einer Stunde angehen, ist nicht nur stark, sondern augenscheinlich auch sehr alt.

Wieder äugt er zu uns herüber, und sicher zum zehnten Mal ziehen wir die Köpfe ein. Jetzt bloß keinen Fehler machen! Immer wieder nimmt Gert eine Hand voll Sand und lässt ihn zu Boden rieseln, um den Wind zu prüfen. Kein Grund zur Beunruhigung. Er steht uns ins Gesicht. Wolkenloser Himmel und 42 Grad im Schatten. Kein Lüftchen regt sich. Normal in Namibia. Für einen Norddeutschen wie mich jedoch eine Herausforderung.

Aber was ist das? Als wir nach geraumer Zeit die Hälse strecken, um zu schauen, ob der Bulle noch da ist, treten hinter mehreren dicht stehenden Schäfer- und Kameldorn-Bäumen sechs weitere Hartebeester – so werden diese Antilopen hier genannt – ins Freie und beginnen zu äsen. Sein Harem. Auweia! Jetzt wird es richtig schwierig.

„Wir robben hinter den Busch da vorne links", sagt Gert und setzt sich mit dem Schießstock in der Hand in Bewegung. Weil ich die Büchse trage, dauert es bei mir etwas länger, aber wenige Minuten später sind wir in Deckung. Wieder haben sich spitze Dornen in die Kleidung und den Körper gebohrt. Vorsichtig peilt mein Jagdführer mit dem Fernglas die Lage und ist erleichtert: „Sie haben uns nicht mitbekommen!“

Was tun? Gert bringt es auf den Punkt: „Wenn man nicht weiß, was man tun soll, ist es am besten, nichts zu tun. Einfach nur abwarten.“

Was ist denn das! Innerhalb weniger Minuten kreuzen mehrere Springböcke, gefolgt von vier Straußen den Weg. Genau in der Mitte zwischen uns und den Hartebeestern ziehen sie von rechts nach links. Weil wir uns am Rand des Kameldorn-Baums regelrecht in die Erde graben, bleiben auch sie vertraut.

Etwa 400 Meter rechts peitscht ein Oryx mit seinem Schweif Fliegen vom Ziemer. Gespannt verfolgen wir das Geschehen. In der Ferne der unendlich erscheinenden Savanne, das können wir mit dem Fernglas erkennen, hält eine Giraffe träge den langen Hals aus der Krone einer Akazie. Kurz noch bekommen wir einige weibliche Kudus in Anblick, aber bereits Sekunden später sind sie hinter einer Erhebung verschwunden.

Wie Zinnsoldaten stehen vier Erdhörnchen vor ihren Röhren in der Sonne, um sich den graubraunen Balg wärmen zu lassen. Weil ich ziemlich verdreht sitze, beginnen die angespannten Muskeln zu zucken.

Und dann passiert es: Als die Bühne vor uns bis auf die Hartebeester wieder frei ist, kommt uns der Zufall zu Hilfe. Die Gruppe mit dem alten Bullen bewegt sich langsam äsend ... direkt auf uns zu. Immer näher kommt das Wild: 200, 180, 160 Meter. Woher kommt der Wind? Alles okay. Das einzige Problem: Die weiblichen Stücke und ein junger Bulle stehen vor dem Alten, als wollten sie ihn schützen.

Dann jedoch ändert sich die Situation: Die Damen und der Jüngling bleiben zurück, der Methusalem kommt näher. Schließlich ist er nur noch 120 Meter entfernt. Als er zur Hälfte mit dem Haupt voran links hinter einem Busch verschwindet, ist es Zeit zu handeln. Behutsam stellt Gert den Schießstock auf, schaut mich an und nickt.

Jetzt gilt es. Im Zeitlupentempo lege ich das Gewehr auf die Gabeln, schaue durchs Zielfernrohr und versuche, das Blatt ins Fadenkreuz zu bekommen, als sich der Bulle wieder nach rechts dreht. Aber ich kann nicht schießen. Genau hinter dem Alten tauchen plötzlich drei weibliche Stücke sowie ein zierliches Steinböckchen auf. „Nicht bewegen und warten", flüstert Gert. „Okay!"

Seltsam. Genau in diesem Moment gehen mir tausend Gedanken durch den Kopf: Eigentlich – da bin ich ganz ehrlich – zieht es mich zum Jagen mehr in Richtung Norden – zum Beispiel nach Schweden, Finnland, Norwegen, Kanada und Alaska. Aber die Kollegen aus den Jagdredaktionen des Paul Parey Zeitschriftenverlages haben es geschafft, mich während des Schüsseltreibens nach einer Drückjagd richtig heiß auf die Jagd in Afrika zu machen: „Wenigstens einmal solltest du es versuchen. Du wirst es nicht bereuen!"

Christian legte schlagende Beweise auf den Tisch, kramte zwei Fotos aus der Brieftasche. Auf dem einen war er zusammen mit Jagdfreund Michael und einem kapitalen Springbock zu sehen. Auf dem anderen freute er sich über einen uralten, kapitalen Kudu, den er in Namibia schoss. Dann meldete sich Günter zu Wort, schwärmte in höchsten Tönen von seiner letzten Jagd in Südafrika, wo er unter anderem einen kapitalen Riedbock erlegte.

Andreas begann seine Erzählungen bescheiden, erzählte von der Pirsch auf einen kleinen Klippspringer in Namibia. Dann jedoch folgten spannende, zum Teil dramatische Geschichten. Ich fieberte regelrecht mit und staunte ob der Artenvielfalt seiner afrikanischen Beute. Aber auch in Kanada war er ausgesprochen erfolgreich, schoss unter anderem einen gewaltigen Elchschaufler, der wie an der Schnur gezogen auf den Brunftruf zustand.

Irgendwie war ich daraufhin richtig froh, als sich Malte, der nur wenige Monate später bei der Jagd im Altai-Gebirge in Russland auf tragische Weise ums Leben kam, ebenfalls einschaltete und von seiner Reise in die Highlands in Schottland erzählte, wo er einen alten Sikahirsch erlegte. Auch Heiko hatte „Kühles" zu berichten. In Kirgisien gelang ihm der Abschuss eines Steinbocks mit 125 Zentimeter langen Schläuchen.

Dennoch. Irgendwie hatten mich die überwiegend „heißen“ Schilderungen vom schwarzen Erdteil gepackt, und ich nahm das Abenteuer „Jagen in Afrika“ in Angriff. „Wenn du Rheuma und Gicht hast“, frozzelten die Kollegen, „ist es zu spät. Ehe du dich versiehst, liegst du in der Kiste!“ – „Ist ja gut!“

Nur wenige Wochen später buchte ich eine fünftägige Jagdsafari nach Namibia. Springbock, eine Oryx-Antilope, ein Kudu oder Warzenkeiler – die Geschichte begann, mich zu reizen.

Doch zurück zu den Hartebeestern. Wo ist mein Bulle? Keine Änderung. Er steht immer noch im Trupp. Ich kann nicht schießen. Geduld. Und wieder kreisen die Gedanken:

2. November 2009. Pünktlich um 18 Uhr traf ich mich auf dem Flughafen in Frankfurt mit Manfred Höfges von meinem Reisebüro in Jüchen und den zwei weiteren Mitreisenden Josef Kröger aus Walchum, dem Hegewaldsieger 2008, sowie Margret Deitermann aus Hochheim. Sie allerdings wollte nicht jagen, sondern sich zunächst einmal nur umschauen. Ab in den Flieger, und bereits zehn Stunden später waren wir in Windhoek, wo wir mit dem Wagen abgeholt wurden. Das Abenteuer begann.

Nicht einmal drei Stunden dauerte die Fahrt, dann öffnete sich 185 Kilometer südöstlich von Windhoek in der Kalahari das Tor zur 14 500 Hektar großen Jagdfarm „Veronica“. Traumhaft schön das Haupthaus, die perfekt ausgerüsteten Chalets – alles auf einer riesigen Düne mit leuchtend rotem Sand erbaut.

Ausgesprochen vielfältig der Wildbestand: Springböcke, Oryx-Antilopen, Kudus, Hartebeester, Bless- und Wasserböcke, Warzenschweine, Steinböcke, Weißschwanz- und Streifengnus, Strauße, Elands, Impalas, Säbelantilopen, Steppenzebras, Giraffen und Nashörner ... Insgesamt – wie Zählungen vom Hubschrauber aus ergaben – sicher mehr als viertausend. Während der ersten „Gummipirsch“ erzählten uns die deutsch sprechenden Berufsjäger Gert und Gysbert, dass alljährlich auf der Farm etwa 500 Stück Wild erlegt werden.

Die Aru-Lodges bestehen aus der Farm Veronica sowie der 12 000 Hektar großen Farm Kalakwa. Hinzu kommen weitere

Jagdkonzessionen mit einer Größe von 23 000 Hektar, so dass Gäste in einem Gebiet von insgesamt 49 500 Hektar jagen können.

Während der eindrucksvollen morgendlichen und abendlichen Pirschgänge sahen Margret, Manfred, Josef und ich unglaublich viel Wild und erlegten dank der professionellen Führungen von Gert und Gysbert mehrere Stücke. Als Josef nach spannenden Pirschgängen mit jeweils einem Schuss einen Springbock, einen Oryx sowie einen Warzenkeiler und ich einen Springbock sowie einen Oryx erlegt hatten, konnte auch Margret nicht anders und ging mit Gysbert als Führer einen braven Springbock an, der ebenfalls nach längerer Pirsch zur Strecke kam.

Aus der Distanz konnten wir mit Ferngläsern wunderbar beobachten, wie die beiden durch die Savanne krochen und sich, jede Deckung nutzend, langsam von Busch zu Busch dem Wild näherten. Bis auf 80 Meter kamen sie an den Bock heran, und nachdem Gysbert den Schießstock aufgestellt hatte, sahen wir, wie der Springbock hochblatt getroffen mit zwei gewaltigen Sprüngen zeichnete und zehn Meter vom Anschuss entfernt verendete.

Weil wir daraufhin schnell am Stück waren, gelang es mir, den Bock mit seinem Prunk, den langen weißen Haaren auf dem Ziemer, zu fotografieren. Als ich die Nase zwischen die aufgestellten, schneeweißen, etwa 15 Zentimeter langen Haare hielt, war ich vom süßen Duft, der mir entgegenströmte, regelrecht betört. Es roch wie eine Mischung aus Honig und Vanille. Nach etwa fünf Minuten jedoch war von der Pracht kaum noch etwas zu sehen. Fast unscheinbar klebten die Haare am Rücken. Nun, am vorletzten Tag der Jagd jedoch, gilt es meinem Hartebeest:

„Akki, träum nicht! Es geht los!“, flüstert Gert. In der Tat. Die weiblichen Stücke und der junge Bulle ziehen nach links, und schon steht der Alte, kaum mehr als 100 Meter entfernt, neben einem Hakkiebusch mit dem gesamten Vorschlag frei. Wundervoll schimmern die imposanten, abgekämpften Hörner in der Sonne, eindeutige Merkmale für einen alten Bullen.

Wieder gehe ich in Anschlag und halte die Luft an. Genau in diesem Moment senkt der Bulle sein Haupt und beginnt zu äsen.

Weiteratmen. Aber als er Sekunden später aufwirft, schicke ich das Geschoss der geliehenen .308 Winchester auf die Reise.

Das Hartebeest zeichnet, stürmt davon, überschlägt sich und liegt. Kaum 30 Meter lang ist seine Todesflucht. „Guter Schuss!“, jubelt Gert. „Guter Schuss!“ Wild hämmert der Puls in meinen Schläfen. Verdammte Hitze. Gleich darauf durchströmt mich grenzenloses Glücksgefühl. Ab zur Beute.

„Großartig, so alt wie die Savanne, mindestens 13 Jahre alt!“, sagt Gert, als er dem Methusalem in den Äser schaut. Begeistert schlägt er mir auf die Schulter. „Guter Schuss. Mitten durchs Herz!“ Mir jedoch hat es die Sprache verschlagen. Das klitschnasse Hemd klebt am Körper, und ich habe Durst. „Wasser!“

Per Funk werden die schwarzen Jagdhelfer Jakob und Benjamin verständigt, und bereits kurze Zeit später sind sie vor Ort. Während sie den Bock versorgen, grienen sie über beide Ohren, lassen die weißen Zähne nur so blitzen ...

Fleisch und Decke von erlegtem Wild werden selbstverständlich verwertet. Auch das Vorbereiten der Trophäen für den Gang zum Präparator geschieht in aller Sorgfalt. Unverkennbar: Jakob und Benjamin freuen sich mit mir über die großartige Beute.

Spätestens jetzt bin ich infiziert, ergeht es mir wie Tausenden anderer Jäger, die zum ersten Mal in Afrika jagten. Das faszinierende Wild, die spannenden Pirschgänge, die eindrucksvollen Sonnenuntergänge, der intensive Sternenhimmel, die geheimnisvollen Stimmen in der Dunkelheit ... Einfach nur schön.

Ich Unwissender! Von wegen, „es zieht mich mehr in den Norden“. Ich widerrufe! In Namibia zu jagen hat mir derart viel Freude bereitet, dass ich das zweite Rendezvous mit „Veronica“ bereits geplant habe.

Bevor es losgeht allerdings, muss ich mir eine neue Schirmmütze kaufen, denn die alte hat ein Loch. Warum? Weil sie mir während der rasanten Fahrt mit dem Geländewagen durch die Steppe Namibias vom Kopf flog, verpasste ihr Gysbert mit der Büchse aus einer Entfernung von 20 Metern auf dem roten Sand liegend den Fangschuss. „Tradition!“, sagte er und lachte.

Versprochen ist versprochen

Vier Mal schon hat das Telefon geklingelt, und weil ich auf dem Klo etwas Wichtiges zu erledigen habe, brülle ich so laut ich kann: „E-r-i-kaaa!, T-e-l-e-fooon!“ Endlich geht sie ran. „Es ist Frau Ihnken. Sie hat gebacken! Morgen früh um elf sollen wir die Kekse abholen. Passt es?“, ruft Erika durch die halb geöffnete Tür. „Ja!“, antworte ich. „Sag ihr, ich würde ihr einen Weihnachtshasen schießen!“ Und – wie es sich für eine liebende Frau gehört – sagt Erika zu Frau Ihnken am anderen Ende der Leitung: „Mein Mann schießt ihnen demnächst einen Hasen!“ Hätte ich gewusst, was für eine Arie das wird, ich hätte die Klappe gehalten, wäre nicht so spontan gewesen.

Ich muss es kurz erklären: Frau Ihnken hat mir zehn Jahre lang „Am Markt“ in Emden die Geschäftsräume meiner Sportangler-Zentrale vermietet. Als ich schließlich zur Fisch & Fang-Redaktion nach Hamburg wechselte, ließ sie es sich dennoch nicht nehmen, mir mindestens zwei Mal jährlich ein paar Tüten voll Kekse zu backen. Und das seit nunmehr 25 Jahren!

Wenn sie anruft, um uns zu sagen, dass wir die Kekse abholen können, zucken wir jedes Mal regelrecht zusammen: „Ich hab’ wieder gebbbacken!“ Herrlich! Das „ge“ geht ja noch, aber das „bbbacken“ ist derart laut, dass meine Frau oder ich, je nachdem, wer den Hörer am Ohr hat, schmunzeln müssen: „Ostfriesen-Power“ vom Feinsten.

Um mich ein wenig zu revanchieren, denn die Kekse schmecken hervorragend, schenke ich ihr, je nachdem was wir gerade in der Truhe haben, Fisch oder Wild. Hechte, Zander, Dorschfilets, eine Rehkeule, ein paar Ringeltauben für die Suppe, Fasanen, Kaninchen und einiges andere mehr ... Nun also wollte ich ihr einen Hasen schießen.

„Kein Problem“, sage ich zu Erika. Wir haben Mitte Oktober, und bis Weihnachten sind es noch gut neun Wochen. „Versprochen ist versprochen!“

Schon vier Tage später, die Kekse sind bereits zur Hälfte verputzt, setze ich mich abends mit der Flinte am bekannten Hasenpass mit dem Sitzstock an und bin absolut sicher, Freund Langohr überlisten zu können.

Was für eine Kulisse: Auf den Wiesen versammeln sich große Scharen von Kiebitzen und kündigen ihre Reise in wärmere Gefilde an. Hunderte von Staren tun es ihnen gleich. Wie schwarze Gewitterwolken vollführen sie eindrucksvolle Flugshows.

Und tatsächlich. Weil es fast windstill ist, höre ich den Hasen im raschelnden Buchenlaub heranhoppeln. Sehen kann ich ihn zwar noch nicht, aber dennoch mache ich mich fertig und gehe in Voranschlag.

Hallo? Urplötzlich verstummt das Geräusch, und mir werden die Arme schwer. Ich lege die Flinte auf meine Oberschenkel, bleibe jedoch in Bereitschaft. Erfolglos. Irgendetwas muss Mümmelmann dazu veranlasst haben, den Pass zu verlassen und sich klammheimlich zu verdrücken. Nun denn, es ist ja noch lange hin bis Weihnachten.

Jedoch – wie das so ist. Der ansonsten äußerst pünktliche Hase scheint unpässlich zu sein. Hat sich wohl einen anderen Pass ausgeguckt. Auch während des zweiten und dritten Abendansitzes kommt er nicht. Na gut. Es gibt ja noch andere Hasen.

Denkste: Die Ergebnisse meiner Ansitze bis in die Dunkelheit hinein sind ernüchternd. Nichts. Kein einziger Hase lässt sich blicken. Wochenlang liefen sie mich fast um, jetzt jedoch, wo es ihnen an den Balg gehen soll, glänzen sie durch Abwesenheit.

Selbst meine ansonsten geduldige Frau wird unruhig. „Was machst du eigentlich während der langen Abende, in denen du mich allein lässt?“ Auweia. Jetzt werde ich schon verdächtigt, den Schmalrehen nachzustellen ... So geht das nicht weiter.

Am nächsten Abend endlich lässt sich ein dicker Hase blicken. Weil er mir jedoch ausschließlich das Hinterteil präsentiert, bleiben die Schrote im Lauf.

Noch fünf Wochen bis Weihnachten. Den nächsten Versuch unternehme ich vom Hochsitz „Wiesengrund" aus. Den ganzen Sommer über haben in diesem Bereich allabendlich mindestens vier Hasen gemümmelt. Warum komme ich erst jetzt darauf?

Na bitte. Gleich, als die Dämmerung eingesetzt hat, erscheinen zwei Langohren und beginnen in einer Entfernung von etwa 50 Schritt zu mampfen. Großartig! Viel zu weit für einen Schrotschuss. Statt sich mir zu nähern, entfernen sie sich immer weiter …

„Solln wir Frau Ihnken nicht einfach einen Puter kaufen?", fragt Erika. „Frechheit!" Noch drei Wochen bis Weihnachten.

Zwei Tage später sitze ich abends bereits lange vor Dämmerungsbeginn mitten im Altholz an einem Pass, den ich schon fast vergessen hatte. Da es bei einer Temperatur von lediglich plus zwei Grad ziemlich kalt war, zog ich mich warm an und sah aus wie ein Michelin-Männchen.

Als die Sonne hinter den Fichten untergegangen ist, zieht Rehwild durch den Bestand. Weil es keinen Wind von mir bekommt, kann ich es in einer Entfernung von gerade mal 30 Metern genau ansprechen. Eine Ricke mit Bock- und Rickenkitz.

Und dann, wie aus dem Nichts, steht urplötzlich ein dicker Hase etwa 20 Meter vor mir mitten auf dem Waldweg, macht einen Kegel und sichert nach allen Seiten. Dabei dreht er den Hals wie eine Eule. Ich hebe die Flinte an die Schulter und … „bö, bö, böböbö!", schreckt die Ricke. Schon ist sie mit ihren Kitzen hinter einem Erdwall verschwunden. Mit ihnen ebenfalls Freund Langohr. Was bis du doch für ein Trottel, denke ich und nicke mir zustimmend zu.

„In fünf Tagen haben wir Heiligabend", sagt meine Frau und schaut mich durchdringend an. Gewitterwolken! Ich weiß, worum es geht. „Einmal versuch' ich's noch. Wenn's nicht klappt, kauf ich den Hasen auf dem Wochenmarkt!", sage ich. Es fällt mir zwar

Wie an der Schnur gezogen, stand der alte Schaufler auf den Brunftruf zu. Wieder einmal bescherte Kanada Andreas ein großartiges Waidmannsheil.

Schwarzer Sikahirsch und brauner Farn ... In Schottland ging für Malte ein lang ersehnter Wunsch in Erfüllung.

Dieser Springbock kam erst nach längerer Pirsch zur Strecke.

Zehn Jahre alt war er, mein Oryx-Bulle aus Namibia. Danke Gert!

schwer, aber am nächsten Tag stehe ich sehr früh auf und sitze bereits bei noch völliger Dunkelheit auf einer offenen Kanzel am Waldrand.

Als es zu dämmern beginnt, traue ich meinen Augen kaum. Nicht einmal 20 Meter entfernt hoppeln zwei Langohren zum morgendlichen Frühstück aus der Dickung auf die Wiese! Und dann geht alles sehr schnell. Es ist keine Kunst, den größeren der beiden mit Schrot zu erlegen.

Bauz! Der Hase liegt im Knall. Schneeweiß leuchtet mir seine Unterwolle entgegen. Wo der zweite geblieben ist, weiß ich nicht. Ich war ausschließlich auf den Dicken fixiert. Mit einem tiefen Gefühl der Zufriedenheit vergesse ich nicht, einen dankbaren Blick gen Himmel zu richten.

Ein wenig stolz bin ich schon, als ich bei Eilts in der Hansastraße in Emden klingele und Erika mit verstellter Stimme über die Gegensprechanlage mitteile, ich wäre ein Jäger und solle hier einen Hasen abgeben. Aber sie fällt natürlich nicht darauf herein. „Waldheini!", sagt sie und drückt auf den Türöffner. Eine Stunde später ist Mümmelmann bei Frau Ihnken. „Frohe Weihnachten!" Puh. Gerade noch mal gut gegangen.

Mitte Januar ruft Frau Ihnken abermals an, um uns mitzuteilen, dass sie wieder gebbbacken hat. Während sie mit meiner Frau spricht, kritzele ich – so schnell es geht – eine „Anweisung" auf einen Zettel und halte ihn Erika unter die Nase: „Sag' bloß nicht, dass ich ihr einen Hasen schieße!"

Rot auf Weiß

Anfang Februar. 13.16 Uhr. Ich steige auf dem Bahnhof in Nassau in den Zug nach Koblenz. Von dort geht es nonstop weiter nach Emden. Wochenende. Endlich Wochenende. Nach ziemlich stressigen Tagen in der Redaktion freue ich mich auf zu Hause und versuche, mich zu entspannen.

Das allerdings fällt mir nicht schwer, denn in der vergangenen Nacht habe ich in schneebedeckter Landschaft bei fast vollem Mond im Wild-und-Hund-Testrevier eine äußerst eindrucksvolle Fuchsjagd erlebt. Als ich die Augen schließe, um ein wenig zu dummeln, dauert es nur wenige Sekunden, und die Gedanken wandern zurück zu jenem besonderen Erlebnis:

Es war genau 18.35 Uhr, als ich meinen Mac in der Redaktion herunterfuhr, und, nachdem ich die Büchse aus dem Tresor genommen hatte, zielstrebig durch den zehn Zentimeter hohen Schnee zum Wagen schritt. Der Blick zum schiefergrauen Himmel bestätigte: In drei Tagen ist Vollmond.

Etwas diffus schien die fast runde Scheibe durch den Hochnebel, aber aufgrund des intensiven Schneefalls in den vergangenen Tagen war es dennoch angenehm hell. Die Ranz war voll im Gange. Ab ins Revier!

Dort angekommen zog ich mich – nach misstrauischem Blick in alle Richtungen – bis auf die Unterhose und das Unterhemd aus und schlüpfte, so schnell es ging, nacheinander in die Thermo-Unterhose, das Thermo-Oberteil, die Daunenhose, das grüne Oberhemd und zwei dicke Wollpullover.

Schal um den Hals, in die gefütterten Winterstiefel hineinschlüpfen, die schwedische Faserpelzjacke überziehen, auf den

Kopf die geliebte Fuchsfell-Mütze ... Nie zuvor war ich schneller winterfest verpackt als an diesem Abend.

Gut, dass mich meine Frau nicht sah, als ich mit Gänsehaut in der Winterlandschaft stand und mich umzog. Sie hätte die Hände über dem Kopf zusammengeschlagen. Vielleicht sogar mir auf die Rübe: „Jetzt weiß ich auch, woher dein chronischer Reizhusten kommt!"

Vom Auto bis zur geschlossenen Kanzel „Fernblick" waren es kaum mehr als 300 Meter, und bereits 15 Minuten später hatte ich mich eingerichtet. Um einen möglichst sicheren Schuss abgeben zu können, legte ich das vor langer Zeit mitgebrachte „Spezialbrett" diagonal auf zwei Fensteröffnungen. „Gute Auflage", nuschelte ich mir in den Bart.

Den Rat mit dem Brett sowie einige weitere erhielt ich vor vielen Jahren unmittelbar nach Bestehen der Jägerprüfung von Freund Harold: „Vor jedem Büchsenschuss sage ich zu mir selbst, konzentriere dich!" Eine Weisheit, die ich mir ab sofort zu Eigen machte.

Natürlich ist niemand frei von Fehlschüssen, aber ich bilde mir ein, dass es hilft, das „konzentriere dich!" Selbst, wenn es mal schnell gehen muss. Wenn es allerdings zu schnell gehen muss, auch diesbezüglich nehme ich mir Harolds Rat zu Herzen, lasse ich den Finger einfach gerade.

Bis 21 Uhr passierte absolut nichts, aber dann sah ich bei nunmehr fantastischem Licht und schneeweißer Decke sogar ohne Glas, dass etwa 150 Meter links von mir ein Reh aus dem Wald trat und auf der Wiese nach Futter zu schlagen begann. Trotz der beträchtlichen Entfernung hörte ich es knirschen.

Das genaue Ansprechen mit dem Fernglas bestätigte die Vermutung: Ein ganz sicher mehrjähriger Bock, dessen Gehörn im Bast bereits über lauscherhoch war und deutliche Vereckungen aufwies. Nach vorn verlagerter Körper, starker Träger, unverkennbar ein alter Bursche.

Der Bock war nervös. Immer wieder warf er auf und sicherte nach allen Seiten. „Ob Sauen im Anmarsch sind?" Als ich kurz den Bereich rechts neben der Kanzel abglaste und schließlich wieder nach links schwenkte, war der Bock verschwunden. Seltsam. Wind konnte er von mir nicht bekommen haben.

Sekunden später war das Rätsel gelöst. An exakt der Stelle, an der der Bock ausgetreten war, schnürte ein Fuchs auf die Wiese. Weil er nicht besonders groß war, vermutete ich, dass es sich um eine Fähe handelte.

Langsam und vorsichtig brachte ich die Büchse in Position. Aber nicht in Richtung Fuchs, sondern in Richtung des etwa 50 Meter entfernten Apfelbaums, unter dem sich der beschickte Luderplatz befand. Meine Vorahnung schien sich zu bestätigen. Schnurstracks kam der Freibeuter näher. Was für ein Anblick! Rot auf Weiß! Klare Sache: Er wollte zur Kirrung!

Noch 80, noch 70, noch 60 Meter ... Als Reineke Voss den Luderplatz erreicht hatte, begann er sofort zu buddeln. Der gefrorene Schnee flog in Fetzen. Gleich nachdem der Stachel des Absehens eins meines Zielfernrohrs absolut ruhig auf dem Brustkorb des Fuchses stand, schickte ich das Kegelspitzgeschoss meiner 7 x 57 auf die Reise und sah Sekunden später, dass der Fuchs lag. Nur einmal noch schlugen seine Hinterläufe auf den harschen Boden.

„Nächster Halt Koblenz. Endstation. Bitte alle aussteigen!" Der Zugführer reißt mich aus allen Träumen. In Koblenz habe ich 40 Minuten Aufenthalt, bevor es von dort aus viereinhalb Stunden lang heimwärts geht. Wie immer gönne ich mir in der Bahnhofsbäckerei eine Tasse heiße Schokolade. „1,50 Euro", sagt die freundliche Dame hinter der Theke. Weil die Schokolade sehr heiß ist, verbrenne ich mir die Zunge. „Blödmann", entfährt es mir. Immer diese Ungeduld!

Um 14.43 Uhr, pünktlich auf die Minute, trifft auf Gleis 3 der IC nach Emden ein. Weil ich mich beim Einsteigen beeile, erwische ich einen Fensterplatz. Kaum sitze ich, sehe ich durchs Fenster, dass es heftig zu schneien beginnt. Als es beschlägt, hauche ich mir ein Loch in die Scheibe. Und schon bin ich in Gedanken wieder bei der Fuchsjagd am Tag zuvor, nehme die im Nachbarabteil grölenden Kegelbrüder, die unaufhörlich laut schweinische Lieder singen, kaum wahr.

Wie war das noch? Ach ja: Als ich sah, dass der Fuchs lag, repetierte ich eine neue Patrone in den Lauf und stellte die Büchse in die Ecke der Kanzel. Vielleicht ließ sich ja ein weiterer Rotrock blicken?

22.20 Uhr: Etwa 300 Meter entfernt im „feindlichen Revier“ kamen drei Rehe in Anblick. Ein großes, zwei kleinere: Ricke mit Kitzen. Kaum begann die Ricke mit den Läufen den Schnee beiseitezukratzen, um Gras freizulegen, tat es ihr der Nachwuchs gleich.

Und dann erstarrte ich förmlich. In einer Entfernung von nicht einmal 100 Metern rechts vom Hochsitz wurde es schwarz! Langsam hob ich das doppelte Glas an die Augen und wurde spontan unruhig. Sauen! Mindestens vier, vielleicht sogar mehr. Und alle gleich groß. Ich schätzte sie auf etwa 40 Kilo, wohl wissend, wie schwer es ist, nachts das Gewicht von Schwarzkitteln zu bestimmen.

Um keine Zeit zu verlieren, nahm ich die Büchse und begann, sie anzuheben. Aber noch bevor ich sie in Position gebracht hatte, sah ich im Augenwinkel, dass sich die Sauen verdrückt hatten. Es war ihnen wohl zu hell da draußen auf der weißen Wiese. Dass sie mich nicht mitbekommen hatten, wurde deutlich, als ich hörte, wie sie vertraut grunzend hinter mir im Wald davonzogen. Richtige Glücksschweine. Pech für mich.

„Nächster Halt Bonn!“, schallt es aus dem Lautsprecher im Zug. Zwei Minuten später steht er im Bahnhof. Immer noch schneit es, und innerhalb von Sekunden füllt sich der Waggon. Jeder versucht, einen Sitzplatz zu ergattern. Nicht allen gelingt es. Eine alte Dame freut sich, dass ihr ein junger Mann den Koffer aufs Ablagefach hebt, und ein kleiner Junge rennt den Gang hoch und runter. Er hat seine Mutter verloren: „Mamaaa! Mamaaa!“ Erschöpft sinkt ein stark übergewichtiger Mann auf seinen reservierten Sitz. Schweißperlen laufen ihm von der Stirn über die Wangen ins Oberhemd. Und schon setzt sich der Zug wieder in Bewegung.

Zwei etwa 14-jährige Mädchen sitzen mir gegenüber und reden ohne Unterlass. Wie sie es fertigbringen, dennoch zu atmen, ist mir ein Rätsel. Irgendwie erinnern sie mich an gackernde Hühner.

Natürlich geht es um Jungs. Um die erste Liebe. „Stell dir mal vor", sagt die eine. „Ich glaub's nicht", die andere.

Der Schaffner naht: „Personalwechsel. Die Fahrkarte bitte!" Ich zeige sie ihm. „Bitte die Bahncard!" „Selbstverständlich!" Es muss sein. Noch zwei Mal in den kommenden drei Stunden wird er mich kontrollieren. „Schlechtes Gedächtnis", denke ich. „Waldheini", würde meine Frau sagen. Kaum ist der Schaffner im nächsten Abteil verschwunden, schiebt eine junge Dame ihre Miniküche durch den Gang. „Kaffee? Heißer Kaffee, Kuchen?" – „Nein danke, ich will hier nur sitzen und träumen!"

Als es aufhört zu schneien, dafür jedoch Hagelkörner so groß wie Haselnüsse aufs Dach des Zuges und gegen die Scheiben prasseln, finde ich endlich wieder die Muße, an meine Fuchsjagd zu denken:

Es war genau 23.05 Uhr, als ich in die Richtung schaute, wo vor knapp zwei Stunden der Fuchs auftauchte, der jetzt am Luderplatz lag. Nanu! Exakt an der gleichen Stelle stand – wie ausgestopft – ein weiterer Fuchs. Allerdings wesentlich größer als der, den ich erlegte. „Ein Rüde!" Ich war mir sicher. Als er sich auf den Spuren seiner Angebeteten bewegte, war mir klar: „Auch er ist auf dem Weg zum Luderplatz."

Das Geschehen wiederholte sich. Gewehr in Anschlag, entsichern und warten, bis der Rotrock kurz vor der Kirrung breit stand. Schon brach der Schuss ... Nur eine Sekunde später knallte es auch im Nachbarrevier. „Waidmannsheil!", flüsterte ich. Auch der unbekannte Jäger konnte mir Waidmannsheil wünschen: Fünf Meter vom Anschuss entfernt lag der Rote. So, wie dicker werdendes Eis ein Schiff stoppt, war der Freibeuter mit gestreckten Läufen in den hohen Schnee geschossen, wo er verendete. Selbst mit dem Fernglas konnte ich jetzt kaum mehr erkennen als die Luntenspitze.

„Sehr verehrte Fahrgäste. In Kürze erreichen wir Münster", krächzt es aus dem Lautsprecher. „Wir verabschieden uns von allen Fahrgästen, die aussteigen und danken für die Reise mit der Deutschen Bahn." Der Zug wird langsamer, und mit quietschenden Bremsen hält er auf dem Bahnhof.

Wieder wird es hektisch. Kaum ein Sitzplatz bleibt frei. „Es ist ein ständiges Kommen und Gehen auf dieser Welt“, denke ich. Als sich der Zug langsam wieder in Bewegung setzt, sehe ich durchs Fenster auf dem Bahnhof einen jungen Mann in Bundeswehrkleidung mit einem Rucksack auf dem Buckel die Treppe hochstürmen. Zu spät. Sekunden zu spät. Alle Türen sind geschlossen, und der Zug fährt. Einsteigen unmöglich.

Ich kann es zwar nicht hören, aber an den Mundbewegungen des Verzweifelten erkenne ich, was er brüllt: „Scheiße! Scheiße!“ Was meine Frau jetzt sagen würde? „So ist das Leben. Mal gewinnt man, mal verliert man!“

Was ist denn jetzt los? Als ich auf freier Strecke nach draußen schaue, sehe ich, dass auf den grünen Wiesen Wasser steht. Nur noch vereinzelt liegt Schnee. Dennoch fällt es mir leicht, meine Fuchsjagd Revue passieren zu lassen:

Unmittelbar vor Mitternacht wuselte ein Steinmarder am Waldrand herum. Aber als er verschwunden war, ließ ich es gut sein und stiefelte zu den erlegten Füchsen. Tatsächlich: Meine Vermutungen trafen zu. Ich hatte zuerst eine Fähe, dann einen Rüden erlegt. Die Fähe wog sechs, der Rüde neun Kilo.

Kurz vor Emden: Kein Schnee, wohin ich auch schaue. Hoffentlich ist er in Rheinland-Pfalz liegen geblieben, dachte ich. Er blieb. Zum Glück.

Vier Tage später saß ich frühmorgens bereits eine Stunde vor Sonnenaufgang in immer noch schneebedeckter Landschaft im Testrevier auf einer offenen Kanzel. Vor mir befand sich eine gut sechs Hektar große Wiese, links und rechts von Feldwegen begrenzt. Hinter mir ein ausgedehntes Waldstück. Erst am Tag zuvor hatte ich beim Abfährten festgestellt, dass der Fuchsbau dort befahren war. Vor der Röhre lag gelber Sand, der den Schnee braun verfärbte. Nach Verlassen des Baues hatte sich Reineke den Sand aus dem Balg geschüttelt. Vielleicht ließ er sich ja blicken.

Mit dabei, wie fast immer bei der Fuchsjagd, hatte ich die geniale Rottumtaler Vogelklage von Klaus Demmel. Mit einem Lederband um den Hals gehängt, baumelte sie vor meiner Brust. Sehr zur Freude meiner Frau hatte ich ihr am vergangenen Wochenende im Schlafzimmer das Geschrei eines sich in Todesangst befindlichen Singvogels demonstriert. „Wenn ich ein Fuchs wäre“, sagte sie, „ich würde mich so schnell wie möglich verdrücken!“ Sehr motivierend! Nun denn. Vielleicht hatte Diana ja mehr Verständnis für mein Tun.

Als ich es mir auf der Kanzel so bequem wie möglich gemacht hatte, startete ich die erste Strophe eines sterbenden Vogels. Kurz darauf die zweite – mit Exitus. Allzu lange sollte der Flattermann schließlich nicht leiden.

Dann jedoch, wie aus dem Nichts, entdeckte ich zirka 300 Meter entfernt etwas Rotes auf dem Weißen. Im Zeitlupentempo hob ich das Fernglas an die Augen und sah, dass es sich um einen Fuchs handelte. Der allerdings tat völlig unbeteiligt, so als hätte er nichts gehört. Mal kratzte er hier, mal da, dann wieder verschwand er für Sekunden in einer Hecke.

Ich brachte das Gewehr in Stellung und ließ erneut eine Klage-Strophe erklingen. Ob sich der rote Freibeuter betören lässt? Er lässt!

Zirka zwei Minuten später schnürte er bei gutem Wind direkt auf den in der Zwischenzeit „verendeten“ Vogel zu. Schnell wollte er sein. Schneller als ein anderer aus der Sippe. Und falls der ihn ergattert hätte, würde er versuchen, ihm die Beute abzujagen. Wie von der Tarantel gestochen kam er mit wehender Lunte herangeflogen.

Um den Fuchs nicht zu vergrämen, entsicherte ich das Gewehr und erfasste ihn bereits auf eine Entfernung von gut 100 Metern mit dem Zielfernrohr. Ich war bereit. Weil er immer noch exakt auf mich zustand, würde er die minimale Bewegung des Gewehrlaufs wohl kaum bemerken. Seine Blicke waren auf die Erde gerichtet.

40 Meter vor mir hielt der Rotrock plötzlich inne und äugte breit stehend nach links „Irgendwo hier muss doch der Vogel geschrien haben!“ Der richtige Moment, die Kugel auf die Reise zu schicken. Einstechen und schießen waren eins. Und wie immer, wenn das Wild auf der Stelle verendet, atmete ich erleichtert auf.

Der stattliche Fuchs war am Ende seiner „Perlenschnur" angekommen. Zufrieden mit dem guten Schuss schob ich eine neue Kugel ins Patronenlager.

Die nächste halbe Stunde verging wie im Flug. Vier Rehe, drei Hasen und ein Großes Wiesel, das mehrmals in verschiedenen Kaninchenbauen verschwand, zogen meine Blicke auf sich. Einer der Hasen näherte sich dem verendeten Reineke bis auf einen Meter, windete kurz in dessen Richtung und setzte schließlich in aller Seelenruhe sein bescheidenes „Kratzfrühstück" fort.

Schließlich war es Zeit, einen weiteren Fuchs zu reizen. Fast hatte ich Mitleid mit dem nunmehr „sterbenden" Vogel.

Potzblitz! Keine zehn Minuten später schnürte Reineke Nummer zwei aus einer Entfernung von gut 250 Metern wie an der Leine gezogen direkt auf meinen Sitz zu. Ein ausgesprochen dicker Winterfuchs. Als er in einem Graben verschwand, erklang der nächste Klageruf. Diesmal jedoch nur kurz. Und schon war Reineke wieder da, bewegte sich zügig auf mich zu.

O, nein! So etwas hatte ich noch nicht erlebt: Zirka 50 Meter hinter ihm folgte ein weiterer Fuchs! Auch er wollte sich wohl an der Fressorgie beteiligen. Unglaublich! Was tun? Ich entschied mich kurzerhand dafür, mich ausschließlich auf den vorderen Freibeuter zu konzentrieren. Eine gute Entscheidung.

Längst hatte ich entsichert und eingestochen, denn das Herumfummeln am Gewehr, wenn der Rotrock auf 30 Meter heran ist, hatte ich mir lange abgewöhnt. Zu viele der Schlaumeier bekamen mich in letzter Sekunde mit und verschwanden auf Nimmerwiedersehn.

Beim nächsten Stopp erhielt der Fuchs die Kugel und verendete nach kurzer Todesflucht. Durchrepetieren und ... Wo ist Fuchs Nummer drei? Aber, wie nicht anders zu erwarten, die Bühne war leer.

Wenn Hirsch kommen, du schießen!

Im weit über mannshohen Schilf vor uns poltert und kracht es, als würde eine riesige Rotte Sauen hochflüchtig davondonnern, und kaum 70 Meter entfernt wackeln wie von einem heftigen Sturm geschüttelt die Zweige einer Weide. Es klingt wie die Dünung des Meeres. Aber es ist absolut windstill! Die Schwarzerle in einer sumpfigen Senke hinter den Brennnesseln tut es ihr gleich.

Mit dem Doppelglas kann ich erkennen, wie zwei Spatzen laut fluchend das Weite suchen. In den Wipfeln des mehrere Hektar großen Kiefernwaldes, durch den mein ungarischer Führer Laszlo und ich soeben gepirscht sind, bevor wir den rustikalen Hochsitz erklommen, klonken zwei Kolkraben ...

Wie elektrisiert fahre ich zusammen, als ich „meinen" Hirsch etwa 100 Meter entfernt mit tiefer Stimme schreien höre. Unmittelbar gefolgt von einem Trenzer. Sehen kann ich nichts, aber die Brunft ist in vollem Gange. Kein Zweifel!

Und dann überschlagen sich die Ereignisse: Urplötzlich löst sich aus dem Gewirr der Büsche und Sträucher ein Alttier und überfliegt zirka 60 Schritte entfernt eine zehn Meter breite, nur mit kurzen Gräsern bewachsene Mulde. Sekunden später folgen ihm ein Schmaltier sowie ein Kalb.

„Wenn Hirsch kommen, du schießen", flüstert mir Laszlo ins Ohr. Längst habe ich mich fertig gemacht, aber der König der Wälder erscheint nicht, ist wohl noch anderweitig beschäftigt.

Wieder knackt und kracht es im Gebüsch und heraus preschen hochflüchtig zwei weitere Alttiere. Im Nu haben auch sie die Schneise überwunden. Das muss das fünfköpfige Kahlwildrudel sein, das wir vor gut einer Stunde – gefolgt von meinem „Abschusshirsch" – auf der Schneise im Wald sahen, denke ich gerade, als, wie aus dem Nichts, der gesuchte Achter mit hocherhobenem Haupt aus den Büschen trollt.

Nun geht alles sehr schnell. Schon befindet sich das Fadenkreuz des Zielfernrohrs auf dem Blatt, und im Mitziehen verlässt das 10,7 Gramm schwere Teilmantelgeschoss im Kaliber 7 x 64 den Lauf. Dumpf rollt das Echo meines Schusses über die flache, herbstlich bunte Landschaft Ungarns. Nur kurz zeichnet der Hirsch und verschwindet genau so plötzlich, wie er gekommen ist, wieder im Dickicht. Etwa fünf Sekunden lang schwanken die in Aufruhr geratenen Büsche, dann herrscht Ruhe.

Laszlo reißt das Fernglas an die Augen und sieht, wie das Kahlwildrudel hochflüchtig das links vor uns liegende Altholz annimmt. Fragend schaue ich ihn an, und als könne er Gedanken lesen, sagt er, „Hirsch nix dabei! Wir warten 20 Minuten, dann gucken!"

So sitzen wir also schweigend nebeneinander auf der offenen Kanzel, und meine Gedanken wandern zurück zum Beginn der abenteuerlichen Reise zur Hirschbrunft nach Ungarn:

Seit vielen Jahren schon wollte ich mir den Traum, während der Brunft einen braven Hirsch zu erlegen, erfüllen. Dabei sollte es mir überhaupt nicht auf das Geweihgewicht, sondern auf das Erlebnis ankommen.

Wahrscheinlich wäre ich nie auf das 5 200 Hektar große Revier der Jagdgesellschaft „Nadler Herbert" im Bakonywald in der Kleinen Ungarischen Tiefebene, 150 Kilometer von Budapest und 80 Kilometer nördlich vom Plattensee, gekommen, wenn mich nicht die ungarnerfahrenen Rotwildjäger Ralph, Joachim, Jürgen und Rainer regelrecht infiziert hätten. „Das musst du dir einfach mal gönnen", sagten sie. Sicher hatten sie recht. Im Sarg brunften keine Hirsche!

Dabei allerdings fing die Geschichte eher schlecht an: Montag, 17. September 2007, acht Uhr morgens: Bereits am Abend zuvor hatte ich den Koffer gepackt und wollte ihn jetzt schließen. So ein Mist! Als ich den nagelneuen „Qualitätskoffer" mit den Knien zusammendrückte und den Reißverschluss zuzog, platzte dieser genau in der Mitte auf. Wunderbar! Einen anderen Koffer hatte ich nicht, und auch die freundliche Nachbarin, bei der ich in meiner Verzweiflung klingelte, konnte nicht helfen, deshalb nahm ich die Stiefel, die Ersatzhose sowie die dicke Regenjacke heraus und band den Koffer mit dem dicken Tau meiner „Abschlepphilfe“ zu. „Müsste geh‘n!“

Doch damit nicht genug: Auf der Fahrt mit dem Pkw Richtung Flughafen Frankfurt Hahn schickte mich die Dame in meinem Navigationsgerät kurzzeitig auf die Autobahn, um mir nach fünf Kilometern mitzuteilen: „Wenn möglich, bitte wenden!“ Einer Aufforderung, der ich nach reiflicher Überlegung jedoch nicht nachkam. „Gute Frau, Sie haben wohl ein wenig zu tief ins Glas geschaut!“, sagte ich, erhielt jedoch keine Antwort ...

Aller schlechter Dinge sind drei: Da es im „Billigflieger“, der Flug von Hahn nach Budapest und zurück kostete gerade mal 86 Euro, keine Platzreservierungen gab, setzte ich mich freudestrahlend neben einen etwas fülligeren Herrn, der es sich am Fenster gemütlich gemacht hatte, und begann mich langsam auf die Jagd in Ungarn zu freuen.

Dann jedoch wurde es von einer Sekunde zur anderen ziemlich dunkel auf dem Gang des Flugzeugs, und – so was kann nur mir passieren – neben mich setzte sich ein etwa drei Zentner schwerer „Bär von einem Mann“. Welch Freude! Ich wurde förmlich in die Zange genommen, hielt die Arme vor den Bauch, schob die gefalteten Hände zwischen die Beine und machte mich so schmal wie möglich. Ich kam mir vor wie die Wurst in einem Hot-Dog-Brötchen. Der Druck von beiden Seiten war wirklich enorm, und Atemprobleme bekam ich auch. Aus zweierlei Gründen ...

Irgendwie jedoch habe ich die eineinhalb Stunden dauernde Prozedur überlebt und freute mich, als ich in Budapest auf Josef Vörösköi, den Inhaber des ungarischen Jagd-Reisebüros Natur Vad traf, der mich persönlich abholte und ins Jagdgebiet fuhr. Ralph, Joachim, Jürgen und Rainer, erzählte er, seien bereits am Tag zuvor angekommen und schon auf der Jagd. Ob sie etwas geschossen hatten, wusste er nicht.

Und von da an wurde dann alles richtig gut: Kaum hatten wir den Parkplatz des Hotels Panorama in Magyarpolany erreicht und die Türen des Wagens geöffnet, um meine Reisetaschen herauszunehmen, begann im Staatsforst oberhalb des Hotels in einer Entfernung von höchstens 300 Metern ein Hirsch zu schreien. Musik in meinen Ohren! Unmittelbar darauf antwortete ihm mit gewaltiger Stimme ein zweiter. Es klang wie ein Echo aus längst vergangener Zeit. Schließlich schrien sich drei Hirsche gegenseitig Grobheiten an den Kopf, und ich konnte mich gar nicht satthören.

Nur unter Protest brachte ich meine Sachen ins Hotel, bekam jedoch bis zum nächsten Morgen, als der Wecker um vier Uhr zum Aufstehen mahnte, kein Auge zu. Die Hirsche schrien die ganze Nacht! Und weil ich nur bei offenem Fenster mit frischer Luft schlafen kann, entging mir kein einziger Ton. Geweihe krachten gegeneinander. Das langsam ansteigende Röhren, das raue Stöhnen … Urlaute, die mir das Blut in den Adern gefrieren ließen. Wenn das kein gutes Omen war?

Am nächsten Morgen trafen wir, insgesamt acht Jäger, uns pünktlich um fünf Uhr mit den Führern am vereinbarten Platz und machten uns nach kurzem Palaver auf den Weg zu den Ständen. Um mich kümmerte sich Laszlo, ein ruhiger, bescheidener und – wie ich erfuhr – äußerst erfahrener Hirschjäger.

Mit dem Pickup erreichten wir noch im Dunkeln unser Ziel und pirschten bei aufgehender Sonne zu einem Hochsitz am Waldrand in der Nähe eines kilometerlangen Maisfeldes. Der Tau auf den Wiesen funkelte wie Diamanten, Enten klingelten über uns hinweg, und im Graben vor uns stand wie ausgestopft ein Graureiher. Sicher hatte er Beute im Visier.

Aber es war nicht unser Tag. Die hochsommerlichen Temperaturen sorgten dafür, dass die herrlich laute Brunft der vergangenen Tage jäh beendet wurde. Dennoch bekamen wir zwei gute alte Hirsche zu sehen, die wir jedoch nicht angingen, weil ich „nur" einen mittelalten Abschusshirsch erlegen wollte.

Nebelschwaden krochen über den Boden, und beim Anblick des majestätischen Wildes inmitten des Dunstes hüpfte mir das

Herz vor Freude in der Brust. „Waidmannsheil!“, murmelte ich, als in der Nähe ein Schuss fiel. 20 Minuten später knallte es noch einmal, allerdings wesentlich weiter entfernt

Als sich nach dem Ansitz um neun Uhr am Treffpunkt alle Waidmänner einfanden, dauerte es nicht lange, bis die ersten Hirsche „vorgefahren“ kamen. Ein ausgesprochen dickstangiger, zwölf Jahre alter „Elf-Kilo-Hirsch“, ein ungerader Zwölfer mit zirka neun Kilogramm, ein Sechs-Kilo-Achter sowie ein hochinteressanter, etwa elf Jahre alter Abnormer kamen zur Strecke. Großartig!

Ich darf es vorwegnehmen: Nach jedem Ansitz, ob frühmorgens oder abends, fiel wenigstens ein Hirsch! Stolz berichtete Stefan Moczar, der Präsident der Jagdgesellschaft, dass in ihrem Revier alljährlich etwa 25 Hirsche, 60 Stück Kahlwild, 36 zum Teil hochkapitale Rehböcke sowie 100 Sauen, unter ihnen starke Keiler, erlegt werden.

„Die drei tragenden Säulen der Jagd hier“, sagte „Mr. Präsident“ mit stolz geschwellter Brust, „sind Reiseveranstalter Josef, das Hotel Panorama sowie die erfahrenen, absolut zuverlässigen Führer Szold, Laszlo, Ference und Martin.“ – „Großen Wert“, erzählte Stefan weiter, „legen wir darauf, dass der Abschuss eines Hirsches für jedermann bezahlbar bleibt!“

Während des folgenden Abendansitzes wurden wir völlig unvermittelt von einem gewaltigen Gewitter mit orkanartigen Böen und Wolkenbrüchen überrascht. Innerhalb weniger Minuten hatte uns die schwarze Wand erreicht. Fast eine Stunde lang blitzte und donnerte es, und Laszlo und ich waren froh, bei diesem Weltuntergangswetter eine offene Kanzel mit Dach bezogen zu haben. Dennoch wurden wir ziemlich nass und zitterten schließlich genauso wie die vom Sturm gepeitschten Weiden.

Zwar hatte mein Regenponcho schon so manche Schlacht gewonnen, aber einem derartigen Unwetter war er nicht gewachsen. Der von Laszlo dagegen machte einen besseren Eindruck. Er war größer und das Material dicker. „Is sich von Militär!“, sagte er mit leuchtenden Augen. „Scheißwetter!“, murmelte ich, als mir der Wind Tränen in die Augen trieb. Aber schon am nächsten Morgen sollte uns genau das eine große Hilfe sein. Das jedoch wusste ich in diesem Moment noch nicht.

Mittwoch, 19. September: Wieder klingelte der Wecker um vier Uhr, und mit ziemlich kleinen Augen quälte ich mich aus dem Bett. Als ich aus dem Fenster zum Himmel schaute, leuchtete mir die gesamte Milchstraße entgegen. Von wegen Milchstraße. Für einen Ungarn, so hatte ich erfahren, ist die Milchstraße nicht einfach ein Sternensystem, sondern der Staub, den die Pferde toter ungarischer Helden aufwerfen. Ungarn ist nun einmal Pferdeland. Seit jeher.

Ich machte mich fertig. Zwei Stunden später saß ich mit Laszlo auf dem Hochsitz und war endlich wach. Ein wirklich vielversprechender Sitz: Links befand sich ein etwa drei Hektar großes Sonnenblumenfeld, rechts ein zwei Kilometer langer Weizenschlag. In der Mitte hockten wir.

Als sich nach eineinhalb Stunden nichts getan hatte, stieg Laszlo vom Sitz, um vorsichtig und allein zu pirschen. „Vielleicht Hirsch dahinten auf Wiese hinter Wald“, flüsterte er und fügte hinzu, „wenn Hirsch kommen, du schießen!“ – „Okay“, antwortete ich, denn ich wusste, dass sich mein Abschusshirsch mit seinen Damen in diesem Bereich aufhalten musste. Offensichtlich hatte er das Kahlwild für sich allein, denn ein Platzhirsch war den Führern in den vergangenen Wochen nie zu Ohren, geschweige denn in Anblick gekommen.

Aber es tat sich nichts. Und auch Laszlo konnte weder etwas sehen noch hören. Als er zurückkam, baumten wir ab und bezogen eine offene Kanzel auf einer Schneise mitten in einem mehrere Hektar großen Kiefernwald. Eine weitere Kanzel befand sich etwa 500 Meter entfernt, und genau da war schon bald, wie wir von unserem Sitz aus mit den Ferngläsern genau erkennen konnten, einiges los: Zunächst zogen eine Ricke und ihr Kitz über die Schneise, dann entdeckten wir, allerdings nur für wenige Sekunden, einen starken Sechser-Bock mit einem Gehörngewicht von sicher 400 Gramm.

In der nächsten Viertelstunde war die Bühne zwar leer, aber dann begann mein Herz urplötzlich zu bubbern: Innerhalb weniger Sekunden zogen fünf Stück Kahlwild, gefolgt von einem Hirsch, über die Schneise und zurück. „Is sich dein Hirsch", sagte Laszlo, „wir gehen spazieren!"

Spazieren? Es dauerte ein wenig, bis ich begriffen hatte, was er meinte: pirschen! Und jetzt kam uns das Unwetter mit den wolkenbruchartigen Regenfällen vom Abend zuvor zugute. Wir pirschten wie die Weltmeister, ohne dass auch nur ein Zweig knackte. Alles war nass und elastisch. Meter um Meter schoben wir uns voran.

Nach etwa zwei Kilometern, in denen wir lediglich zwei Rehe und ein Alttier zu Gesicht bekamen, erreichten wir schließlich den eingangs erwähnten Hochsitz, von dem aus ich auf den Hirsch zu Schuss kam.

„Komm Joachim, wir gucken!", holt mich Laszlo in die Gegenwart zurück, und ich erwache aus meinen Gedanken. Langsam und mit geladener Waffe nähern wir uns dem Anschuss, und bereits nach zehn Metern finden wir Schweiß. Erst wenig, dann immer mehr. Wie mit einer Kanne gegossen. Mir fällt ein ganzer Findling vom Herzen. Das sieht gut aus!

Und dann müssen wir auch nicht mehr lange suchen: Kaum 30 Meter vom Anschuss entfernt liegt inmitten hüfthoher Brennnesseln in unmittelbarer Nähe mehrerer Schwarzerlen mein Hirsch! Mein erster Hirsch! Laszlo ist genauso begeistert wie ich und haut mir mehrere Male hintereinander die zum Glück geöffnete rechte Hand auf die Schulter. „Guter Schuss!", sagt er und überreicht mir den Bruch. „Waidmannsheil!" – „Waidmannsdank!" Die Erlegung eines 38-Enders hätte kaum spannender und eindrucksvoller verlaufen können!

Wie sich später herausstellt, wiegt der fünfjährige gerade Achter aufgebrochen 160 Kilogramm. „Idealer Abschusshirsch!", stellt mein Führer fest. „Wäre nie kapital geworden!"

Und weil es mein erster Hirsch ist, muss ich natürlich – getreu ungarischer Tradition – zum Hirschjäger geschlagen werden. Geschlagen? Ja! Im wahrsten Sinne des Wortes! Ich muss mich mit hochgehaltenem Hintern über den zur Strecke gelegten Hirsch

Erika ist die beste Wildköchin der Welt. Jedes Gericht ein Gaumenschmaus! Und das Schönste: Carina tritt in Erikas Fußstapfen.

Christian im Glück: Ein uralter Kudu mit nach außen gebogenen, elfenbeinfarbenen Spitzen ist selbst in Namibia etwas Besonderes.

Diesen noch nicht verfärbten Schneehasen verdanke ich meinem finnischen Jagdführer „Jiipee“ und seinem Beagle „Pate“.

Nervenaufreibend und spannend war sie, die Jagd auf den alten Hartebeest-Bullen. Aber es lohnte sich: 13 Jahre hatte er auf dem Buckel.

beugen und erhalte von jedem anwesenden Jagdführer und Jäger einen Schlag mit einem dicken Weidenstock auf den Allerwertesten. Weil zwei Damen anwesend sind, darf ich zwar die Hose anbehalten, muss jedoch, damit der Schmerz nachlässt, mit jedem der „Strafrichter" ein Glas „Medizin" trinken. Wenn ich nicht irre, waren wir insgesamt elf Personen. Normalerweise bin ich nach fünf Schnäpsen betrunken, aber an diesem Tag spüre ich absolut nichts. „Is sich Adrenalin", sagt Szold und haut auf den Tisch, dass die Gläser Samba tanzen. Dann nimmt er den Stock und holt besonders weit aus ...

Alles kein Problem für einen Ostfriesen! Traditionen muss man schließlich pflegen. Jagdliche besonders! Und auch die paar Hirschläuse, die sich in meinen Haaren und in beiden Augenbrauen einnisten, sind schnell und schonend in ihr Element zurückgesetzt worden ...

Am letzten Abend meines Aufenthalts „bewaffne" ich mich ausschließlich mit meiner erst vor wenigen Tagen erworbenen digitalen Spiegelreflexkamera, setze mich auf eine Leiter am Rand eines riesigen Maisschlages und habe das Glück, dass mir ein etwa 150 Kilogramm schwerer Keiler auf 20 Meter vor die Linse kommt. Schon von Weitem hat er durch missmutiges Grunzen und ziemlichen Krach im Mais sein Kommen angekündigt. Es wäre kein Problem gewesen, ihn zu erlegen.

Ihm folgen ein Jährlingsbock, ein weiterer 100-Kilo-Keiler sowie in der Dämmerung ein starker Platzhirsch, der kaum 30 Meter entfernt mit tiefer Stimme unaufhörlich schreiend an mir vorüberzieht. Im allerletzten Licht sehe ich, wie er einen Kontrahenten in die Flucht schlägt. Triumphierend schreit er ihm hinterher. Danach, so will es das Naturgesetz, widmet er sich ausführlich der holden Weiblichkeit.

Richtig schön war's in Ungarn. Eine erfolgreiche, spannende Jagd und ausgesprochen gastfreundliche Menschen! Mehr geht nicht!

So kommt es, dass ich, zurück in Budapest, mit bester Laune ins Flugzeug steige und mich so schnell wie möglich auf den nächstbesten Fensterplatz setze. Noch einmal will ich mich nicht einquetschen lassen. Einmal Hot-Dog-Würstchen sein ist genug.

Und dann wäre ich fast zusammengebrochen, denn kaum zehn Meter hinter mir steigt plötzlich der gleiche Drei-Zentner-Mann, der mir am 17. September den Flug von Hahn nach Budapest so angenehm gestaltete, in den Flieger und schaut sich suchend nach einem für ihn geeigneten Sitzplatz um. Was für ein Zufall! Mir wird ganz anders, und im Nu fühle ich, wie mir Schweißperlen von der Stirn laufen. Das kann doch nicht wahr sein!

Immer näher kommt das Ungeheuer, und ehe ich mich versehe, sitzt ... eine wunderschöne junge Frau mit pechschwarzen Haaren und hinreißenden braunen Augen neben mir. Ich hatte sie gar nicht bemerkt und atme erleichtert auf. Das musste Diana persönlich sein! Allerdings die ungarische, wie ich dem Schriftzug „Magyar“ auf ihrem Reisepass, den sie in der linken Hand hält, entnehme.

„Tausend Dank“, sage ich zu mir selbst, sowohl für meinen Hirsch als auch für die Rettung vor dem Koloss, der in diesem Moment wild mit den Händen rudernd an meiner Sitzreihe vorbeipoltert. Nur kurz streift sein „Rettungsreifen“ die Hüfte von „Diana“, dann ist der Spuk vorbei.

Damit ist die Geschichte schon fast zu Ende. Aber eben nur fast, denn als ich wieder zu Hause in Ostfriesland bin und einigen Freunden von meinen Abenteuern in Ungarn erzähle, muss ich feststellen, dass so ein Hirsch ganz schön lange schlegelt, bis er verendet ist. Zum Glück bin ich „medizintechnisch“ in Übung. Sie wissen schon ... „Is sich Adrenalin“!

Bei Blitz und Donner

„Für dich“, sagte Erika und gab mir den Telefonhörer in die Hand. „Es ist Wilhelm. Keine Ahnung, was er will.“ Sekunden später weiß ich es: „Hallo Akki. Kannst du dich an Hans erinnern, der neulich auf meinem Geburtstag war?“ – „Ja.“ – „Du, ich hab’ ihm einen Bock freigegeben, aber selbst keine Zeit. Kannst du ihn auf den alten ungeraden Achter führen, den wir bei der Gummipirsch vorige Woche links vom Wäldchen gesehen haben?“ – „Okay. Kein Problem! Gib mir seine Telefonnummer.“

Bereits am nächsten Samstagnachmittag um 17 Uhr trafen Hans und ich uns in Wilhelms Revier und klönten noch ein wenig über die Jagd, Gott und die Welt, bevor wir uns auf den Weg zum Hochsitz machten, in dessen Bereich der begehrte Bock seinen Einstand hatte.

Hans, inzwischen weit über 70 Jahre alt und mit einem kapitalen Bierbauch ausgestattet, war ein ausgesprochen angenehmer Zeitgenosse. Völlig unkompliziert und ohne jegliche Allüren. Zwar war er immer ein guter Schüler gewesen, aber das, wie er sagte, „intellektuelle Getue“ einiger Leute lag ihm überhaupt nicht. Er war von Geburt an schlicht und ergreifend ein Naturmensch: „Dafür kann ich nichts, das ist mir angewölft!“

So kam es, dass er absolut bodenständig blieb und seinen Lebensunterhalt als von der Pieke auf gelernter Gärtner bestritt. Jeden Baum, jeden Strauch, jede Blume und jedes Gras kannte er. Klar, dass ein solcher Naturbursche so früh wie möglich die Jägerprüfung ablegte.

Stolz berichtete er, dass er damals – in der Schule – in Biologie eine Eins plus erhielt. Noch heute fühlt er sich in Wald und Flur am wohlsten, kriecht wie ein Schweißhund durch Dickungen und sieht, was mancher andere nie zu Gesicht bekommt. „Nachts im Freien schlafen?", erzählte er, „ein Traum!"

Kein Wunder daher, dass seine Ehe bereits nach wenigen Jahren in die Brüche ging. „Heirate spät", sagte er zu mir, „dann dauert's nicht so lange" und fügte schmunzelnd hinzu: „Die Ehe ist die Vorbereitung auf die Hölle!" Nun ja, ein bisschen kauzig war er schon.

Als wir Rucksack und Gewehr geschultert hatten und schließlich am Hochsitz ankamen, wischte sich Hans mit einem Tempo-Taschentuch den Schweiß von der Stirn, putzte sich mit der Rückseite desselben Taschentuchs die Brille und verschnaufte erst einmal. Minuten später hatten wir unsere „Logenplätze", wie er sofort treffend erwähnte, eingenommen. Die paar Mücken, die sich für das Rote in unseren Adern interessierten, konnten wir in Schach halten.

Es war in der Tat wunderschön hier: Hinter uns ein nach Fichtennadeln duftendes Wäldchen, vor uns blühende Wiesen, mit Rohrkolben bestandene Gräben und Tümpel, in denen Frösche quakten. Und das monotone Murmeln im Schilfgürtel am Kanal klang wie ein nicht enden wollendes Gebet.

Wie aus dem Nichts zog rechter Hand aus dem Stangenholz ein Stück Rehwild auf die Wiese. Der Bock? Nein, eine Ricke, der kurz darauf ein Kitz folgte. Ständig zu Mama äugend, hüpfte das Bockkitz übermütig wie eine Gazelle durchs hohe Gras. Der Fluchtinstinkt schien bereits ziemlich ausgeprägt, sodass es, wenn das Gras gemäht wird, wohl rechtzeitig das Weite suchen wird.

„Was bewegt sich denn da?" Der Blick durchs Fernglas gab Aufschluss: „Das zweite Kitz", sagte Hans. „Hat wohl die Zeit ein wenig verschlafen!"

Auweia! Das Wetter schlug um. Vor Minuten noch war der Himmel einheitlich blau, jetzt zogen aus der Ferne dunkle Regenwolken heran. Vom aufkommenden Wind getrieben, warfen sie riesige Schatten auf die Landschaft. Donner rollte über das Land, und geisterhaftes Wetterleuchten huschte übers Firmament.

„Es gibt Menschen", sagte Hans, „die registrieren das alles nicht. Sehen nicht das zarte Grün der Pflanzen im Frühjahr, riechen nicht die duftenden Blüten, hören nicht den Gesang der Vögel, fühlen nicht, wenn es zu stürmen beginnt und wissen nicht, wie frische aus der Hülse gedrückte Erbsen schmecken. Und anstatt mit Wonne Wild oder selbst gefangenen Fisch zu essen, hau'n sie sich gekauftes Zuchtfleisch in den Topf, das bestenfalls nach Kaugummi schmeckt."

Ich hab's ja gesagt: Hans ist ein Naturmensch durch und durch. Für ihn kommt der Ausdruck „natürlich" eindeutig und unzweifelhaft von Natur.

Fast hatten wir vergessen, weshalb wir auf dem Hochsitz saßen. „Der Bock!" Nahezu zeitgleich entfuhr es leise wispernd unseren Lippen. Tatsächlich! Wie hingezaubert stand er urplötzlich weit über 200 m entfernt am Waldrand und begann, nachdem er uns kurz gemustert, aber für ungefährlich befunden hatte, zu äsen.

„Der Wind steht gut", flüsterte ich, „er hat uns nicht spitzgekriegt." Nur um sicher zu gehen, schaute ich, jede hastige Bewegung vermeidend, vorsichtig durchs Fernglas. Ja. Eindeutig. Er war es, der erhoffte alte, ungerade Achter. Beeindruckend sein starker Träger und das kantige Gebäude. „Leider zu weit für einen Schuss."

Dann – wie auf ein geheimes Kommando – traten zeitgleich an verschiedenen Stellen drei weitere Rehe aus. „Junges Gemüse": zwei Jährlinge und ein Schmalreh. Jetzt hieß es, bloß keinen Fehler zu machen. Denn wenn uns auch nur ein einziges Reh entlarven würde, wäre die Bühne im Nu leer.

„Tack, tack, tack, tack, tack ..." Die Geräusche auf dem Dach unseres Sitzes ließen uns verstummen. Zunächst leise, dann immer heftiger und lauter werdend begann es zu regnen. Der Himmel öffnete all seine Schleusen. Es schiffte in Strömen. Nicht das schlechteste. Erstens hatten wir ein ja ein Dach über dem Kopf, zweitens zog nun ein Reh nach dem anderen zurück in den Wald.

Der ungerade Achter hielt es am längsten aus. Aber auch er trottete schließlich missmutig in die Dickung. Sekunden später kam er zurück, schüttelte sich den Regen aus der Decke und verdrückte sich erneut. „Ganz schön blöd“, flüsterte Hans. „Das hätte er auch im Wald machen können.“

Der Blick in Richtung Westen versprach nichts Gutes, denn was da nahte, war ein prächtiges Sommergewitter. Schon bald würde Thor seinen Hammer schwingen, es donnern lassen und Blitze zur Erde schicken.

In der Tat: Etwa fünf Kilometer entfernt war bereits die Hölle los. Blitz und Donner wechselten sich mit gleich mehreren Wolkenbrüchen hintereinander ab. Der Donner wurde immer lauter, und einige Blitzeinschläge in unmittelbarer Nähe beleuchteten die Szenerie, als würde jemand mit einem riesigen Blitzgerät Fotos machen. Große Regentropfen prasselten auf unser Dach, und von Stämmen abgerissene Äste wirbelten durch die Luft. Als der Regen heftiger wurde, nahm auch der Wind zu und peitschte die Wasserfäden waagerecht gegen unsere Rücken, denn längst hatten wir uns umgedreht.

Wir waren begeistert. Begeistert? Ja. Sowohl Hans als auch ich liebten Gewitter über alles. Ich hatte keine Angst davor, vom Blitz gebraten zu werden. So viel Glück hat meine Frau nicht. Gut 30 Minuten grollte der Donnergott in unvermindertem Zorn. Dann war das Schauspiel leider zu Ende.

Kaum war Ruhe eingekehrt, zogen die zwei Jährlinge aus dem tropfenden Unterstand auf die Wiese, schüttelten sich ausgiebig die Nässe aus der Decke und begannen zu äsen. Der Bock allerdings ließ sich Zeit. Erst eine halbe Stunde später kam er in einer Entfernung von rund 90 Metern aus der klatschnassen Dickung und zog langsam äsend diagonal von uns weg.

„Mach dich fertig“, sagte ich zu Hans, und als ich sah, dass er bereit war, nahm ich das Glas an die Augen, um zu verfolgen, was geschah. „Wenn’s passt, schieß!“ Quälend langsam drehte der Sekundenzeiger der Uhr seine Runden, und sowohl ich als auch Hans waren äußerst angespannt.

Schließlich jedoch stand der ungerade Achter bilderbuchartig breit, und schon brach der Schuss. Im Nu verschwanden die beiden Spießer im Wald, aber auch der Bock war nicht mehr zu sehen. Nach höchstens zehn Fluchten fiel er, wie vom Blitz erschlagen, um und musste jetzt im hohen Gras liegen. Wir prägten uns die Stelle ein, ließen uns jedoch gut zehn Minuten Zeit, bevor wir abbaumten.

Sichtlich erleichtert ob des offensichtlichen Erfolgs registrierten wir, dass sich die Vögel bereits wenige Minuten später beruhigt hatten. Ringeltauben rucksten, ein Kuckuck rief, und zwei Elstern keckerten ohne Unterlass. Unbekümmert hoppelte ein Feldhase an der Kanzel vorbei, und in luftiger Höhe attackierten zwei Rabenkrähen einen sehr dunklen Bussard. Auch das leuchtend rote Eichhörnchen, das in der uralten, 20 Meter entfernten Eiche herumturnte, schien in keinster Weise beunruhigt.

Als ich Hans so neben mir sitzen sah, musste ich lächeln. In seinem vor Aufregung geröteten Gesicht leuchtete eine noch rotere Nase, in der sich regelrechte Büschel von Haaren befanden. Luft holen durch die Nase? Unmöglich! Jedoch nicht nur dort, auch in den Ohren und an deren Rändern saßen dicke Haarbüschel. Das kommt davon, wenn man keine Frau hat, die auf einen aufpasst, dachte ich und schaute zur Seite, damit er mein breites Grinsen nicht sah.

Was bin ich dagegen für ein pingeliger Hund. Nach jeder Elektrorasur setze ich mich zusätzlich vor den Vergrößerungsspiegel und ziehe mir mit einer Pinzette jedes übersehene Haar heraus ...

Zwar brauchten wir fast fünf Minuten, bis wir den verendeten Bock fanden, dann jedoch blieb uns im wahrsten Sinne des Wortes die Spucke weg. Er hatte richtig was auf dem Kopf. Die dicken, reich geperlten Stangen des stark vereckten ungeraden Achters hatten Längen von 27 sowie 28 Zentimetern und ein Gehörngewicht von vorsichtig geschätzten 360 Gramm. Ein Klotz von einem Bock. 21 Kilo aufgebrochen brachte er auf die Waage.

Der Griff in den Äser deutete an, dass er mindestens sechs Jahre alt war. „Perfekt“, sagte ich und überreichte Hans den Eichenbruch. „Waidmannsheil. Besser hätte es nicht laufen können!“ –

„Waidmannsdank“, antwortet er und mir schien, er habe feuchte Augen.

Als wir nach längerer Totenwacht zu Wilhelm fuhren, verrieten wir nichts, sondern baten ihn nur, den Kofferraum des Wagens zu öffnen. „Mein lieber Schwan“, sagte er, nachdem er drei Mal kurz geschluckt hatte. „Waidmannsheil. Von ganzem Herzen Waidmannsheil.“

Zwei Wochen später musste auch ich mehrmals anerkennend schlucken. Nämlich dann, als ich den ungeraden Zwölfer sah, den Ewald erst nach mehrmaligem Ansitz mit seiner Elke überlisten konnte. Ein großartiger Bock mit einem Supergehörn.

Fünf auf einen Streich

Spätherbst. Wieder einmal bin ich in Norwegen – etwa 240 Kilometer nördlich von Trondheim, hoch oben in den Bergen des Bezirks Grøndalstunet. Im sechstausend Quadratkilometer großen Gebiet, in dem ich jagen darf, sind sowohl Alpen- und Moorschneehuhn, Birk- und Auerwild als auch Haselhühner zu Hause.

Jetzt, am ersten Jagdtag, bin ich mit meinem Freund und Gastgeber Gunnar sowie dem einheimischen Guide Ola und dessen rotem Finnspitz „Raisa" auf der Pirsch. Noch hängt dichter Nebel über den Schluchten und Tälern, aber schon bald wird er sich aufgelöst haben. „Die Füchse kochen Kaffee", hatte mein Sohn es einmal beschrieben. Kaum unseren Blicken entschwunden, beginnt der Hund im dichten Fichtenbestand Laut zu geben. Hat er etwa schon einen Auerhahn zum Aufbaumen veranlasst und verbellt ihn jetzt? Ola gibt mir den Rat, äußerst leise anzugehen und jede nur mögliche Deckung zu nutzen.

Mit klopfendem Herzen achte ich peinlich genau darauf, so geräuschlos wie möglich voranzukommen. Längst ist die Flinte im Voranschlag. Aber alles geht gut. Fünf Minuten später befinde ich mich etwa 20 Meter von „Raisa" entfernt und sehe, wie er immer noch ständig Laut gebend aufgeregt in den Wipfel einer hohen Fichte äugt. Und dann sehe auch ich ihn, den Vogel. Eine Elster! Ich gebe Entwarnung. Irren ist tierisch ...

Zehn Minuten später das gleiche Spiel. Wieder hat Raisa einen Vogel zum Aufbaumen gebracht und beginnt zu bellen. Diesmal ist es ein Haselhuhn, das ich im Geäst 20 Meter über mir mit dem Fernglas erkennen kann. Als es mich eräugt, fliegt es mit purrendem Schwingengeräusch lediglich vier Bäume weiter und bleibt sitzen. „Das Fluchtverhalten von Haselhühnern ist nicht besonders hoch ausgeprägt“, sagt Ola. Zwar ist es keine Kunst, den mit Rebhuhngröße kleinsten Vertreter der norwegischen Raufußhühner zu erlegen, aber ich freue mich dennoch riesig. Schließlich hatte ich mir vorgenommen, in diesem Urlaub alle fünf Arten zu bekommen.

Nach einer kurzen Rast pirschen wir weiter, und wieder begeistert mich der großartig arbeitende Hund. Er findet eine Spur, folgt ihr und veranlasst den Vogel zum Aufbaumen. Diesmal, so scheint es, klingt sein Laut aggressiver als zuvor. „Das ist ein großer Vogel“, sagt Ola. Er kennt seinen Hund genau und behauptet, er könne oft schon am Bellen erkennen, welches Wild er gefunden hat.

Zum dritten Mal pirsche ich mich an „Raisa“ heran und versuche, den großen Vogel zu entdecken. Aber ich finde ihn nicht. „Raisa“ scheint die Welt nicht zu verstehen. Schließlich wird es der Auerhenne zu bunt, und sie streicht ab. „Nicht schießen“, geht es mir durch den Kopf. „Warte lieber auf den Bräutigam in Schwarz.“ Keine Ahnung, wo die Henne gesessen hat.

Vierter Versuch: Wieder schlägt „Raisa“ besonders aggressiv an, und ich beginne über Stock und Stein zu „fliegen“. Viel zu schnell, denn kurz vor dem Ziel bricht unter meinem rechten Fuß ein Zweig, und der Vogel streicht ab. Deutlich höre ich lautes Schwingenschlagen und ärgere mich über meine Disziplinlosigkeit. Vorwurfsvoll schaut mich „Raisa“ an und führt mich zu einem großen Haufen Auerwild-Losung. „Da hat er gesessen, du Blödmann!“

Am nächsten Tag fahren Gunnar und ich mit den Irish Settern „Sam“ und „Neck“ in ein 20 Kilometer entferntes Revier. Gunnar sagt, es müsse mit dem Teufel zugehen, wenn ich heute nicht wenigstens drei Schneehühner schießen würde.

Er scheint ein Prophet zu sein: Bereits nach zwei Stunden Jagd habe ich exakt drei Alpenschneehühner erlegt. Zwei weitere fehle ich. Nachdem ich drei Mal eine Birkhenne nicht beschieße, bittet mich Gunnar eindringlich, doch eine zum Essen zu erlegen. „Das hier ist nicht wie mit den Fasanenhennen in Deutschland“, sagt er und scheint dabei meine Gedanken lesen zu können.

Eine Stunde lang passiert nichts, aber dann steht „Sam“ vor, und erst als der junge „Neck“ sekundiert, gibt Gunnar das Zeichen zum Einspringen. Rasante Schwingenschläge! Blitzschnell streichen vier Birkhennen ab. Schon ist der Schaft an der Backe, mitziehen – und der Braten ist gesichert. „Hoffentlich will er keine zweite“, geht es mir durch den Kopf. Das mit den Fasanenhennen zu Hause sitzt einfach zu tief.

Wir machen eine Pause. Immer wieder schaue ich in die lodernden Flammen des Lagerfeuers, das wir entfachten. Wohlige Wärme macht sich breit, und der frisch gebraute Kaffee schmeckt grandios.

Gunnar lächelt. „You want birds? No problem!“ Geht nicht, gibt’s bei ihm nicht. Allerdings, als ich ihn hier in den Bergen von Grøndalstunet provozierend um eine Cola mit Eis und Zitrone bitte, muss er doch passen. Wenn Gunnar sagt, er will noch kurz eine halbe Stunde mit mir rund um die Hütte jagen, kann das durchaus vier Stunden dauern. Und wenn er erklärt, dass wir noch 500 Meter pirschen wollen, können daraus schnell fünf Kilometer werden. Herrlich! So sind sie, die Norweger. Ich mag sie!

Wir lassen die Seele baumeln und haben jede Menge Zeit, die Natur zu genießen. Die ganze Bergwelt schillert wie eine bunte Märchenlandschaft in den tollsten Farben.

Am dritten Jagdtag schließen wir uns Kaare Vik an, der uns mit seiner Bretonischen Vorstehhündin „Tikka“ über die Berge jagen will. Kaare ist der Manager des Hunting and Fishing Senters Grøndalstunet und – wie wir sehr schnell feststellen – ein hervorragender Führer.

Als wir ein besonders felsiges Areal oberhalb der Baumgrenze erreichen, steht „Tikka“ plötzlich vor. Das einzelne Schneehuhn jedoch streicht für einen Flintenschuss etwas zu weit ab. Aber: Was für ein Anblick, dieser pfeilschnelle braun-weiße im Gefiederwechsel befindliche Vogel.

Bald darauf macht „Tikka“ fünf Schneehühner hoch. Wie im Bilderbuch schieße ich die erste Alpenschneehuhn-Dublette meines Lebens. Gunnar und Kaare klopfen mir begeistert auf die

Schulter und nötigen mich, meinen Flachmann mit dem guten alten schottischen Whisky rauszurücken.

Nachdem wir uns erholt haben, geht's weiter. Einzelne Ebereschen prahlen mit ihrem roten üppigen Fruchtbehang. Blau- und Preiselbeeren, wohin ich schaue, eine wichtige Äsung für Raufußhühner. Es ist in jedem Herbst das Gleiche, aber ich kann mich immer wieder begeistern für diese Landschaft. Ich bin nicht zum ersten und ganz sicher nicht zum letzten Mal hier.

Während der nächsten Rast hören wir das Gurren von Birkwild und entdecken, als wir vorsichtig über den Hügel schauen, auf den Wipfeln der 150 Meter entfernten Kiefern acht Birkhähne. „Jetzt eine .222 Remington mit Vollmantel", geht es mir durch den Kopf. „Das wär's!" Wir versuchen, die Vögel anzupirschen, aber plusternd und flatternd streichen sie für einen Schrotschuss viel zu früh ab.

Obwohl ich die Nadelbäume ständig systematisch mit dem Fernglas absuche, entdecke ich nicht einen Vogel. Dennoch: Gunnar und Kaare sind guten Mutes und meinen, dass ich vielleicht doch noch einen „großen schwarzen Vogel" erlegen kann.

Wir erklimmen ein Hochplateau und genießen den wundervollen Ausblick auf die urtümliche Natur. Als sich der Himmel bedeckt und es langsam zu nieseln beginnt, pirschen wir weiter. Weil meine Brille beschlägt, setze ich sie ab. Mit beschlagenen Gläsern kann ich nicht schießen. Ob ich es ohne die Sehhilfe kann, weiß ich nicht.

„Work slowly", sagt Kaare und steigt einen Felsen hinauf. Er will schauen, ob sich da oben ein Vogel versteckt. „Meistens fliegen sie, wenn man sie hoch macht, den Hang hinunter", fügt Gunnar hinzu. Deshalb also soll ich unten bleiben.

Was die beiden nicht wissen können: Ich bin fix und fertig, kann gar nicht mehr schnell gehen. Das undurchdringliche Gebüsch vor einer steilen Felswand, von der im Schneckentempo Wasser herunterrieselt, ist ein gutes Versteck für Raufußhühner.

Und dann passiert es: Urplötzlich steht „Tikka" vor – kaum 20 Meter von mir entfernt. Es quatscht unter den Lederstiefeln, daher suche ich mir einen trockenen Platz zum Schießen und bewege mich nicht mehr. Eine Wohltat für meinen Kreislauf.

Kaare lässt seinen Hund einspringen, und ein Schneehuhn fliegt senkrecht in die Höhe. Ich lasse den Vogel steigen. Erst als er sich bereits etwas oberhalb der gewaltigen, moosbewachsenen Felswand befindet, schieße ich. Das Huhn zeichnet, streicht jedoch flatternd weiter und entschwindet unseren Blicken.

Zehn Minuten später haben wir den Aufstieg geschafft und lassen „Tikka“ frei suchen. Nicht einmal eine Minute dauert es, dann hat sie es gefunden! Ein prächtiges Moorschneehuhn. Einen Moorschneehahn, um genau zu sein. Im Gegensatz zum sehr ähnlichen Alpenschneehahn fehlt bei ihm der schwarze Zügelstreif zwischen Auge und Schnabel.

Kaum zu glauben: In nur drei Jagdtagen habe ich ein Haselhuhn, fünf Alpenschneehühner, einen Moorschneehahn und eine Birkhenne erlegt. „Das Glück ist mit die Dummen“, sagt Gunnar. Aber es sollte noch besser kommen.

Am vierten Jagdtag sehen wir sieben Schneehühner, zwei Birkhähne, fünf Birkhennen sowie drei Auerhähne und zwei Auerhennen. Erlegen können wir zwar nichts, denn alle Vögel sind für einen Schuss viel zu früh auf den Schwingen, aber ich bin völlig aus dem Häuschen. Was für ein Besatz an Raufußhühnern!

Dann allerdings geht doch noch etwas: Als wir etwa 25 Meter von einem Fichtenwald entfernt pirschen, zieht „Tikka“ plötzlich mit hocherhobener Nase ins Unterholz. Gleich darauf hören wir es poltern, und zwei Auerhähne verlassen laut mit den Schwingen schlagend die schützende Dickung. Einer eräugt uns und dreht ab, der andere jedoch streicht direkt über mich hinweg, sodass ich, wie zu Hause beim Entenstrich, wunderbar mitschwingen kann. Schon verlassen die Schrote den Lauf, und kaum 30 Meter entfernt fällt der stattliche Vogel tödlich getroffen zu Boden.

Gunnar und Kaare eilen herbei und klopfen mir auf die Schulter. Klopfen? Nein, das waren schon Schläge! „Bravo Akki! Zwar kein ganz alter, aber auch kein junger Hahn!“ Dann stehen sie unbeweglich da und schauen mich erwartungsfroh an. Bereitwillig rücke ich den zweiten Flachmann mit meinem so heiß und innig geliebten Bowmore-Whisky heraus. Sehr nett, dass die beiden mir ein paar Tropfen zum Benetzen der Zunge übrig lassen ...

Was für eine Freude! Vier Jagdtage, fünf verschiedene Raufußhühner! Die Gedanken spielen, wandern, werden beflügelt. Ich beginne zu rechnen: Vier Jagdtage mal im Schnitt 20 Kilometer Pirsch macht 80 Kilometer. Eine Strecke so weit wie von Emden bis nach Oldenburg. Nur nicht so flach, sondern über steile, hohe Berge, über Stock und Stein, durch Sumpf und Dickicht. Und, ich gebe es gern zu, ich bin ein wenig stolz auf mich, denn manchmal war es sehr, sehr anstrengend. Je schroffer sich die Natur präsentierte, desto mehr Schweiß rann mir von der Stirn. „Not so bad for an old man", sagt Gunnar.

Am nächsten und letzten Jagdtag nehmen mich Gunnar, Björn, Kaare, Ola, Dagfin und Björnulf mit auf die Elchjagd. Unser Ziel ist ein Revier westlich von Namsos in den Bergen von Fosen. Mit von der Partie – nein, die Hauptakteure – sind die beiden grauen Norwegischen Elchhunde „Fjell" und „Leica". „Fjell" ist ein dreijähriger Rüde, „Leica" eine junge Hündin. Graue Elchhunde sind aufgrund ihres ausgeprägten Finderwillens ideal für die manchmal recht harte und schwierige Elchjagd, haben eine Größe und ein Gewicht etwa wie der Hannoversche Schweißhund.

„Elche sind genügend da", sagt Gunnar. „Eigentlich müssten wir heute einen schießen." Frei sind alle mit Ausnahme von Alttieren. Geplant sind vier „Treiben". Björn und Dagfin drücken mit „Fjell" und „Leica", die anderen fünf Jäger, zu denen auch ich zähle, sitzen und warten.

Während der ersten drei Treiben werde ich an einem Fichtenhochwald in der Nähe eines Sees, an einem üppig mit Brombeeren überwucherten Kahlschlag sowie in einem lockeren Wald abgesetzt. Allerdings ohne einen Elch zu Gesicht zu bekommen. Lediglich ein junger Auerhahn reitet vor mir ab, als beim Angehen zum Stand ein Ast unter meinen Füßen bricht. Alle Jäger stehen per Funk miteinander in Verbindung, aber es passiert nichts. „No moose", sagt Gunnar.

Beim vierten Drücken jedoch sind Björn und „Fjell“ erfolgreich und stoßen auf ein Schmaltier sowie ein nicht führendes Alttier. So langsam es geht, drücken die beiden das Wild, und Björn informiert jeden einzelnen Ansitzjäger per Funk über den Stand der Dinge. „Wenn die beiden bei dir vorbeikommen“, sagt er zu mir, „schieße bitte nur das schwächere Stück.“ Klare Sache!

Gespannt wie ein Flitzebogen sitze ich mit schussbereiter Waffe da und harre der Dinge, die da kommen sollen. Und gerade in dem Moment, als ich eine weitere Mitteilung über Funk erhalte, knallt es. Kaum 200 Meter entfernt.

Sofort kommt Gunnar, der seinen Stand in der Nähe eingenommen hatte, zu mir und sagt, dass es Dagfin gewesen sein muss, der da geschossen hat. „Sicher hat er das Schmaltier erlegt. Dagfin ist ein guter Schütze.“

Ich schließe mich Gunnar an, und wir machen uns auf den Weg zum Wasserfall, wo Dagfin angesetzt war. Schon von Weitem sehen wir das Schmaltier verendet im Uferbereich des kleinen Flusses halb im Wasser liegen. „Leica“, Dagfins Hündin, rupft bereits an der Decke des Stücks, hat es in Besitz genommen.

Weil es zu dämmern beginnt, montiere ich das Blitzgerät an die Kamera und fotografiere. Leider habe ich nur noch diesen einen Tag und bin deshalb sehr froh, eine erfolgreiche Elchjagd erlebt zu haben. Keine Selbstverständlichkeit.

Noch einmal haben wir Glück: Das Gehöft eines Landwirts befindet sich kaum 300 Meter entfernt, und mit seinem Traktor ist es ein leichtes, den Elch zu bergen. „Wenn wir im Gebirge einen ausgewachsenen Elchbullen erlegen“, sagt Björn, „kann es durchaus auch mal zwei Tage dauern, bis wir ihn im Tal auf dem Anhänger haben. Eine ziemliche Schufterei.“

Als ich am späten Abend zur Unterbrechung des „Schlaftrunks“ mit den Freunden in der Jagdhütte für einige Minuten an die frische Luft gehe, zeigt sich am sternenklaren Himmel urplötzlich und gespenstisch das sagenumwobene Nordlicht. Es knistert wie Hochspannung, und die Farben der „Geisterfahnen“ wechseln von Rosa über Grün in ein verschwommenes Blau. Vor dem Sternbild des Großen Wagens ist besonders viel los. Es sieht aus, als würde ein Kutscher den mit nur leicht bekleideten Frauen voll beladenen Pferdewagen steuern.

Ich rufe die Freunde, damit sie sich das anschauen. Und auch sie sind begeistert. „So intensiv habe ich das Nordlicht seit Jahren nicht mehr gesehen", sagt Ola. Schließlich gibt er mir den Tipp zu pfeifen. „Wenn du pfeifst, bewegen sich die Polarlichter", sagt er.

„So ein Quatsch", denke ich, tue ihm jedoch den Gefallen und pfeife in den Sternenhimmel. Unglaublich! Die Damen im Wagen erheben sich und beginnen zu tanzen. Als sie sich wieder gesetzt haben, versuche ich es erneut. Und wieder hüpfen sie herum! Nicht zu fassen! Es funktioniert!

Wieder einmal habe ich die Gewissheit, an einem jagdlichen Sahnestück genascht zu haben. Fünf wunderschöne, stimmungsvolle Jagdtage in der bezaubernden Bergwelt Norwegens sind vorbei – Perlen in der Kette der Vergangenheit. Danke, Diana!

Eine „Mords-Geschichte“

Montag, 6. August 2007: „Was meinst du, Akki“, fragt Karl-Heinz, „woll’n wir uns heute Abend den Mörder vorknöpfen?“ – „Jo!“, antworte ich. „Noch einen soll er nicht zur Strecke bringen!“ Zwei Böcke hatte er auf dem Gewissen: 2006 forkelte er den ungeraden „Christbaum-Sechser“ und in diesem Frühjahr meuchelte er einen guten Jährling.

Schnell ist der Plan geschmiedet: Was haben wir für Wind? Ein Blick aus dem Fenster: Nordwest! „Dann gehen wir oben auf die offene Kanzel am Dachsbau, wo der „Doppelmörder“ seinen Einstand hat. Von dort aus werden wir blatten“, schlägt Karl-Heinz vor.

Mir hüpft das Herz in der Brust, denn ich kann zwei Fliegen mit einer Klappe schlagen: Seit drei Jahren bettele ich darum, mal blatten zu gehen, und einen mehrjährigen Bock habe ich auch frei. Heute ist ein guter Tag, ich spüre es.

Pünktlich um 19 Uhr parken wir das Auto und stiefeln los. Kaum fünf Meter gegangen, bleiben wir wie auf Kommando stehen. „Was ist denn hier los?“ Völlig irritiert stellen wir fest, dass sich der Wind gedreht hat – auf Südost. Also Strategiewechsel. Wir holen die Sitzstöcke aus dem Wagen und pirschen bis zum Hasenbach unterhalb von Kanzel und Dachsbau. Dort richten wir uns ein, haben einen herrlichen Blick in das Fichtenaltholz.

Etwa eine Viertelstunde schweigen wir uns an, dann beginnt mein Begleiter bei nunmehr konstantem Wind zu blatten. Nach geraumer Zeit folgt die zweite Strophe, dann die dritte. Pause. Nichts. Absolute Ruhe.

Obwohl sich Karl-Heinz viel Zeit lässt und sein gesamtes Repertoire ausspielt, tut sich nichts. Alles bleibt ruhig. „Weißt du was“, flüstere ich, „ich glaube, der Herr beschäftigt sich gerade mit den Damen im Nachbarrevier." Pause.

„Woher wissen wir eigentlich, dass der Mörder hier seinen Einstand hat?", frage ich Karl-Heinz. „Er wechselte noch vor wenigen Tagen, als ich am Dachsbau ansaß, dicht an mir vorbei", antwortet er.

Wieder einmal schaue ich auf die Uhr: Nicht mehr lange, und es wird dunkel sein. Zu guter Letzt entlockt der Blatt-Virtuose seinem Instrument die „Abschiedsmelodie", aber auch darauf erhalten wir keine Antwort. „Die Ricke wird unmittelbar in seiner Nähe sein", sagt Karl-Heinz. „Deshalb ist dem Bock unser Fiepen egal."

Der Geruch frisch gemähten Grases dringt zu uns herüber, und zwei Spatzen hüpfen unaufhörlich zirpend im Gezweig der Schwarzerlen am Hasenbach herum. Nur kurz rätscht ein Eichelhäher. Kein Problem. Er hat uns nicht verraten. Als kurzzeitig etwas Wind aufkommt, wirbelt er mehrere lose Blätter eines erst kürzlich heruntergefallenen Erlenasts durch die Luft, doch das feuchte Laub ist schwer und sinkt sogleich auf den Waldboden zurück.

Keine fünf Minuten später tauchen von oben links wie aus dem Nichts in flottem Troll zwei Stück Rehwild auf. Vorne die Ricke, hinten ein Bock. „Das ist er", flüstert Karl-Heinz. „Mach dich fertig!" Ich streiche an einer Fichte an und steche ein. Immer näher kommt das Paar, bis auf 50 Meter – dann schreckt mein Begleiter.

Sowohl Ricke als auch Bock fahren zusammen und äugen zu uns herüber. Der Bock ist zur Hälfte von zwei Baumstämmen verdeckt, aber Kopf, Träger, Vorderläufe und gerade eben das Blatt sind frei. Schon ist der Schuss draußen ... Der Bock zeichnet, verliert das Gleichgewicht, fällt um, schlegelt noch kurz und ist verendet. „Puh!" Was für ein Glück, was für ein perfektes Zusammenspiel. Mein Kollege sieht es mir an: Ich freue mich wie ein Schneekönig und strahle übers ganze Gesicht. „Geh' ruhig vor", sagt er. Wir freuen uns gemeinsam, dass alles so gut geklappt hat.

„Mitten durchs Herz", sage ich, als ich den Bock in Augenschein nehme. Ich betaste das Mörder-Gehörn und klopfe Karl-Heinz auf die Schulter.

Der Bock ist mindestens fünf Jahre alt und völlig abgebrunftet, wiegt gerade mal 15 Kilogramm, wie sich später herausstellt. Die rechte Stange des Gehörns ist ein 22 Zentimeter langer Spieß, die linke weist eine schwache Vereckung auf. Der Spieß ist in der Tat ein richtiges Mordwerkzeug.

Und während ich den Bock versorge, gibt Karl-Heinz den Kollegen per Handy Bescheid: „Der Mörder liegt!“

Das war jedoch nicht die einzige verrückte Geschichte des Jahres. Bereits am 29. Juli hatte Karl-Heinz auf der Heide den rauflustigen „Teufel“, einen äußerst aggressiven, mittelalten Sechser erlegt.

Seit April hatte der Bock die Heide unsicher gemacht und schlug jedes andere männliche Rehwild ab. Manchmal stand er schon ab 19 Uhr wie ein roter Fleck in der leuchtenden Abendsonne als unumstrittener Herrscher auf der knapp drei Hektar großen, von drei Seiten von Wald eingeschlossenen Grünlandfläche.

Was für ein Wüterich der „Teufel“ war, konnte Christian eines Abends beim Ansitz mit seiner Fotokamera dokumentieren. Zunächst fegte der „Weiße Riese“, ein dreijähriger Sechser mit hohen Stangen und guten Enden den schwächeren „Heidegabler“ von der Wiese. Plätzen, Lichter rollen, Parallelmarsch und zahlreiche Scheinangriffe bestimmten die Auseinandersetzung der beiden Böcke, doch schließlich gab sich der Gabler geschlagen.

Mit erhobenem Haupt und breiter Brust zog der „Weiße Riese“ auf die Heide zurück, sicherte noch ein paar Mal zur Waldkante und begann zu äsen. Genau in diesem Moment kam der knallrote „Teufel“ aus dem Bestand geschossen und rammte dem „Weißen Riesen“ ohne Vorankündigung seine spitzen Enden in die rechte Flanke. Der verlor das Gleichgewicht und ging klagend zu Boden.

Doch der aggressive Rivale ließ nicht von ihm ab. Immer wieder bohrte er sein Gehörn in den Träger des „Weißen Riesen“ und drückte ihn zu Boden. Als der Dreijährige endlich auf die Läufe kam, setzte er sich noch einmal kurz zur Wehr, doch sein Selbstbewusstsein hatte durch die ungestümen Attacken des „Teufels“ einen Knacks bekommen. So schnell er konnte, verließ er die Arena in Richtung Zungenwiese und überließ dem „Teufel" die Heide.

Ab dem 26. Juli waren mehrjährige Böcke, also auch der Teufel, frei, doch die Bejagung gestaltete sich schwierig: Drei Abendansitze bis zum Ausgang des Büchsenlichts hatte Karl-Heinz bereits hinter sich, und kein Haar erschien auf der attraktiven Äsungsfläche. Hatte die brunftige Weiblichkeit den Platzbock in andere Gefilde gelockt?

Der 29. Juli war ein Sonntag, und es regnete in regelmäßigen Abständen. Die Temperatur erreichte knappe 18 Grad, also beileibe kein charakteristischer Rehbrunfttag. Zum Frühansitz kam Karl-Heinz nicht aus dem Kessel, deshalb versuchte er es anders: mit der sogenannten Faulpirsch.

Gegen elf Uhr erklomm er bei strömendem Regen die Heidekanzel und hatte sich vorgenommen, etwa zwei Stunden zu sitzen. Zwar bekam er den Teufel kurz zu Gesicht, der jedoch hatte bereits einen starken Sechser, der kurz zuvor ausgetreten war, im Visier und fegte ihn von der Heide. Sekunden später war die Bühne leer.

Um 13 Uhr baumte Karl-Heinz ab, packte alles Überflüssige in den Wagen und pirschte, nur mit Glas, Büchse, Sitzstock und Blatter bewaffnet, einen Rückeweg unterhalb der Heide hinein. Eine gute Entscheidung, denn bereits Minuten später sah er den „Heidegabler", verfolgt vom ... „Teufel". Eindeutig. Er war es.

Nur einige wenige Fluchten, und der Gabler war in der Dickung verschwunden. Jetzt galt es. Aus unerklärlichen Gründen verhoffte der „Teufel" und sicherte nach rechts. Diesen Moment nutzte Karl-Heinz. Waffe anstreichen, Ziel erfassen, Schuss.

Zehn Minuten später näherte er sich Schritt für Schritt durch die Brombeeren der Stelle, an der er den Anschuss vermutete. Und genau dort war der Bock zusammengebrochen. Des „Teufels" Ende war besiegelt.

Blattzeit

4. August. „Weißt du was“, sage ich zu Johann, als wir um 17.50 Uhr mit geschulterten Büchsen vom Parkplatz zu unseren Ansitzleitern stiefeln, „gestern hab’ ich einen jungen Sechserbock gesehen, der hat innerhalb einer Stunde seine Auserkorene sieben Mal beglückt. Der Hexenring auf der Wiese sieht aus, als wäre ein Ackergaul den ganzen Tag über im Kreis gelaufen!“

„Untersteh dich, und erzähl’ das meiner Frau, das mit den sieben Mal in einer Stunde!“, antwortet „Joke“ und beginnt fürchterlich zu husten. „Das würde ich mir mehrere Wochen lang anhören müssen!“

„Es soll sogar Böcke geben, die können am Tag bis zu 20 Mal“, stichele ich weiter. Und schon hab’ ich Joke an den Brunftkugeln. Ziemlich lautstark brüllt er mich fast an: „Untersteh dich, und erzähl’ das meiner Frau!“ – „Ja ja, ist ja gut.“

Als wir weitergehen, sehe ich über einer voll mit Wasser gefüllten Bombenkuhle zwei Libellenpaare. Ungehemmt kopulierend fliegen sie in Herzform aneinandergeheftet ihre Runden. Flugtechnisch wahre Meisterleistungen.

„Guck dir das an“, sage ich zu Johann. „Libellen sind Überbleibsel aus der Urzeit. Sie lebten schon, als es noch Dinosaurier auf der Erde gab. Nur, dass sie damals Flügelspannweiten von bis zu 70 Zentimetern erreichten.“

Aber Johann ist in Eile, will zu seiner Leiter, die sich gut einen Kilometer von meinem Sitz entfernt befindet. „Ich möchte sitzen, bevor der Bock austritt.“ – „Okay. Waidmannsheil.“ – „Waidmannsheil.“ Wir haben beide einen mehrjährigen Bock frei und wollen, jetzt in der Hochbrunft, blatten.

Wie spät ist es? Gerade mal 18 Uhr. Auf ein paar Minuten mehr oder weniger, bevor auch ich mich auf den Weg zu meinem Hochsitz mache, kommt es mir daher nicht an.

Als eins der Libellenpaare auf einem Stein landet, wohl um sich ein wenig auszuruhen, schaue ich sie mir genau an. Es sind Große Königslibellen. Wunderschön leuchten ihre filigranen Flügel im Sonnenlicht.

Wie war das noch? Zur Paarung ergreifen Libellenmännchen ihre Weibchen mit den Hinterleibszangen am Hinterkopf, anschließend krümmt das Männchen den Hinterleib und überträgt Sperma in ein besonderes Begattungsorgan am Vorderabschnitt des Hinterleibs. Danach krümmt das Weibchen den Hinterleib und verankert seine Genitalöffnung am Begattungsorgan des Männchens. So entsteht das typische „Paarungsrad" der Libellen, das je nach Art nur wenige Minuten oder auch eine Stunde bestehen bleibt.

Wann gepaart wird, auch das weiß ich noch aus dem Biologie-Unterricht, bestimmt das Weibchen. Wie bei den Menschen, denke ich. Als ich ihnen zu sehr auf die Pelle rücke, erheben sie sich, und es geht erneut auf Hochzeitsreise. Ich schaue den Libellen so lange nach, bis sie hinter einem mit hohem Schilf bestandenen Graben meinen Blicken entschwinden.

Fünf Minuten später sitze ich auf meiner Leiter und richte mich ein. Filzmatte unter den Hintern, Gewehr diagonal vor mir auf die Brüstung, Fernglas und Blatter um den Hals ... Und genau in diesem Moment vibriert das Handy. Johann!

„Du, Akki, meine Frau hat gerade angerufen. Ihrer Mutter geht es schlecht, wahrscheinlich muss sie ins Krankenhaus. Ich fahre nach Hause." – „Okay. Tut mir Leid. Alles Gute für deine Schwiegermutter." So ist das Leben, denke ich. Früher oder später kriegen sie uns alle.

Es ist warm, die Luft stickig. Windstille. Kaum ein Halm bewegt sich. Hier, ich weiß es, hat ein mindestens sechs Jahre alter, dickstangiger, ungerader Sechser seinen Einstand. Die Stangen sind etwa zwei Handbreit über Lauscher hoch. Links befindet sich eine prächtige Sechserstange, rechts lediglich ein Spieß. Bereits im vorigen Jahr sollte er erlegt werden, aber der ausgesprochen misstrauische und vorsichtige Bock konnte sich allen Nachstellungen mit List und Tücke entziehen. Während der Blattzeit, das hatten wir mehrfach beobachtet, trieb er niemals „alte Tanten". Er war nur scharf auf das „junge Gemüse", die Schmalrehe, der alte Sack.

Puh, ist das heiß. Schweiß läuft mir den Nacken hinunter. Ich kremple die Ärmel meines grünen Jagdhemds herunter, damit die Uhr im gleißenden Sonnenlicht nicht reflektiert. Verdammt. An meinen Nasenflügeln und an den Ohren macht sich eine dicke Stubenfliege zu schaffen. Es kitzelt derart, dass ich mir schließlich selbst eine Ohrfeige verpasse. Zwar ohne den Quälgeist zu treffen, aber er verdrückt sich und lässt sich nicht mehr blicken.

Etwa 20 Minuten später greife ich zum ersten Mal zum Rottumtaler Rehblatter, den mir der Blattjagd-Experte Klaus Demmel nach eindrucksvoller Demonstration im Wild-und-Hund-Testrevier vermachte, und beginne mit vorsichtigem, leisem Schmalrehfiep, drei bis fünf Mal im Minutentakt wiederholend. Oft genug schon brachte es einen Bock auf die Läufe.

Der große Vorteil des Mundblatters ist, dass ich, wenn es darauf ankommt, beide Hände frei habe. Den Alten jedoch scheint mein Fiepen nicht zu motivieren. Nun denn. Blattjagd ist Geduldssache. Unzählige Mücken umschwirren mich, aber ich kümmere mich nicht um sie. Jede Bewegung kann die Blattjagd zunichte machen.

Weil sich, nachdem die letzten Strophen verstrichen sind, in der nächsten halben Stunde kein rotes Haar zeigt, versuche ich mein Glück mit dem Kitz-Angstgeschrei. Und kaum sind die Laute verklungen, höre ich es links im kleinen Wäldchen rumpeln. Doch es ist nicht der Alte, der plötzlich ungestüm auf der Bildfläche erscheint, sondern ein junger Gabler.

Als ich ein weiteres Mal verhalten fiepe, zieht er, wie am Seil gezogen, bis auf zehn Meter an meinen Sitz heran, äugt nach allen Seiten und scheint die Welt nicht zu verstehen.

Aber Achtung. Kaum 150 Meter entfernt schiebt sich ein Bockhaupt aus dem Schilf an einem fast trockenen Graben. Ich traue mich nicht, das Fernglas an die Augen zu heben, denn noch immer steht der Jüngling unter meinem Sitz. Jedoch nicht mehr lange, denn der andere Bock hat ihn eräugt und stürmt wie eine Rakete in weiten Sprüngen heran. Der Alte! Mein Bock.

Auweia. Bevor er Prügel bezieht, flüchtet der Gabler zurück in den Unterstand. Der Platzbock hinterher. Schon sind die beiden meinen Blicken entschwunden. Regungslos, aber innerlich unter Hochspannung, lasse ich mir von den kleinen Quälgeistern in der Luft Blut abzapfen. Ob sich der ungerade Sechser wohl noch einmal blicken lässt? Ich bin sicher.

Zehn Minuten später blatte ich ein weiteres Mal. Und kaum sind die kurzen Fieplaute verklungen, höre ich es im Wäldchen knacken. Erst leise, dann kontinuierlich lauter werdend. Eindeutig die ruckartigen Stechschritte eines erregten Bocks. Er kommt!

Kurz darauf erscheint am Rand der Dickung in einer Entfernung von etwa 50 Schritt der Alte. Längst befindet sich die Büchse an der Schulter, und ich sehe, als ich den Bock im Zielfernrohr habe, dass es definitiv der Begehrte ist. Links die Sechserstange, rechts der Spieß.

An Schießen jedoch ist noch nicht zu denken, denn der Bock äugt halbspitz stehend wie zur Salzsäule erstarrt in meine Richtung. Jetzt bloß nicht bewegen. Ein kurzes Scheinäsen und das Spiel geht in die Verlängerung. Die verfluchten Mücken. Sie haben Narrenfreiheit.

Nach mehreren Minuten beruhigt sich der Alte und ... steht auf mich zu. Langsam, mit erhobenem Haupt, trabend wie ein Zirkuspferd, kommt er näher. Jetzt sind es nur noch 40 Schritt. Ich habe ihn im Absehen, aber spitz von vorn will ich auf diese Entfernung nicht schießen. Ich entschließe mich, abzuwarten, bin erstaunlich ruhig.

Die richtige Taktik, denn als der Bock kaum mehr als 35 Meter entfernt ist, steht er plötzlich mehrere Sekunden wannenbreit im kurzen Gras. Die Auflage ist perfekt, und als der Zielstachel auf dem Blatt steht, schicke ich das 7-x-57er-Teilmantelgeschoss auf die Reise.

Nach dem Schuss scheinen die Läufe des Bocks den Boden nicht mehr zu berühren. In unglaublicher Geschwindigkeit schießt er in die Dickung. Dann jedoch höre ich knackende Geräusche und bin ziemlich sicher, dass er zusammengebrochen ist und mit den Läufen schlegelt. Erst jetzt schüttelt mich das Jagdfieber.

Gut zehn Minuten später baume ich ab, und begebe mich zum Anschuss. Lungenschweiß. Auf den Blättern des Grases leuchtet es mir hellrot entgegen. Derart viel, dass es keine Kunst ist, das Stück zu finden. Bereits nach etwa 35 Metern stehe ich vor meinem längst verendeten Bock. Voller Dankbarkeit setze ich mich neben ihn und lasse den spannenden Blattjagdtag Revue passieren.

Die Stangen des Bocks strotzen nur so vor Perlen und zieren sein breites eisgraues Haupt. Ich bin begeistert. Das viele Blatten-Üben im Auto bei eingelegter Demonstrations-DVD hatte sich gelohnt. Zunächst hörten sich meine Arien an wie die Todesschreie einer Bockwurst, dann wie eine in Panik geratene Elefantenherde, aber mit der Zeit wurde es immer besser.

Dass mich eine überholende Polizeistreife rechts auf den nächsten Parkplatz beorderte und dem im Wagen trötenden Säufer, wie sie vermuteten, einen Alkoholtest abverlangten, tat der Sache keinen Abbruch. Nachdem ich den freundlichen Herren, die ja nur ihre Pflicht taten, alles erklärt hatte, gaben sie mir den Rat, ja auf den Straßenverkehr zu achten, und wünschten mir für die nächste Jagd „viel Glück".

Schließlich mache ich mich an die rote Arbeit, denn es ist schwül, und ich möchte nicht, dass das Wildbret Schaden nimmt. Kaum bin ich fertig, beginnt es zu donnern. Ein gewaltiges Gewitter ist im Anmarsch. Wind kommt auf. Furchterregend schnell schweben tiefschwarze Wolken heran und mahnen zur Eile.

Eile? Nee! Wie fast immer, wenn ein Unwetter naht, habe ich es überhaupt nicht eilig. Ich drücke mich hinter einen Wall, ziehe die Jacke über den Kopf und lasse den Sturm und nun einsetzenden Regen über mich hinwegbrausen. Grelle Blitze zucken, und große Regentropfen wirbeln vom ausgedorrten Sandboden Staubwölkchen in die Luft.

Unglaublich, wie schnell sich das Wetter geändert hat. Nur wenige Meter über der Erde fliegend, versuchen mehrere Rabenkrähen ihre Schlafplätze zu erreichen. Aber sie haben es schwer. Mit brachialer Gewalt donnert der Sturm übers Land, und der aufgewühlte Schlamm des kleinen, flachen Sees in der Nähe färbt das Wasser dunkelgrau. Auf den Wellen bilden sich Schaumkronen.

Mit unbändiger Kraft rüttelte der Sturm am Gebälk eines alten Kuhstalls. Der Wetterhahn auf dem Mast davor dreht sich unaufhörlich und quietscht wie eine kaputte Kreissäge. Herrlich! Meiner Frau werde ich erzählen, dass das Gewitter an mir vorbeigezogen ist. Lediglich ein paar Regentropfen hätte ich abbekommen.

Und dann, völlig unvermittelt, ist der Spuk vorbei. Totenstille. Kein Lüftchen regt sich mehr. Faszinierend. Was für ein Bühnenbild. Was für ein Schauspiel. Alle noch vor Kurzem von der Trockenheit gebeutelten Pflanzen und Blüten haben ihr Haupt gehoben, stehen stramm da wie Soldaten und strahlen den Himmel an. Betörend der Duft, den sie verbreiten. Ich binde die Läufe meines Bocks zusammen, hänge ihn über die Schulter und mache mich auf den Nachhauseweg. Ich habe Hunger. Der Magen hängt mir in den Kniekehlen.

Erst Tage später erzählte Erika mir, dass ich, als ich den Bock in der Garage aufhängte, lauter summte als der Wind in den Wipfeln der Fichten in unserem Innenhof …

Der Bann ist gebrochen

Jeder Waidmann kennt es: Tage-, wochen-, manchmal sogar monatelang hat man „Scheiße unter den Füßen“ – stinkt meilenweit gegen den Wind. Was man auch tut, nichts klappt. Ständig kommt etwas dazwischen, das den Jagderfolg verhindert. Irgendwann jedoch geht selbst die hartnäckigste Pechsträhne zu Ende. Und genau davon handelt die folgende Geschichte:

Da die Drückjagd auf Sauen, Rehwild und Füchse im Wild-und-Hund-Testrevier an einem Freitag stattfand, entschloss ich mich, nach langer Durststrecke, das ganze Wochenende in Rheinland-Pfalz zu verbringen und drei Tage hintereinander zu jagen. Sicher würde es meiner Frau schwerfallen, ein Wochenende auf mich zu verzichten, aber, da war ich mir sicher, sie würde es überleben ...

Freitag, 4. Januar 2008. Weil die Sauen nicht nur unseren Grünflächen, sondern auch denen der Nachbarreviere arg zugesetzt hatten, sollte revierübergreifend gejagt werden. Sowohl in den Dickungen im „Dreiländereck“ Testrevier, Rettert und Forstamt Nastätten rückten wir den Schwarzkitteln mit 40 Büchsen auf die Schwarte. Treffen um 9.30 Uhr, Beginn der Treiben mit Schnallen der Hunde Punkt zehn, Hahn in Ruh um zwölf Uhr.

Das Wetter? Traumhaft: leichter Frost, Ostwind und blauer Himmel. Kaum waren die Schützen verteilt, die Hunde geschnallt, knallte es bereits gewaltig in allen Revieren. Das fing ja gut an.

Auch für mich: Leicht frierend saß ich auf meinem Sitzstock und war bis in die Fußspitzen konzentriert, als zwei Terrier in einem Brombeerhorst im Altholz Standlaut gaben. Gleich darauf schrie einer der Treiber „Sau nach vorne!“

Und schon sah ich den flüchtig anwechselnden Überläufer. Etwa 50 Kilo, schätzte ich und machte mich bereit. Immer schneller stürmte die Sau links von mir den mit Buchen bestandenen Hang hinauf.

Ich versuchte, den Schwarzkittel im zweieinhalbfachen Drückjagd-Zielfernrohr zu erfassen, aber das war gar nicht so einfach: Baumstamm, Sau, Baumstamm, Baumstamm, Sau ... Schließlich jedoch fand ich eine Lücke, und die Kugel war draußen. Der Überläufer zeichnete, flog jedoch noch schneller an mir vorbei als sowieso schon und verschwand in der Dickung.

Dank der Hilfe des mitjagenden erfahrenen Schweißhundeführers Hartmut Roth allerdings kam der 47 Kilogramm schwere Überläuferkeiler bereits nach kurzer Nachsuche zur Strecke.

Es wurde ein ausgesprochen erfolgreicher Jagdtag: Arndt, der mit seinen Hunden durchgegangen war, hatte zwei Frischlinge an seinen vierläufigen Jagdhelfern abgefangen, Markus legte einen strammen Frischling sowie ein Kitz zur Strecke, Hartmut Roth und Karl-Heinz erlegten jeweils einen Frischling, und auch ich hatte mich ja beteiligt.

Kaum, dass die Schwarzkittel versorgt waren, rückten die Jagdfreunde aus den Nachbarrevieren an und ergänzten die Strecke um zehn weitere Sauen. Dazu kam noch ein Damkalb, sodass insgesamt 16 Sauen, ein Kitz und ein Damkalb zur Strecke gelegt und verblasen wurden.

Wir waren uns einig: Gemeinsam und revierübergreifend kann auch dort den Sauen erfolgreich per Drückjagd nachgestellt werden, wo normalerweise nur die Einzeljagd möglich ist. Ganz besonders froh jedoch, das will ich gerne zugeben, war ich, dass ich endlich meine seit Wochen anhaltende Pechsträhne beendet hatte.

Am nächsten Morgen, es war Samstag, der 5. Januar, saß ich bereits eine Stunde vor Morgendämmerung auf der offenen Kanzel am Grenzholz und wollte versuchen, einen Fuchs zu erlegen. Während der abendlichen Gummipirsch eine Woche zuvor hatte ich in unmittelbarer Nähe zum Hochsitz einen kräftigen Rüden beim Mausen beobachtet.

Wieder hatte es nachts gefroren, und der beißende Ostwind bewirkte, dass ich trotz Thermo-Unterwäsche und Sorel-Winterstiefeln zitterte wie Espenlaub. Immerhin. Der Raureif auf den Wiesen sorgte bereits bei Dämmerungsbeginn für erstaunlich gute Sicht.

Nur zu gern saß ich auf der Grenzholz-Kanzel, denn dort gab es (fast) immer etwas zu sehen. Im Herbst vergangenen Jahres zum Beispiel hatte ich eine Riesenfreude an vier jungen Steinmardern, die etwa 40 Meter links von mir auf der Pferdeweide spielten.

Ständig kamen die Alten vorbei, um nach den Blagen zu sehen. Nachdem sie sich versichert hatten, dass keine Gefahr für den Nachwuchs bestand, verdrückten sie sich jedes Mal ins Dickicht. Fast eine halbe Stunde tobten die Jungen in der warmen Sonne über die Wiese, jagten durch die Büsche und balgten sich laut keckernd.

Aber Achtung! An der Hecke unterhalb des Hochsitzes bewegte sich etwas! Fuchs? Hase? Nein. Eindeutig Fuchs. Einen so langen „Schwanz“, eine so lange Lunte haben Hasen nicht. Wie weit? 80 Meter. Warten, denn der rote Freibeuter bewegte sich auf mich zu.

Immer näher kam er. Plötzlich jedoch zog er in die Hecke und war verschwunden. Verdammt! Ich hätte schießen müssen. Nein, zu früh geflucht. Genauso schnell, wie er sich verdrückt hatte, war er wieder da. Jetzt betrug die Entfernung kaum mehr als 50 Meter. Es müsste gehen. Wenn er kurz verhofft, schieße ich. Er tat mir den Gefallen. Bumm, klack. Ich hörte den Kugelschlag, und mit einem Satz schoss der Fuchs in die Hecke.

Weil ich mir absolut sicher war, getroffen zu haben, suchte ich bereits wenige Minuten später nach und fand die verendete Beute auf der anderen Seite der Hecke, kaum vier Meter vom Anschuss entfernt. Gut acht Kilogramm wog der Rüde, wie ich später feststellte.

Nachdem sich bis zehn Uhr nichts mehr tat, machte ich mich mit dem prächtigen Rotrock auf den Weg zum Auto und rief von dort aus meine Frau an, um ihr von meinem Waidmannsheil zu berichten: „Der Bann ist gebrochen!“ Sie war äußerst erfreut. „Na bitte. Dann hat sich dein Dableiben ja gelohnt.“

Sonntagmorgen, 6. Januar: Bereits lange vor dem Hellwerden machte ich mich auf den Weg zur Heide und war guter Hoffnung. Sau, Reh, Fuchs und Damwild kann hier immer kommen. Auweia: Als ich die Leiter emporstieg, erschrak ich. Früher kletterte ich die Hochsitze rauf wie ein Eichhörnchen. An diesem Tag zum ersten Mal gemächlich Stufe für Stufe. „Jetzt wirst du alt“, nuschelte ich mir in den Bart.

Woher kam der Wind? Er stand mir ins Gesicht. Gut für den Jäger, dachte ich, wohl wissend, dass das Wild durchaus in der Lage war, genauso zu denken. „Guter Wind für den Jäger? Dann bleib ich lieber im Wald.“

Zwar sah es, nachdem ich mich eingerichtet hatte, zunächst gar nicht gut aus, denn bis 10.30 Uhr ließ sich nicht einmal ein Hase blicken, aber dann, gegen elf Uhr, erschienen am 130 Meter entfernten Fichten-Altholz vor mir vier Stücke Damwild: Ein Alttier, zwei Schmaltiere sowie ein Kalb. Ständig in Bewegung, gelegentlich äsend, bewegten sie sich diagonal nach unten rechts.

Ich entschloss mich, das Kalb zu erlegen, und bereits wenige Minuten später stand es auf eine Entfernung von zirka 90 Metern breit. Weil ich die Büchse perfekt auflegen konnte, schoss ich sofort, als sich die Gelegenheit bot. Das Kalb zeichnete, stand noch etwa drei Sekunden und fiel dann ohne zu schlegeln um.

Das Alttier und die beiden Schmaltiere waren augenscheinlich irritiert, konnten wohl nicht einordnen, woher der Knall kam. Und weil ich, meines Schusses sicher, nicht durchrepetierte, sondern mich leise verhielt, zogen sie langsam und zögerlich ständig in alle Richtungen sichernd zurück in den Bestand. Erst 15 Minuten nachdem sie verschwunden waren, barg ich das Kalb. 17 Kilogramm aufgebrochen brachte es auf die Waage.

Am Abend des gleichen Tages setzte ich mich erneut auf die Leiter am Grenzholz. Vielleicht ließ sich ja noch ein weiterer Fuchs blicken?

Die innere Eingebung gab mir recht. Bei noch gutem Licht schnürte plötzlich ohne zu sichern ein relativ schwacher Fuchs aus dem Grenzholz auf die Pferdeweide links von mir und stand, mir abgewandt, wie ein Jagdhund vor. Langsam brachte ich die Büchse in Stellung, und als der Rote breit stand, ereilte ihn die Kugel. Liegt. Was für ein Lauf. Ich freute mich riesig.

Höchstens fünf Minuten später, ich konnte es kaum glauben, erschien an gleicher Stelle, wo der Fuchs auftauchte, ein zweiter. Obwohl er den Schuss gehört haben musste, war er absolut vertraut.

Und ehe ich mich versah, stand er am erlegten Freibeuter und ... begann, ihn anzuschneiden. So langsam es ging, nahm ich ihn ins Visier und ließ die Kugel erst fliegen, als er wie ein Greifvogel am Balg seines Artgenossen wild zu rupfen begann.

Weil es nunmehr fast dunkel war, nahm ich nach dem Schuss das Doppelglas an die Augen und schaute mir die Geschichte an. Was für ein Bild: Der zweite Fuchs, der Anschneider, lag verendet quer auf dem ersten. Unfassbar.

Fast hätte ich sogar noch einen dritten Fuchs bekommen, denn im allerletzten Licht erschien 40 Meter unterhalb der Leiter ein weiterer Freibeuter. Weil ich durchs Fernglas jedoch nur schemenhaft erkennen konnte, wie er ein Mauseloch nach dem anderen an der Hecke inspizierte, unterließ ich den Schuss. Schließlich verschluckte ihn die Dunkelheit.

Was für Tage. Was für Erlebnisse. Ich war voll bis zur Schädeldecke. Voll mit Erinnerungen. Deshalb setzte ich mich noch am gleichen Abend vor den PC und begann zu schreiben. Hätte ich es nicht getan, ich wäre geplatzt. „Der Bann ist gebrochen“: eine Geschichte, die ganz oben auf der Woge der Erinnerungen schwimmt.

Unter Gänsen

Es war an einem Samstag im Dezember 1991, kurz nach 13 Uhr. Mein damals vierjähriger Deutsch Drahthaar Hatz sowie mein Sohn Carsten und ich fuhren zum Rysumer Nacken in Ostfriesland und wollten versuchen, im Wattenmeer ein paar Enten, vielleicht sogar eine Gans zu schießen. Um genau zu sein: Carsten und ich. Hatz war fürs Finden und Bringen zuständig.

Kaum befanden wir uns auf dem Weg vom Wagen zum Strandhafer, wurden wir von einem Unwetter überrascht, und es begann fürchterlich zu regnen. Die Wassertropfen trommelten regelrecht auf uns hernieder. Wie kleine Granaten schlugen sie den Staub auf dem Pfad auseinander. „Der Himmel spricht mit der Erde", sagte Carsten und versetzte mich mit dieser Aussage in Erstaunen. Was für ein schönes Bild. Der Himmel spricht mit der Erde.

Umdrehen? Nicht im Traum dachten wir daran. Kragen hoch, Hut ins Gesicht. Weiter. Auch Hatz, der unbeirrt an der Leine seewärts zog, hätte sich mit allen vieren geweigert, zurückzugehen. Wir hätten ihn tragen müssen.

Jetzt galt es, ein riesiges Schilfstück zu durchqueren. Der Schlick unter unseren Füßen schien zu leben, gab, in ewiger Gärung befindlich, regelrechte Schmatzlaute von sich. Wohl an die 20 Möwen über uns schrien sich die Kehle aus dem Hals.

Unmittelbar darauf hörte es zwar auf zu regnen, aber es begann zu stürmen. Derart stark, dass wir uns, als wären wir betrunken, nur schwankend vorwärtsbewegen konnten. Wild rissen die Böen das letzte Laub aus den spärlichen Büschen und schleuderten es durch die Luft. Kein Problem. Ich mochte es schon immer, das wilde Fauchen des Windes.

Hatz schien das alles nichts auszumachen. Wie es sich für einen Jagdhund gehört, zog er unbeirrbar den Weg entlang, den er bereits des Öfteren mit uns gegangen war. Als ich ein wenig langsamer ging, wurde die Leine stramm. „Streng dich gefälligst an, du Weichei!“

Schließlich jedoch beruhigte sich das Wetter, und wir schmunzelten über einen Fasanenhahn, der sich kaum 50 Meter entfernt mehrmals laut krähend mit Inbrunst das Wasser aus dem Gefieder schüttelte. Fünf Minuten später saßen wir im Abstand von 40 Metern bei guter Deckung an den ausgeguckten Stellen im Schilf und luden die Flinten. Hatz, er kannte es, blieb heute bei Carsten, denn in der Woche zuvor hatte ich ihn in Beschlag genommen.

14.30 Uhr: Völlig unvermittelt und eigentlich zur Unzeit flog laut kakelnd ein Pulk Graugänse lediglich 30 Meter hoch von See her auf uns zu. Mir kamen sie etwas zu weit links, zu weit für sichere Schüsse, aber Carsten stand goldrichtig, und es gelang ihm, zwei Graugänse vom Himmel zu pflücken. Eine pieksaubere Dublette. Nicht bummbumm knallte es, sondern bumm ... bumm. Richtig stolz war ich auf meinen Sohn. Und auf meinen Hund, der ihm ohne viel Getue erst die eine, dann die andere Gans vorschriftsmäßig brachte.

Weil sich in der nächsten halben Stunde nichts tat, schaute ich mich intensiv um und genoss die Stimmung: Die Salzwiesen, in denen wir uns befanden, waren durchsetzt von Binsen und Schilfgürteln. Ein Lebensraum der ganz besonderen Art. Strandastern, -flieder und -hafer, wohin ich auch sah. Hier draußen zu jagen, selbst bei Sturm und Wind, war einfach nur grandios. Es machte nicht nur mir, sondern auch Carsten große Freude. Von Hatz ganz zu schweigen. Er hätte im Watt übernachtet.

Schließlich erhob ich mich kurz, um einen Blick auf die offene See zu erlangen, sackte jedoch sofort wieder auf meinen Sitz zurück und umfasste die Flinte. Eine einzelne Graugans segelte kaum 20 Meter hoch direkt auf mich zu. Ich wartete, bis sie nah genug heran war, und schon verließen die dreieinhalb Millimeter dicken Schrote den Lauf. Der erste Schuss ging zwar daneben, aber nach dem zweiten zeichnete die Gans und segelte etwa 300 Meter weiter. Dann jedoch ging sie unartikuliert mit den Flügeln flatternd zu Boden.

Genau in diesem Moment schnallte Carsten Hatz, und der schien regelrecht über die Salzwiesen in Richtung der Landebahn der Gans zu fliegen. Eigentlich von Natur aus eher ruhig und bedächtig, über den Dingen stehend, konnte er, wenn erforderlich, sehr, sehr schnell sein, was er wieder einmal eindrucksvoll unter Beweis stellte.

Bereits nach wenigen Minuten brachte er mit leuchtenden Augen und hocherhobenem Haupt die Gans. Nicht mir. Carsten. Egal wer geschossen hatte. Heute war Carsten sein Herrchen.

Selbst auf die Entfernung von 40 Metern sah ich, dass Carsten aus der mitgebrachten Flasche frisches Wasser in seine linke Hand goss und Hatz saufen ließ. „Gut gemacht, mein Hund."

In der Ferne erschienen seewärts Enten. Welche Art, war nicht zu erkennen. Sie flogen weit an uns vorbei in Richtung Emden. Wie eine dunkle Wolke brauste ein Schof Krickenten heran. Die Läufe jedoch blieben blank. Viel zu weit. Schwerfällig klafterte ein Graureiher vorbei.

Zehn Minuten später zogen Carsten und ich nahezu gleichzeitig die Köpfe ein, und Hatz erstarrte zur Salzsäule. Mindestens 50 Gänse steuerten, aus Holland kommend, exakt in unsere Richtung.

Wahnsinn: Als sie genau in der Mitte zwischen mir und Carsten in Schusshöhe flogen und ich den Wind unter ihren Schwingen pfeifen hörte, erlegten Carsten und ich nahezu gleichzeitig jeweils eine Gans. Wortlos formte ich Daumen und Zeigefinger der rechten Hand zu einem Kreis und winkte. Sohnemann tat es mir gleich. Wieder brachte Hatz meine Gans zu Carsten. Mir sollte es recht sein. Wer die Gans hat, muss sie auch tragen.

Pause. Ziemlich hastig trank ich eine Tasse heißen Tee aus der Thermoskanne und aß das mitgebrachte Wurstbrötchen. Carsten teilte sein Brötchen mit Hatz. Nicht nur mein Hund und ich, auch Carsten und Hatz waren ein Herz und eine Seele.

Und noch einmal an diesem denkwürdigen Jagdtag wurde mir bewusst, was für ein Glück wir mit unserem vierläufigen Freund hatten. Er besaß, ich kann das ohne jegliche Übertreibung sagen, regelrechten Jagdverstand: Als Carsten aus einem Schof Stockenten zwei Erpel herausschoss, landete die eine verendet auf dem Boden, die andere war nur geflügelt. Nach dem Schnallen kümmerte sich Hatz in keinster Weise um die verendete, sondern suchte zunächst die noch lebende. Als er sie schließlich im dichten Strandhafer gefunden hatte, brachte er sie meinem Sohn und machte sich dann, wesentlich langsamer als zuvor, auf den Weg, die verendete Ente zu holen. Kluger Hatz. Was würden wir nur ohne dich machen?

Auch Carsten war in seinem Element. Wie sagte er noch? „Am liebsten jage ich, was zwei Ständer hat und fliegen kann." Die Erlegung von Vierbeinern dagegen macht ihm nicht annähernd so viel Spaß.

Erst als wabernde Nebelwände die Leuchtkraft der Sonne gebrochen hatten, als es fast dunkel war, machten wir drei „Dreckschweine", jedenfalls sahen wir so aus, uns schwer mit Beute bepackt auf den Nachhauseweg. Kaum hatten wir uns in Bewegung gesetzt, begann es wiederum zu regnen. Zunächst nur leicht, dann jedoch richtig heftig. Na und? Wir waren bester Laune und freuten uns unseres Jägerlebens. Lediglich Hatz schien ein wenig mürrisch zu sein. Sicher wäre er gern noch etwas länger geblieben.

Kurz bevor wir das Auto erreichten, verharrte Carsten vor einer großen Buche und lauschte andächtig den Geräuschen der Regentropfen, die kaum hörbar von den Zweigen des Baums aufs nasse Laub am Boden fielen. Musik in seinen Ohren ...

Reizendes Luder

Reizendes Luder? Nein. Mit reizendem Luder meine ich keine „Blume der Nacht“, sondern die Lockwirkung, die von Luderplätzen ausgeht. Füchse, Waschbären, Marderhunde, Dachse, Stein- und Baummarder, Iltisse, Wiesel, Sauen ... Reines Raubwild und Allesfresser werden magisch angezogen: „Hier gibt es etwas zu fressen.“

Zwar habe ich in den vergangenen Jahrzehnten so manchen Räuber am Luderplatz erlegt, drei Vorkommnisse jedoch stellen alle anderen in den Schatten:

Seit Anfang November hatte ich drei Wochen lang gut 20 Meter von der geschlossenen Kanzel entfernt in unmittelbarer Nähe eines kleinen Wäldchens mehrmals wöchentlich Luder vergraben und mit Freude festgestellt, dass es regelmäßig ausgebuddelt wurde. Den Spuren nach mussten sich Füchse und Marder eingestellt haben.

Schließlich war es so weit. Ende November setzte ich mich bereits vor Beginn der Abenddämmerung auf die Kanzel und wollte, wenn es sein musste, die ganze Nacht ansitzen. Dazu allerdings, ich darf es vorwegnehmen, kam es nicht. Eine Rabenkrähe, die sich unter einem Apfelbaum eingefunden hatte und wie ein Specht Löcher in die Äpfel hackte, um ihren Vitaminbedarf zu decken, blieb unbeschossen.

Seltsam. Gestern noch hatte ich einen fürchterlichen Schnupfen und fühlte mich schlapp. Heute, in freier Natur, ging es mir gut, und das trotz nasser Füße, die ich mir beim Anmarsch geholt hatte, und trotz des nasskalten Windes, der mir ins Gesicht blies.

Den ersten Adrenalinstoß erhielt ich bereits eine halbe Stunde, nachdem der fast volle Mond aufgegangen war. Urplötzlich, ohne dass ich ihn hatte kommen sehen, stand ein Fuchs am Luderplatz und begann zu scharren. Unverkennbar: Das machte er nicht zum ersten Mal. Sicher hatte er sich in den vergangenen Wochen dort mehrmals den Bauch vollgeschlagen.

Lautlos hob ich die bereits entsicherte Flinte, legte den Vorderschaft auf das Filzstück der Ablage und schoss, als der Fuchs breit stand, über Kimme und Korn. Wwwummm! Nachdem das Mündungsfeuer erloschen war, atmete ich erleichtert auf. Der rote Freibeuter lag.

So leise es ging, baumte ich ab, holte den Fuchs und legte ihn unter den Hochsitz. Drei Minuten später hatte ich eine neue Patrone im Lauf und mich erneut eingerichtet. Wer weiß, vielleicht passiert ja noch etwas?

Zunächst allerdings tat sich absolut nichts. Lediglich eine Eule drehte ein paar Runden um den Sitz, bevor sie sich in andere Gefilde verdrückte. Nach etwa eineinhalb Stunden dann der nächste Höhepunkt. Und wieder hatte ich das Raubwild, das sich jetzt am Luderplatz zu schaffen machte, nicht kommen gesehen. Das unaufhörliche Kratzen jedoch war nicht zu überhören. Ein Marder!

Trotz nunmehr hervorragenden Lichts konnte ich nicht erkennen, ob es sich um einen Stein- oder Baummarder handelte. Das jedoch sollte sich schon bald ändern, denn nach dem Schuss mit den drei Millimeter starken Schroten sah ich mir den auf der Stelle verendeten nächtlichen Räuber an: Es war ein starker Steinmarder. „Ein männlicher Rüde“, hätte meine Frau gesagt.

Na bitte, einen Fuchs und einen Marder hatte ich in einer Nacht bis dato noch nie überlistet. Ich legte ihn neben den Fuchs und war ausgesprochen zufrieden mit der Ausbeute. „Eine Stunde noch“, nuschelte ich mir in den Bart, „dann gehe ich nach Hause. Dann ist es gut gewesen.“

Ich war richtig froh, dass der Rüde sofort verendet war. Ein anderer Steinmarder, der erst kürzlich in der Nähe von Emden während seines nächtlichen Raubzuges auf einer kleinen, gegossenen

Garten-Statue herumwuselte, hatte dieses Glück nicht. Die Figur stürzte um und drückte ihn genau in der Mitte seines Körpers derart unglücklich ins Gras, dass er sich nicht mehr befreien konnte. Erst am nächsten Morgen wurde er verendet aufgefunden. Die Kratzspuren an der Statue und im Gras zeugten von seinem tragischen Überlebenskampf.

Verdorri! Wieder machte sich etwas Marderartiges am Luderplatz zu schaffen. Noch ein Steinmarder? Die Größe kam hin. Weil sich der Himmel inzwischen zugezogen hatte, konnte ich trotz des lichtstarken Fernglases nicht erkennen, welches Wild da vor mir versuchte, den Schatz auszugraben.

Aber das war kein Problem, denn alle Räuber hatten Schusszeit. Die hier vorkommende Wildkatze ließ sich aufgrund der Größe ausschließen. Und dann tat ich etwas, was ich bisher noch nie getan hatte. Ich schoss, ohne genau zu wissen auf was.

Der Blick nach dem Schuss durchs Fernglas allerdings machte mir Sorgen. Ich sah nichts. Hatte ich gefehlt? Zweifel kamen auf, und ich musste mich zwingen, ein paar Minuten zu warten, bevor ich nachschaute.

Schweiß. Eindeutig Schweiß. Weil ich aufgrund der drei Schüsse, die ich abgegeben hatte, kaum damit rechnete, dass sich noch etwas tat in dieser Nacht, kramte ich die Taschenlampe aus dem Rucksack und begann mit der Nachsuche.

Die Schweißfährte führte schnurstracks in den Wald, endete jedoch bereits nach nicht einmal zehn Metern. Da lag er. Ein Iltis. Mein erster Iltis.

Was für ein Abend. Was für eine Nacht. Klar, dass ich alle drei Bälge der Räuber gerben ließ und als Erinnerung an diese Jagd hintereinander auf einen Haken hängte. Die Schädel kochte ich ab, und auch sie bereichern seitdem meine Sammlung.

Die zweite besondere Luderplatz-Geschichte trug sich Ende Oktober des folgenden Jahres zu. Ich versuch' mal, sie zusammenzubasteln:

Hamburg. 16 Uhr. Die Arbeit ist getan. Ausnahmsweise verdrücke ich mich ein paar Stunden früher als normal. Ich will zur offenen Kanzel am Luderplatz im Revier eines Freundes in der Lüneburger Heide.

Rushhour. Hauptverkehrszeit. Stress. Nur langsam komme ich voran. Die Menschen in ihren Blechkisten scheinen immer bekloppter zu werden. Bei Grün bleiben sie stehen, bei Rot geben sie Vollgas, um noch über die Kreuzung zu gelangen. Auf der gut ausgebauten Landstraße fährt eine alte Dame gleichmäßig 60. Weil starker Gegenverkehr herrscht, kann ich sie erst Minuten später überholen.

Schweißgebadet stehe ich mit hochrotem Kopf gut eine Stunde später im Dunkeln vor dem Hochsitz und muss erst einmal verschnaufen. Ich lehne die Flinte an die Leiter und atme mehrmals nacheinander tief durch. Und dann, o Wunder, geht es mir von einer Sekunde zur anderen richtig gut. Nachdem ich den Luderplatz frisch beschickt habe, beziehe ich meine „Wohnung", und die Jagd kann beginnen.

Ob sich der Luntenlose, ein alter Fuchs, den ich vor einem halben Jahr zum letzen Mal sah, wohl blicken lässt? Ich wage es zu hoffen, bin jedoch eher skeptisch. „Vielleicht lebt er ja gar nicht mehr?"

Ha! Gegen 20.30 Uhr stellt sich bei nunmehr hervorragendem Mondlicht vorsichtig heranschnürend ein roter Schelm ein. So langsam es geht, hebe ich das Fernglas an die Augen und freue mich. Tatsächlich: der Luntenlose. Fast jämmerlich sieht er aus, so ganz ohne Standarte. Keine Ahnung, wie er sie verloren hat.

Aber er ist im wahrsten Sinne des Wortes ein alter Fuchs. Hellwach, ausgeschlafen, ständig sichernd. Der Wind steht gut, und er schöpft keinen Verdacht. Soeben am Luderplatz angekommen, beginnt er zu buddeln. Ich gehe in Anschlag, habe ihn schon fast ihm Absehen ... und zucke zusammen.

Auch Reineke erschrickt und wirft auf. Allerdings nicht meinetwegen. Wie ein Moschusochse poltert in atemberaubendem Tempo ein Dachs an die Kirrung und versetzt den Fuchs in höchste Alarmbereitschaft. Sicher wird er Schmalzmanns Übermacht weichen.

Die nächsten Sekunden werde ich mein Lebtag nicht vergessen, denn wie ich es fertiggebracht habe, bei nur schleierhaftem Mondlicht zunächst den Luntenlosen und dann auch den Dachs noch zu erlegen, ist mir selbst heute, viele Jahre später, ein Rätsel. Sicher hatte ich eine gehörige Portion Glück. Jedenfalls erfüllten die 3,5 Millimeter starken Schrote ihren Sinn. Der Fuchs lag im Feuer, der Dachs lediglich sechs Meter vom Anschuss entfernt.

Aber auch die dritte Begebenheit ist unvergessen: Es war am 10. Januar 1987. Bereits zwei Stunden vor Sonnenaufgang saß ich in Ostfriesland auf der Kanzel vor einem regelmäßig beschickten Luderplatz. Zwar war der Schnee bereits eine Woche zuvor geschmolzen, aber aufgrund der immer noch nasskalten Witterung und des Ostwinds dauerte es nicht lange, und ich begann zu zittern.

Immer wieder schaute ich durchs Fernglas, konnte jedoch wegen des gespenstischen Dunstes über den Wiesen kaum etwas erkennen. Die Sträucher und Büsche in einer Entfernung von etwa 50 Metern sahen aus wie Seeräuber.

Aber Achtung. War da nicht etwas? Ja. Unverkennbar, ein Fuchs. Ob er zum Luderplatz kommt? Nein. Den Gefallen tat er mir nicht. Als hätte er geahnt, dass ich lediglich die Schrotflinte dabeihatte, schliefte er etwa 80 Meter entfernt langsam in seinen mir wohlbekannten Bau ein. Alter Schlaumeier. Nun denn. Demnächst werden Johann und ich ihm den Teckel auf den Hals schicken.

Schließlich wurde es zusehends heller. Auch wenn sich die Sonne hinter dicken Regenwolken versteckte. Im Nachbarrevier entdeckte ich einen Sprung Rehe. Neun an der Zahl. Sieben ästen, zwei sicherten.

„Penner! Konzentrier dich." Am Luderplatz fiel eine Rabenkrähe ein und drehte den Hals wie eine Eule. Jetzt bloß nicht bewegen. Wenigstens war ich hinter dem bewährten Bundeswehr-Tarnnetz nur schwerlich auszumachen. Ich gewann das Spiel: Als der große schwarze Vogel glaubte, die Luft wäre rein, versuchte er, mir abgewandt, mit dem Schnabel in der Erde stochernd, an Futter zu gelangen. Diese Unaufmerksamkeit nutzte ich. Vorsichtig hob ich die

Flinte und schoss. Nur kurz noch schlug er mit den Flügeln, dann war er im Rabenhimmel.

Neun Uhr. Ein Graureiher fiel im Graben vor mir ein. Minuten später sah ich, wie er zustieß und einen kleinen Weißfisch erbeutete. Im 30 Meter entfernten Holunderbusch hüpfte eine Elster aufgeregt von einem Ast zum anderen. Dann jedoch traute sie sich, flog zum Luderplatz. Noch bevor sie landete, holten sie meine Schrote aus der Luft.

Zwar hatte ich keinen Fuchs erwischt, aber eine Rabenkrähe und eine Elster sind ja auch nicht schlecht. Sie konnten keine Nester mehr ausheben. Eine halbe Stunde noch, dachte ich, dann geht's nach Hause. Frühstück bei Erika, frei nach Frühstück bei Tiffany. Tee mit Kluntjes und Sahne, vier halbe Körnerbrötchen mit Erdbeermarmelade, zwei gekochte Eier ... Was geht's uns doch gut.

Dann jedoch erstarrte ich. Ein bis auf die schwarze Luntenspitze schneeweißes Großes Wiesel schickte sich an, die erlegte Rabenkrähe zu klauen. Wie kann man nur so blöd sein? Ohne mir etwas dabei zu denken, hatte ich beide Vögel etwa zehn Meter links der Kanzel unter einen Busch gelegt.

Was für ein Bild, das weiße Wiesel mit der pechschwarzen Rabenkrähe im Fang. Jetzt wusste ich, woher der Ausdruck „flink wie ein Wiesel" kam, denn ich musste mich gewaltig sputen, die Flinte anzubacken, mitzuziehen und zu schießen. Zum Glück: Der kleine Räuber war auf der Stelle verendet.

Als ich mich ihm näherte, hatte er die Krähe noch im Fang. Drei verschiedene Spezies am Luderplatz: Dankbar, einen weiteren spannenden Jagdtag erlebt zu haben, packte ich meine Sachen und machte mich auf den Weg nach Hause.

Fuchs, Bau, Einschliefen? Die Geschichte ging mir natürlich nicht aus dem Sinn, und so kam es, dass Johann und ich am Vormittag des folgenden Samstags versuchten, dem Bewohner der Burg auf den Balg zu rücken. Zwar war Johanns Teckelhündin Anna noch sehr jung, aber sechs Füchse hatte sie bereits aus dem Bau geekelt, die allesamt erlegt wurden.

Standlaut. Bereits wenige Minuten, nachdem Anna in den Bau eingeschlieft war, hörten wir sie Laut geben. Unaufhörlich: „Jiff, jiff, jiff, jiff, jiff ...“ Absolut unbeweglich standen Johann und ich im Abstand von 20 Metern hinter den beiden Röhren des Naturbaus. Eisigkalt blies uns der Wind ins Gesicht. Der Blick zum Himmel verhieß nichts Gutes. Wir hatten es im Urin. Nicht mehr lange, und es würde schneien. Längst hatten wir die Flinten entsichert und waren konzentriert bis in die Zehenspitzen.

Plötzlich verstummte Anna. Leises Rumpeln drang an unsere Ohren, und schon schoss der Rotrock wie eine Rakete aus dem Bau und versuchte sich zu verdrücken. Bumm, bumm. Vorbei, vorbei. Viel zu überhastet hatte ich geschossen. Johann jedoch machte es besser. Bumm, und der Räuber zeichnete. Getroffen flüchtete er unter eine Brombeerhecke. Anna jiffend hinterher. Noch kurz vernahmen wir das Keckern des Fuchses, dann herrschte Ruhe. Absolute Ruhe.

„Komm Anna!“, rief Johann. Und tatsächlich. Anna kam. „Reineke liegt“, sagte er. „Sonst wäre sie nicht gekommen.“ Richtig: Bereits nach kurzer Suche fanden wir den verendeten Fuchs. Einen wunderschönen gut acht Kilogramm schweren Rüden mit reifem Balg.

Die Kollegensau

Die Kollegensau? Aber nicht doch. Hier wird keine schmutzige Wäsche gewaschen. Gemeint ist eine Weihnachtsbraten-Sau für meine vier Kollegen in der Redaktion Fisch & Fang. Bereits Anfang Oktober hatte ich ihnen versprochen, im Wild-und-Hund-Revier eine zu schießen und so zu zerwirken, dass alle – schön eingeschweißt – annähernd gleich schwere Portionen erhielten. „Was Besseres als Wildschweinbraten", sagte ich, „gibt es nicht."

Und dann begann das Drama. Sowohl bei gutem als auch bei schlechtem Mond war ich fast täglich draußen und blieb sogar in der Neumond-Phase so lange sitzen, bis mich die rabenschwarze Nacht zum Aufbruch mahnte. Aber was ich auch tat, wo auch immer ich mich hinhockte, die Sauen waren woanders.

Als ich am Waldrand vor einer Wiese saß, kamen sie an die Kirrung. Als ich dort mein Glück versuchte, brachen sie im Unterholz. Als ich mich daraufhin in der Dickung auf die Lauer legte, pflügten sie die Wiese um ...

Es war zum Verzweifeln. Eine Katastrophe. „Du Akki, gibt es im Revier keine Sauen mehr?" Auweia, dachte ich, denn die Frotzeleien nahmen zu: „Na ja, dann kaufen wir uns eben zu Weihnachten eine polnische Gans."

Das konnte ich nicht auf mir sitzen lassen. Ich versuchte mein Glück von der Nussbaumleiter am Rande eines 15 Hektar großen Wäldchens aus, vom Vaugus-Drückjagd-Dreieck sowie von einem meiner Lieblingssitze, der „Blauen Lagune". Was hatte ich von dieser Leiter aus nicht schon alles erlegt? Rehwild, Damwild, Sauen, Füchse, einen Dachs und sogar einen Weihnachtshasen mit der Kugel. Jetzt jedoch sollte es eine Sau sein. Erfolg? Null.

Ob die kurzfristig im Revier angesetzte, gemeinschaftliche Maisjagd mein Problem löst? Gleich in drei Schlägen sollten sie stecken, die Sauen. Zum Vorschein jedoch kamen lediglich zwei Füchse und fünf Rehe. Also wieder nichts.

Dann ging's auf die „Zungenwiese", den Sitz mit vorgelagerter zungenförmiger Weide in den Bestand hinein. Wieder nichts. Die „Lange Linie"! Fast hätte ich sie vergessen. Sie steht im Feldteil des Reviers, zu dem ein weitläufiges Grabensystem sowie ein langer Hang gehören. Auch dort saß ich mir den Hintern platt.

„Geiersberg"! Immer einen Versuch wert. Die Kanzel steht in einer der besten Ecken des Reviers. Dort herrscht weitestgehend Ruhe, und das Wild ist zum Teil sogar tagsüber äsend auf der lang gestreckten von Wald eingefassten Wiese anzutreffen. Wieder nichts.

Daraufhin versuchte ich auf dem „Katzenbuckel" in Sichtweite zum Geiersberg Sauenkontakt zu bekommen. Auf einer Kuppe errichtet, bietet er einen herrlichen Blick fast über das ganze Revier. Zwei Jahre zuvor war es mir gelungen, von diesem Sitz aus an einem Vollmondabend zunächst einen Fuchs zu reizen und zwei Stunden später eine Frischlingsbache mit einem Gewicht von 29 Kilogramm zu erlegen. Aber der neuerliche Ansitz blieb erfolglos.

Die „Heide"! Von dieser Kanzel aus habe ich das mit Abstand meiste Wild im Testrevier erlegt. Diese geschlossene Kanzel schloss ich, genau wie das „Wasserhaus" am Limes, regelrecht in mein Herz. Fünf Meter hoch, mitten im Revier, keine lärmenden Autos, keine Spaziergänger, keine Jogger, keine Reiter ... Aber auch der nun folgende Marathon-Ansitz nutzte nichts. Die Sauen waren woanders.

Mittlerweile hatten wir Ende November, und ich nahm die Sache noch intensiver in Angriff als sowieso schon. Immerhin, der fast halb volle, zunehmende Mond spendete bereits gutes Licht. Nun, an einem Freitagnachmittag, galt es. Ich wollte sehen, dass ich aus dieser Nummer rauskam.

„Akki, Staatsgrenze", pinselte ich bereits kurz vor 16 Uhr mit dem Kugelschreiber ins Ansitzbuch im Briefkasten bei Schleimer und schaute von dort aus noch kurz mit dem Fernglas übers Revier. Schlechte Sicht. Es war nasskalt und stark bewölkt. Und ehe ich mich versah, begann es auch schon fürchterlich zu regnen. Um das Ende des Schauers abzuwarten, setzte ich mich ins Auto und hörte ein wenig Musik.

Gleich nachdem sich die Wolken entleert hatten, geriet ich regelrecht in Verzückung. Zwei übereinanderstehende Regenbogen spannten sich, mit dem Mittelpunkt Spriestersbacher Hof, halbkreisförmig über das Revier. Eine Augenweide. So intensiv hatte ich dort nie zuvor einen, geschweige denn zwei Regenbogen gleichzeitig gesehen. Ein Jammer, dass ich keinen Fotoapparat dabeihatte.

Erst Minuten nachdem die Regenbogen verblasst waren, machte ich mich auf den Weg zur offenen, jedoch mit einem Dach versehenen Kanzel mitten im Wald. Die Kirrung, die ich selbst beschickt hatte, und die sich exakt 45 Meter entfernt befand, war seit Tagen stark frequentiert worden. Nicht nur von Sauen, auch Damwild und Dachse gaben sich ihr Stelldichein.

Als ich den Wagen etwa 500 Meter entfernt geparkt hatte, kamen mir auf dem Weg zur Kanzel sechs Stockenten entgegen. Stockenten? Ja. Mittelalte bis alte Damen. Sie watschelten mit ihren Hintern wie Enten und hatten Stöcke in den Händen, die sie während ihres Vorwärtsdrangs unaufhörlich kraftvoll in den Boden des Waldwegs stießen. Zauberhaft. Hinreißend.

Die jüngeren der „Wasservögel" waren besonders zielstrebig. Die älteren dagegen hatten bereits schwer zu kämpfen, um den Anschluss zu halten. Oft schon waren sie mir begegnet, und dementsprechend freundlich fiel die Begrüßung aus. „Na, meine Damen. Sogar bei diesem Sauwetter unterwegs?" – „Na, alter Mann. Immer noch auf der Jagd nach dem Weihnachtsbraten?"

Was sie nicht wussten, ich hatte ihnen Namen gegeben. Die mit den roten Haaren hieß „Ferrari", die kleine Dicke „Pummelchen", die große Schlanke „Marterpfahl", die mit den schwarzen Haaren „Blacky", die Jüngste „Flitzer" und die Älteste „Nachzügler". Ich komme vom Thema ab ...

Eine Viertelstunde später, noch vor Dämmerungsbeginn, hatte ich mich auf der Staatsgrenze eingerichtet. Den Namen erhielt die Kanzel, weil sie sich in der Nähe der Grenze zum Staatsrevier befand. Sieben Sauen hatte ich von dort aus in den vergangenen Jahren bereits erlegt. Ob es ein achtes Mal klappen würde?

Boah, war das kalt! Der Wind kam schräg von vorn, und es zog an allen Ecken und Kanten, denn zwischen den Brettern, mit denen der Sitz verblendet war, befanden sich große Luftlöcher.

Als das Licht schwächer wurde, erschienen oben rechts in einer Entfernung von etwa 80 Metern drei Rehe. Eine Ricke mit ihren Kitzen. Sie hatten Glück. Heute galt es nur den Sauen. Als sie in der Dickung verschwunden waren, folgte ihnen, mehr zögerlich als zielstrebig, ein Jährling mit kaum mehr als drei Zentimeter langen Spießen. Er hatte sich durchgemogelt, kam mir zum ersten Mal in Anblick.

Leises Rascheln von links: Ein kräftiger Waldhase schickte sich an, bessere Weidegründe aufzusuchen. Achtung! Kratzgeräusche! Fast eine Minute erstarrte ich zur Salzsäule, dann sah ich ihn. Einen im Unterholz scharrenden Fuchs. Den allerdings wollte ich nicht laufen lassen, sondern hob die Büchse, um mich fertig zu machen. Fleitjepiepen. Denkste. Ich hatte die Rechnung ohne Reineke Voss gemacht. Er eräugte mich und war im Nu verschwunden. Mein lieber Schwan. Heute war richtig was los an der „Staatsgrenze“.

Schließlich breitete sich leichter Nebel über dem Waldboden aus, zog in Schleiern Richtung Waldweg, dahin, wo ich das Auto geparkt hatte. Elfentanz!

Besuch von oben. Völlig unvermittelt landete ein Käfer auf dem linken Ärmel meiner Faserpelzjacke. Kaum gelandet, wischte ich ihn herunter. Meine geliebte Faserpelzjacke. Neun Jahre alt war sie, und nur, weil sie unter den Ärmelansätzen und an den Taschen ein wenig aufgerissen war und der Reißverschluss gelegentlich klemmte, wollte sie meine Frau wegwerfen. Natürlich protestierte ich. Heute, wo ich diese Zeilen schreibe, ist sie bereits 15 Jahre alt und immer noch fast wie neu ...

Zurück zur Jagd: Zwei Stunden später, längst hatte sich die Sonne verabschiedet, begann der hinter den Fichten aufgegangene halbe Mond, die Szenerie zu erhellen. Immer deutlicher erschienen die Konturen im Bereich der Kirrung. Jeden Baumstumpf kannte ich, jeden Stein, unter dem sich leckerer Mais befand. Nirgends eine Bewegung.

Von wegen. Als ich gewohnheitsgemäß den Bereich ablichtete, erschien Schmalzmann. Und zwar ein gewaltiger Bursche. Schätzungsweise 30 Pfund schwer. Er wusste genau, wo er suchen musste, war sicher nicht zum ersten Mal an der Kirrung. Auch er hatte Glück, denn er darf in Rheinland-Pfalz nur in den Monaten von August bis Oktober erlegt werden.

Hoffentlich plündert er nicht die ganze Kirrung, dachte ich gerade, als ich lautes Ästeknacken vernahm. Sauen? Auf jeden Fall schweres Wild. Ohne dass ich gesehen hatte, in welche Richtung, war der Dachs von der Bildfläche verschwunden. „Schisshase."

Und wieder knackte es. Mein Puls beschleunigte sich. Schon hatte ich das Glas an den Augen und schaute in die Richtung, aus der die Geräusche kamen. Tatsächlich. Ehe ich mich versah, befanden sich vier etwa gleich große Sauen an der Kirrung und machten sich bei nunmehr richtig gutem Mondlicht ohne Argwohn über den Mais und die Walnüsse her. Letztere hatte ich nur für den „Notfall" ausgebracht. Wenn ich wider Erwarten eingeschlafen wäre, hätten mich die Sauen durch die Geräusche beim Nüsseknacken geweckt ...

Nur Sekunden später stand, wie hingezaubert, eine fünfte Sau am Salzleckstein. Wieder die gleiche Größe. Überläufer, tippte ich, jeweils zirka 40 Kilo schwer. Sauen. Endlich Sauen!

Längst befand sich die Büchse auf einem breiten, mit einem großen Filzstück versehenen Brett, das ich in weiser Voraussicht links und rechts auf zwei Fensteröffnungen gelegt hatte. Mein Puls jagte und dröhnte in den Ohren, das Herz polterte in der Brust wie ein Klabautermann. Jetzt bloß kein Jägerschütteln bekommen.

Während ich in Anschlag ging und mich am Sitz förmlich festsaugte, um einen sicheren Schuss abgeben zu können, hielten die schmatzenden Geräusche der Sauen an der Kirrung an. Mit bloßen Augen erkannte ich, wie sie sich den Weidsack vollschlugen. Nur kurz musste ich durchs Zielfernrohr schauen und entschied mich spontan für die ganz rechts breit stehende Sau.

Alle paar Sekunden hob sie den Kopf, um zu sichern. Als sie das nächste Mal zu fressen begann, stach ich ein, und als sie wiederum die Lage peilte ... schob sich eine Wolke vor den Mond, und ich konnte die Sau nur noch schemenhaft erkennen. Leicht bedeckter Himmel senkt zwar die Helligkeit, bewirkt jedoch diffuses Licht mit gleichmäßiger Ausleuchtung ohne Schlagschatten. Jetzt allerdings war die Wolkendecke ein wenig zu dicht, um einen sicheren Schuss abzugeben. „Du Blödmann!“, schoss es mir durch den Kopf. „Wie lange gehst du jetzt schon auf die Jagd, warum hast du so lange gewartet?“

Aber ich hatte Glück. Kaum eine Minute später gab die Wolke den Halbmond wieder frei, und auch die Schwarzkittel waren noch da. Wieder einmal bewährte sich das 56er Objektiv meines Zielfernrohrs, signalisierte eindeutig: „Es geht“.

Angstschweiß lief mir von der Stirn. Es war lange her, dass ich diese Flüssigkeit daran hindern musste, mir in die Augen zu laufen. Als die ganz links mampfende Sau breit stand, und ehe ein weiteres Malheur passierte, war der Schuss draußen.

Aufgrund des Mündungsfeuers konnte ich zwar kurzzeitig nichts sehen, hörte jedoch, als die Geräusche der davonbrechenden Sauen verklungen waren, mehrmals Laute, die ich als Zusammenbrechen des beschossenen Wildes deutete. Ich hatte ein gutes Gefühl, war sicher, gut abgekommen zu sein.

Etwa 15 Minuten hielt ich es noch aus, dann jedoch baumte ich ab und begab mich mit Waffe und Taschenlampe in den Händen zum Anschuss. Erleichterung: Schweiß. Wie mit der Gießkanne gegossen.

Es war ein Leichtes, der Wundfährte zu folgen, und bereits nach 15 Metern stand ich vor der Sau. Ein Überlauferkeiler mit einem Gewicht von aufgebrochen 47 Kilogramm, wie sich später in der Wildkammer herausstellte. „Gut geschätzt, alter Knabe“, redete ich

Kaum 30 Meter vom Anschuss entfernt fand Laszlo den fünfjährigen Abschusshirsch und war genauso begeistert wie ich.

Klare Sache! Wer zum ersten Mal einen Hirsch schießt, muss zum Hirschjäger geschlagen werden.

Birkhahn und -henne! Auch Vierläufer „Neck“ freut sich über meine Jagderfolge in Norwegen.

Harold und mich verbindet eine tiefe Freundschaft. Ich habe viel von ihm gelernt.

Eine Birkhenne, zwei Schneehühner – das Abendessen ist gesichert!

mit mir. „Gott, ist das einfach, eine Sau zu schießen. Mindestens drei polnischen Gänsen habe ich das Leben gerettet."

Und genau in dem Moment, als ich nach oben schaute, um mich bei Diana zu bedanken, schob sich eine weitere dunkle Wolke vor den Mond, sodass ich die Sau im Schein der Taschenlampe über zahlreiches Astwerk hinweg zum Auto schleppen musste. Ganz so einfach wollte es mir Diana heute Nacht wohl doch nicht machen ...

Die Fahrt mit der Sau im Kofferraum von Obertiefenbach nach Singhofen war ein Traum. Zwar befand ich mich gerade mal in einer Höhe von 280 Metern über dem Meeresspiegel, aber ich kam mir vor, als wäre ich im Himmel, denn die inzwischen aufgekommenen zahlreichen Wolken klebten tief an den Hängen der Berge. Schließlich war ich umgeben von dichtem Nebel und rumpelte regelrecht durch eine Wolke.

Als ich sie durchfahren und die Deutsche Limesstraße, die Bäderstraße, erreicht hatte, stutzte ich. Im „feindlichen Revier", direkt am linken Rand der Straße, hatten Sauen gebrochen. Es sah aus, als hätte der Landwirt den Streifen frisch gepflügt zum Acker gemacht.

Und dann – wie zum Hohn – sah ich eine Rotte Sauen mit verschieden großen Stücken im Scheinwerferlicht. Wie viele es genau waren, konnte ich in den wenigen Sekunden, in denen ich sie mit großen Augen anstarrte, nicht exakt feststellen. Nur kurz warfen sie auf, als sich ihnen mein Wagen näherte, setzten jedoch, als ich ohne zu bremsen weiterfuhr, ungeniert die Nahrungssuche fort. Fast wäre ich im Straßengraben gelandet, als ich mich umschaute ...

Das Phantom

August 2005: In meiner Hose brummt es! Nein. Nicht, was sie denken! Es ist mein Handy, das ich auf Vibration gestellt habe. Anruf von Johann. „Hast du morgen früh Zeit?“ – „Ja!“, antworte ich. Wohl wissend, dass ich eigentlich keine habe. „Dann setz dich auf die Zeckenleiter. Da geht ein uralter Spießer. Du weißt ja: das Phantom. Der, der sich nur zwei Mal im Jahr kurz blicken lässt. Sieh zu, dass du ihn kriegst! Waidmannsheil!“ Klick. Schon ist das Gespräch beendet. Gern hätte ich noch etwas gesagt, aber das ist schwierig bei Johann. Er hat immer irgendetwas Wichtiges zu tun, ist einer der kurzatmigsten Menschen, die ich kenne.

Nun denn. Befehl ist Befehl. Bereits sehr früh am nächsten Morgen nehme ich die Sache in Angriff. Waschen, Zähneputzen, Frühstücken, Jagdklamotten anziehen, Gewehr aus dem Tresor, Fernglas, Brot, Wurst und Cola in den Rucksack, Küsschen für Erika, „schmatz nicht immer so“, und ab ins Auto.

Als ich im Revier ankomme, ist es noch dunkel. Ich steige aus und suche möglichst leise meine Siebensachen zusammen. Fast geräuschlos drücke ich bei herausgezogenem Griff mit den Knien die Tür zu und mache mich so leise wie möglich auf den Weg zur 300 Meter entfernten Zeckenleiter. Als ich den Sitz erreicht habe, richte ich mich ein und lausche in den Wald. Totenstille. Lediglich auf der 200 Meter entfernten Weide vor mir höre ich es plätschern. Eine Kuh beim Wasserlassen: „Muuuh!“ Sekunden später die gleiche Prozedur noch einmal.

Erst eine halbe Stunde später kommt Leben in die Bude. Amseln beginnen zu singen, in den Eichen im Nachbarrevier fallen Ringeltauben ein, Mäuse rascheln im Laub, und ein fast schwarzes

Eichhörnchen kraspelt keckernd über die Äste einer uralten Buche.

Während die Sonne aufgeht, krabbeln Ameisen den Stamm der Fichte in unmittelbarer Nähe des Sitzes hoch und runter. Ihr Arbeitstag hat begonnen, dauert bis in die Dunkelheit hinein. Unwillkürlich muss ich an Johann denken. Wie sagt er immer? „Schade, dass der Arbeitstag nur 24 Stunden hat."

Wind kommt auf, und mit Begeisterung schaue ich den Licht- und Schattenspielen der nach Osten ziehenden Wolken zu. Exakt im gleichen Tempo wie die Wolken huschen dunkle Schatten über die ansonsten glühende Landschaft. Hier und da fallen Blätter. Drei Rabenkrähen hassen auf einen Bussard, der jedoch zieht unbeeindruckt seine Kreise. „Dummes Volk!" Schon ist es hell.

Oh. In der Ferne fällt ein Schuss. Und wie immer gehen mir 100 Gedanken durch den Kopf. Wer hat geschossen? Auf was? Kann sich der Waidmann freuen, oder hat er ein mulmiges Gefühl, weil das Stück ohne zu zeichnen absprang?

Während ich mit dem Fernglas intensiv den Waldrand sowie die von Gräben und Stacheldraht begrenzten Weiden vor mir abglase, erinnere ich mich an die wenigen Minuten, in denen mir das Phantom, der Alte von der Zeckenleiter, in Anblick kam. Kräftiger Körper, strammer Träger und beidseitig extrem lange Spieße mit starker Basis. Im unteren Bereich, meine ich erkannt zu haben, prächtig geperlt.

Mindestens acht Jahre alt muss er sein, der Schlaumeier, der augenscheinlich in den ersten Lebensjahren schlechte Erfahrungen mit Zweibeinern gemacht hat. Jedenfalls ist er äußerst vorsichtig und springt unvermittelt ab, wenn ihm etwas nicht geheuer ist. Er scheint einen Chip im Gehirn zu haben. Mensch: weg!

Ein einziges Mal sah ich ihn etwas länger. Und zwar vom fahrenden Auto aus. Es war in den letzten Februartagen des Jahres 2003, und der „frühe Feger", das Phantom, war gerade dabei, an einem Holunderbusch, der bereits voll im Saft stand, seine imposanten Spieße blank zu machen. Besonders auffällig war ebenfalls sein nahezu weißes Gesicht. Schließlich jedoch, als ich immer langsamer fuhr, wurde er argwöhnisch und machte sich, einem Gespenst gleich, im wahrsten Sinne des Wortes vom Acker. Immerhin, als ich mir den Bereich am Holunderbusch genauer ansah, fand ich mehrere Bastfetzen, die ich als „Trophäe" mitnahm.

Weil ich eine Unterlage vergessen habe, tut mir beim Sitzen auf der Zeckenleiter das Kreuz weh. Und genau in dem Moment, als ich versuche, das Ziehen aus dem Rücken zu vertreiben und die Wirbelsäule während des Aufbäumens regelrecht knackt, erstarre ich.

Etwa 90 Schritt entfernt schiebt sich ein Rehhaupt aus der Dickung und äugt fast eine Minute lang in Richtung der nunmehr gut 300 Meter entfernten Kühe. Entwarnung. Als das Reh austritt, erkenne ich, dass es eine Ricke ist. Während sie zaghaft auf der Wiese zu äsen beginnt, folgen ihr ein Ricken- und ein Bockkitz.

Nach etwa zehn Minuten, in denen sich die drei immer weiter von mir entfernen, sehe ich, dass die Ricke des Öfteren zum Waldrand hin sichert. Jährling oder Schmalreh vom vergangenen Jahr? Oder vielleicht sogar das Phantom? Bald werde ich es wissen.

Was ist denn jetzt los? Plötzlich schüttet es wie aus Eimern. Ich hatte gar nicht mitbekommen, dass sich eine große schwarze Wolke näherte. Doch Petrus hat ein Einsehen, und schon kurz darauf schließt der Himmel seine Schleusen.

Keine zehn Minuten nach den letzten Regentropfen äugt die Ricke wiederum ständig zum Waldrand. Gespannt schaue ich in die gleiche Richtung. Und dann ... erscheint ... das Phantom! Gut 100 Meter entfernt hinter einem Brombeerbusch austretend, erkenne ich ihn mit bloßen Augen. Ich bin sicher. Das langsam gehobene Fernglas bestätigt: Es ist das Phantom, der Schlaumeier. Unverkennbar. Wie von allen, die ihn gesehen haben, beschrieben, wachsen zwei dicke, lange Stangen ohne Vereckung nahezu senkrecht nach oben.

Ich muss handeln. Und zwar schnell. Die Gunst der Stunde nutzen. So viel Glück, eine derartige Chance, würde ich sicher kaum ein zweites Mal haben. Langsam und behäbig nähert sich der Alte der Ricke und beginnt, breit stehend wie die Bockscheibe auf dem Schießstand, in aller Seelenruhe zu äsen. Die Liebe muss ihm in die Glieder gefahren sein und das Hirn vernebelt haben. Ich kann es kaum glauben.

Langsam bringe ich das Gewehr in Anschlag. Aber die Linsen des Zielfernrohres sind beschlagen. So schnell es geht, wische ich die Feuchtigkeit mit meinem Mikrofaser-Brillentuch trocken. Als ich hindurchschaue, steht der Bock immer noch breit. Einstechen und Zielen sind eins. Und schon ist der Schuss draußen.

Wahnsinn. Wo er soeben noch stand, schwebt urplötzlich eine Kugel aus Wasserdampf mit einem Durchmesser von gut einem Meter. Was für ein Bild. Aufgrund des Kugeleinschlags wird alles Wasser in der Decke des Bockes herausgeschleudert und bildet die Wassertropfenkugel.

Noch im Knall wischt es das Phantom von den Läufen. Der Bock fällt um und rührt sich nicht mehr. Kein Schlegeln. Kein Aufbäumen. Nichts. Vorsichtshalber repetiere ich eine neue Patrone ins Lager, weiß jedoch, dass alles gut ging. Mit den Augenwinkeln sehe ich, dass die Kitze und die Ricke in wilder Flucht im Wald verschwinden. Minutenlang ist ihr heiseres Schrecken zu hören.

Es fällt mir ausgesprochen schwer, aber zehn Minuten bleibe ich noch auf dem Sitz. Erst dann mache ich mich durchs hohe, nasse Gras auf den Weg zu meinem Bock. Als ich schließlich mit triefenden Hosenbeinen und quatschenden Stiefeln vor dem verendeten Phantom stehe, ziehe ich den Hut und bleibe minutenlang reglos stehen.

Was für ein beeindruckendes Tier. Kräftiger Körper, strammer Träger, beidseitig extrem lange Spieße mit starker, perlenreicher Basis. Rosen wie Frikadellen, Stangen wie Zigarren. Schneeweiß sein Gesicht. Alles genauso wie angesprochen. Ich brauche ihm nicht in den Äser zu fassen, weiß auch so, dass er uralt ist.

Später stelle ich fest, dass die Stangen Längen von 28,5 und 29,1 Zentimetern haben. Bei aller Freude, die alle Jagdfreunde mit mir teilten, waren wir dennoch ein wenig traurig. Traurige Freude. Ohne das Phantom war das Revier um einiges ärmer.

Nur ein Schmalreh ...

Wieder einmal sitze ich am Computer und mache mich daran, die Erlegung eines ganz bestimmten Schmalrehs zu schildern. Aber es fällt mir schwer. Wie war das noch damals, als ich wochenlang versuchte, es zu überlisten und ständig irgendetwas dazwischenkam, bis es nach 14 Ansitzen endlich klappte? Ich nehme die Hände von der Tastatur, schmiege mich an die Rückenlehne des Stuhls und schließe die Augen. Schon nehmen die Einzelheiten beim Kramen in der Vergangenheit Konturen an. Zunächst verschwommen, dann immer deutlicher. Ich lege die Finger auf die Tastatur und beginne zu schreiben:

Ende Juni 2003 in Rheinland-Pfalz. Ich habe mich am Waldrand auf der geschlossenen Kanzel „Geiersberg" eingenistet und hoffe, in den drei Stunden bis zur Dunkelheit einen Knopfbock oder das ausgeschlafene Schmalreh, das mich in den vergangenen Wochen so oft narrte, zu bekommen. Mir ist kalt. Es regnet, und der Wind pfeift. Über mir krächzen zwei Kolkraben. Es hört sich an, als würden Schränke verschoben. Im Spriestersbacher Hof bellt ein Hund ...

Während die Kollegen, allen voran Heiko und Frank von Wild und Hund, seit der ersten Ansitzjagd auf Schmalrehe und Jährlinge am 1. Mai, bereits mehrmals erfolgreich waren, kam ich einfach nicht zu Potte. Heute jedoch, rede ich mir ein, soll es anders werden.

Schon habe ich herrlichen Anblick. Mehrere Waldameisen transportieren eine tote Raupe von rechts nach links über die Ablage vor dem linken Fenster der Kanzel. In vier Metern Höhe! Leise beginne ich zu summen: „Flieg nicht so hoch, mein kleiner Freund, die Sonne brennt dort oben heiß. Wer zu hoch fliegt, der ist in Gefahr …“

Die dicke Spinne, die sich an einem Faden vom oberen Brett des Fensterrahmens abseilt und vor meinem Gesicht hin und her baumelt, lässt mich etwas zurückweichen. Meine Frau, die eine regelrechte Spinnenphobie hat, würde in Panik die Leiter des Hochsitzes hinunterstolpern.

Ein Rotkehlchen zippt, ein Zaunkönig schnarrt, die Drossel in der von einem Blitzschlag gespaltenen Eiche flötet, und ein Schwarzspecht schlägt wie wild auf einen halb vermoderten Baumstumpf ein.

Und dann werde ich Zeuge eines Dramas. Aus der alten Eiche in unmittelbarer Nähe der Kanzel dringen laute, undefinierbare Geräusche zu mir herüber. Eine richtige Krakelerei. Schließlich jedoch glaube ich, die krächzenden Laute eines Eichelhähers zu hören.

Schon sehe ich, was passiert ist, denn der Rabenvogel fliegt lediglich etwa zehn Meter an mir vorbei. Im Schnabel hat er einen kleinen, leblosen, noch nackten Vogel. Eine wohl erst vor wenigen Tagen geschlüpfte Taube. Zehn Minuten später kehrt der Häher zurück, und wieder stiehlt er einen Jungvogel aus dem Taubennest. Sicher hat er ebenfalls Junge, die gefüttert werden müssen.

Ja, ist denn das! Plötzlich schnürt ein starker Fuchsrüde diagonal über die Wiese. Eine Fähe kann es nicht sein, die sieht im Juni anders aus. Sekunden später wird er von einer Ricke attackiert. Im Nu ist sie über ihm, und während Reineke auf dem Rücken liegt, kriegt er die Hucke voll, muss heftige Hiebe einstecken. Schließlich jedoch rappelt er sich auf und flüchtet schnurgerade in die Dickung am Waldrand. Sicher war er den abgelegten Kitzen der Ricke zu nahe gekommen.

Unglaublich, wie schnell die Zeit vergeht. Schon beginnt es zu dämmern. Aber Achtung. Im Zeitlupentempo schiebt sich etwa 60 Meter entfernt ein tomatenrotes Reh aus der Dickung und verharrt regungslos – als wäre es ausgestopft. Vorsichtig hebe ich das Fernglas an die Augen und stelle fest, dass es das gesuchte Schmalreh ist. Erst Minuten später, nachdem es mit mehreren hastigen Verbeugungen intensiv in alle Richtungen gesichert hat, beginnt es zu äsen. Aber es ist nervös. Immer wieder verhofft es, windet und lässt die Lauscher spielen.

Längst habe ich mich fertig gemacht. Die Haare auf meinen Fingern stehen zu Berge. Der Ellenbogen meines rechten Armes ruht auf dem 1,20 Meter langen, quergelegten Brett und gewährleistet einen sicheren Schuss. Als das Reh breit steht und das Haupt hebt, ist die Kugel draußen. Die Schmale knickt mit den Hinterläufen ein, fällt um und ist nach wenigen Sekunden verendet. Erst jetzt beginne ich zu zittern.

Zehn Minuten später baume ich ab, breche einen Eichenzweig, teile ihn und stecke die eine Hälfte in den Äser des Rehs, die andere an meinen Hut. Dann setze ich mich zur Beute und genieße die Stimmung.

Fledermäuse jagen nur wenige Meter über der Wiese nach Insekten, Amseln singen, und der fast weiße Bussard, der mir so oft schon seine Jagdkünste vorgeführt hat, streicht zu seinem Schlafbaum. Als er meinen Blicken entschwunden ist, erscheinen am Horizont mit Riesentrara mehr als 20 Rabenkrähen. Ein Benehmen wie die Axt im Wald. Wie eine Horde Besoffener, die gerade aus der Kneipe kommt. Auch sie sind unterwegs zu ihren Schlafgemächern.

Gedankenverloren denke ich an die vielen Ansitze bis zur Erlegung. Mal war das Schmalreh zu weit entfernt, mal kam ein Jogger angetrabt, ein weiteres Mal bekam es im letzten Moment Wind von mir, als ich bereits eingestochen hatte. Vor drei Tagen erst hätte ich es fast erwischt, wenn ich nicht aus Versehen mit dem Gewehrlauf ans Dach der Kanzel gekommen wäre.

Normalerweise wirft ein Reh in einem solchen Fall, zumal auf relativ weite Entfernung, allenfalls auf, das Schmalreh jedoch schien einen besonderen Sinn für Gefahren entwickelt zu haben, denn es sprang sofort ab.

Dann war da noch das junge Mädchen, das mit seinem Hund urplötzlich am Waldrand erschien und die Schmale, die kurz zuvor

40 Meter links von meiner Leiter ausgetreten war, zur Flucht veranlasste. Wieder hatte ich das Nachsehen.

Erst als es fast dunkel ist, gehe ich mit dem Schmalreh über dem Buckel durch den Buchenwald Richtung Auto. Und dann sehe ich sie. Erst eins, dann zwei, dann drei, dann zehn und schließlich weit mehr als 100 Glühwürmchen. Wie kleine Meteoriten im All schweben die Leuchtkäfer durch den Wald. Auf und ab geht es. Hin und her. Als flögen Laternen mit Flügeln durch den Wald. Einige landen auf den Blättern eines Busches und verwandeln ihn in einen hell erleuchteten „tropischen" Garten.

Ich lege das Reh auf den Boden und setze mich auf einen Baumstumpf, fühle mich eingeladen, als Betrachter an der Hochzeit der Glühwürmchen teilzunehmen. Es ist nicht das erste Mal, dass ich mir diese Zeremonie mit Begeisterung anschaue.

Die Männchen mit ihren lichtstarken Augen schwärmen unaufhörlich flach über den Boden, um die zwar auch leuchtenden, jedoch flugunfähigen Weibchen aufzustöbern. Diese haben sich auf Grashalmen und Blättern der unterschiedlichsten Büsche eingefunden und krümmen ihre Hinterleiber mit den Leuchtfeldern nach oben. Was für ein Schauspiel!

Wenn die Männchen das Licht eines Weibchens entdeckt haben, schweben sie einen Augenblick über ihnen und lassen sich punktgenau fallen. Aus nächster Nähe erkennen sie sich am Geruch.

Und dann wird es interessant: Nachdem ein Männchen ein Weibchen gefunden hat, schalten beide die Lichter aus und paaren sich im Dunkeln. Was für Bilder, was für eine Stimmung. Schließlich wuseln unzählige Glühwürmchen auf der Suche nach Partnern um mich herum. Ich komme mir vor, als säße ich inmitten der Milchstraße. Wie lange, vermag ich nicht zu sagen. Nur so viel: Es war wunderschön.

Treibjagd

Zwölf Uhr Mittags. Ich sitze in der Redaktion und bearbeite gerade einen Artikel über das Angeln in der Mongolei. Wundervolle Forellen gibt es dort – Fliegenfischen vom Feinsten! Als ich kurz aus dem geöffneten Fenster schaue, sehe ich den Roten Milan, der sich fast täglich blicken lässt. Suchend schwebt er über den Linden in der Nähe des Verlagsgebäudes in Singhofen. Laut spektakelnd balgen sich zwei Haussperlinge um ein halbes Brötchen, und mehrere Schwalben sind unaufhörlich damit beschäftigt, die Zahl der in der Luft schwirrenden Insekten zu dezimieren. Nur wenige Tage noch, dann machen sie sich auf den Weg in den Süden. Eine Rabenkrähe fällt auf dem Ast einer Buche ein und schreit ihren Unmut in die Welt ...

Plötzlich klingelt das Telefon. Freund Uwe. Frühzeitig wie immer lädt er mich zu seiner Treibjagd auf Niederwild zu Hause in Ostfriesland ein. Welch Freude. Ich bin dabei. Auch mein Drahthaar Hatz ist begeistert, als ich ihm Wochen später am Abend vor der Jagd erzähle, dass wir am nächsten Morgen dem Wild nachstellen werden. Ich bin sicher, er versteht alles, was ich sage. Mehrmals bewegt er den Kopf von links nach rechts und wackelt unaufhörlich mit dem Stummelschwanz. Das Leuchten seiner herrlich braunen Augen spricht Bände.

Samstagmorgen um zehn treffen wir uns. 14 Jäger. Acht von ihnen führen Hunde: vier Drahthaare, einen Kurzhaar, zwei Kleine und einen Großen Münsterländer. Nach der Begrüßung stehen wir noch eine Weile zusammen und reden über Gott und die Welt. „Klönsnack" muss sein. Im Schilf summt schwacher Wind ein Schlaflied, aber wir sind hellwach.

Kurze Ansprache von Uwe: „Frei ist alles, was geschossen werden darf. Hasen, Fasanen, Enten, Füchse, ihr wisst ja Bescheid." All das geht völlig unkompliziert vor sich. Wir kennen es, werden, sofern wir noch leben, alljährlich eingeladen. Die „Fußkranken" und die ohne Hund stellen sich an, die Jüngeren müssen laufen – durch dick und dünn, über Stacheldrahtzäune steigen und Gräben überspringen.

Der leichte Nebeldunst über den Feldern stört uns nicht. Er wird sich bald lichten. Während des weiträumigen Abstellens vor einer großen mit schnurgeraden Schloten versehenen Wiese steht allen die Vorfreude ins Gesicht geschrieben. Auch Hatz ist die unbändige Passion anzusehen. Er zittert, kann es kaum erwarten, geschnallt zu werden. Die im Nachbarrevier unaufhörlich muhenden schwarz-weißen Steak-Aspiranten auf den Weiden tangiert das alles peripher. Sie ignorieren uns nicht einmal.

Als sich die Vorsteh- und Flankenschützen ebenfalls postiert haben, geht es los. Uwe hebt den Arm, und alle Jäger tun es ihm gleich. Wie eine La-Ola-Welle im Fußballstadion. Die Hunde werden geschnallt, die Jäger setzen sich in Bewegung. „Has, Has, Has, Has, Has!"

Nanu? An der Front des Treibens fallen bereits wenige Sekunden später kurz hintereinander zwei Schüsse. Ein Schof Enten flog direkt über Uwes Vater Walter hinweg, sodass ihm eine pieksaubere Dublette gelang.

Achtung! Etwa 20 Meter von mir entfernt steht Hatz an einem Schilfgürtel vor. Wie ausgestopft, den linken Lauf angehoben. Als ich mich meinem Hund bis auf zehn Meter genähert habe, gebe ich das Kommando: „Voran, Hatz!"

Hase! Längst habe ich die Flinte angebackt, fahre mit ... und schieße vorbei. Der zweite Schuss jedoch sitzt. Meister Lampe quittiert die Schrotgarbe mit einem dreifachen Salto. Schon hat ihn Hatz im Fang. Mit stolz erhobenem Haupt, trabend wie ein Zirkuspferd, bringt er ihn. „Sitz" muss ich nicht sagen. Das tut er seit frühester Jugend von allein. Immer wieder bin ich begeistert vom Strahlen seiner Augen. Jagd ist seine Welt.

Auch die Nachbarn links und rechts von mir kommen zu Schuss. Allerdings mit „fortlaufendem" Erfolg. Hochflüchtig und gesund stehlen sich die zwei Mümmelmänner aus dem Treiben.

Neben mir geht Johann. Er hat ein Kampfgewicht von weit über 100 Kilo. Aufgebrochen, versteht sich. Ein Bär von einem Mann. Seine dunkelbraune Grobcord-Samthose hat er gleich doppelt gesichert: mit Gürtel und Hosenträger. Dennoch rutscht sie beträchtlich. Herrlich! Auch mit dem Stiefelanziehen, das habe ich vor Jagdbeginn am Auto gesehen, hat er so seine Schwierigkeiten. Blindschnüren ist angesagt, denn er kann die Läufe unter seinem Vorbau nur mehr erfühlen.

Mein Freund Erich würde jetzt sagen: „Er hat Spiegeleier, kann seine Eier nur noch mit dem Spiegel sehen." So etwas Unanständiges würde mir natürlich nie über die Lippen kommen ...

Schließlich erreichen wir den etwa 50 mal 100 Meter großen Teich am Rand des Reviers. Er ist von einem breiten Schilfgürtel umgeben. Und – wie erwartet – ertönt jubelndes Hundegeläut. Unaufhörlich gibt einer der vierläufigen Helfer Laut. „Fuchs, Fuchs!", ruft jemand, und schon fallen innerhalb von Sekunden zwei Schüsse. Zwar kann ich nichts erkennen, weil ich mich auf der gegenüberliegenden Seite des Geschehens befinde, aber mit Freude vernehme ich ein lautes „Liiiegt!" Wieder einmal hat Richard unter Beweis gestellt, was für ein hervorragender Schütze er ist.

Dann steht etwa zehn Meter vor mir ein Hase auf. Weil er nach dem Schuss rolliert, verzichte ich darauf, ein zweites Mal zu schießen. Aber Mümmelmann kommt wieder auf die Läufe und verschwindet im Schilf.

„Akki, ruf mal deinen Hund!", höre ich kurz darauf einen der Mitjäger. „Er hat einen Hasen im Fang!" Doch das ist überflüssig. Sekunden später taucht Hatz mit dem Langohr auf und bringt ihn mir. „Bravo, Hatz!" Unaufhörlich wedelt er mit der Rute. Auch dann noch, als er bereits wieder im Schilfgürtel verschwindet.

„Achtung Rehwild!", rufe ich, als ich eine Ricke mit Kitz erblicke. Augenblicklich trillert es aus mehreren Pfeifen: „Down!" Keiner der Hunde hetzt, und in hohen Sprüngen verschwindet das Wild hinter dem Deich.

Das erste Treiben ist beendet, und Uwe strahlt. Bereits sieben Hasen, zwei Enten und ein Fuchs liegen auf der Strecke.

Nach einer kurzen Verschnaufpause geht's weiter. Vor einem kleinen Wäldchen wird abgestellt, die Hundeführer beginnen zu drücken. Zwar dauert es etwas, aber schließlich ertönen mehrere peitschende Schüsse. Ich selbst habe keinen Anblick, erfahre jedoch, dass Hatz einem der Vorstehschützen einen Fasanenhahn hochgemacht hat, den dieser vorbildlich erlegte. Zwei Hähne und eine Schnepfe, die Walter aus der Luft pflückt, bereichern die nunmehr bunte Strecke.

Bevor das letzte Treiben durch wildes Gelände mit Gräben, Schilf und Büschen beginnt, ist Mittagessen angesagt. Am Sammelplatz stehen Tee, belegte Brötchen und Fleischwurst bereit. Alkohol gibt es erst beim Schüsseltreiben.

Im Nachbarrevier fallen kurz hintereinander zwei Schüsse. Sicher Hinni. Erst gestern hatte er mir erzählt, dass er unbedingt zwei Kaninchen braucht, weil er Gäste bekommt. Auch in diesem Revier war ich mehrmals auf der Jagd und hatte viel Freude. In besonderer Erinnerung geblieben ist mir Karl, den wir alle nur Kalli nannten. Obwohl viel zu früh verstorben, ist er unvergessen. Auch jetzt, während ich das letzte Brötchen esse, muss ich wieder an ihn denken.

Gestärkt an Leib und Seele, geht es mit bester Laune weiter. Daran ändert sich auch nichts, als es zunächst leicht, dann jedoch heftig zu regnen beginnt. Feucht und schwer ist die Erde. Immer wieder bleibt der fette Lehmboden an den Stiefeln kleben.

Als sich Hatz vor mir einem Graben nähert, sehe ich ihm an, dass er etwas in der Nase hat. Schon steht er mit angewinkeltem Vorderlauf und nach vorn gestrecktem Kopf sowie steif nach oben ragendem Stummelschwanz vor. Wie eine Statue. Ein Bild wie gemalt.

Bis auf etwa 15 Meter schließe ich zu ihm auf und gehe in Voranschlag. Geschmeidig wie ein Panther bewegt sich mein Hund vorwärts, und kaum hat er den Rand des Schlots erreicht, steigt laut paakend ein Schof Stockenten auf.

Erst als die Vögel zirka 25 Meter entfernt sind, schieße ich zweimal und … darf mich freuen. Eine der Stockies verendet bereits in der Luft. Die zweite, die nach dem Aufklatschen auf der Erde noch mit den Schwingen schlägt, schnappt sich Hatz als Erste und bringt sie mir. Aus Erfahrung weiß er, dass tote Enten nicht weglaufen können. Also kümmert er sich zunächst um die zappelnde, danach um die leblose.

Etwa 40 Meter links neben mir macht einer der Kleinen Münsterländer einen Fasan hoch. „Hahn, Hahn“, rufe ich. Gleich darauf ertönt das harte „Gock, gock, gock“. Kaum hat der farbenprächtige Vogel Höhe gewonnen, bricht der Schrotschuss des Nachbarn. Federn wirbeln durch die Luft, und getroffen fällt der Hahn mitten in einen riesigen Brombeerbusch.

Es dauert allerdings nicht lange, bis ihn der Münsterländer findet und seinem Herrn bringt. Ein schönes Bild, wie er seinen vierläufigen Freund abliebelt. Der jedoch hat keine Zeit für solche Albernheiten, will weiterjagen.

Nur Sekunden später steht er abermals vor, aber schon fliegt der Hase förmlich aus der Sasse. Hakenschlagend flüchtet er genau in Richtung der abgestellten Jäger. Zwei Schüsse gehen vorbei, der dritte trifft. Sichtlich stolz nimmt der Münsterländer den Hasen auf und trägt ihn zum rufenden Schützen. Bereitwillig gibt er die schwere Last aus. Einfach nur großartig, wie die Hunde arbeiten.

Auch Uwes Kurzhaarhündin Deike ist in Hochform. Äußerst konzentriert arbeitet sie maximal 25 Meter von ihm entfernt mit tiefer Nase systematisch den Bereich ab, steht plötzlich vor und stößt nach Uwes Kommando zwei Hähne aus einer Hecke. Bumm, bumm. Treffer, Treffer. Gelernt ist gelernt.

Als Hatz Minuten später wiederum vor mir einen Hasen hoch macht, schieße ich nicht, sondern überlasse ihn dem jungen Nachbarschützen, der an diesem Tag noch nichts erlegt hat. Domm, domm, bellt es kurz hintereinander aus den Rohren seiner Bockdoppelflinte. Mümmelmann jedoch jagt ohne zu zeichnen in wilder Flucht davon. So, als hätte der junge Mann lediglich mit Mottenkugeln auf ihn geschossen. „Du hest vörbieschoten“, höre ich einen der Waidmänner sagen.

Verdutzt schauen wir dem Krummen nach, sehen jedoch, dass er nach etwa 50 Metern blitzartig mausetot umfällt. „Ja bravo!“, rufe ich, „Waidmannsheil!“ – „Waidmannsdank!“ Hatz apportiert den Hasen und bringt ihn ... mir. Damit bin ich aber nicht einverstanden und bitte meinen Hund höflichst, den Hasen beim Nachbarn abzuliefern. Er versteht die Welt nicht mehr, fügt sich aber.

Das letzte Stück Wild, das erlegt wird, ist eine Henne. Irgendjemand hatte laut „Hahn, Hahn!“ gerufen, als sie hoch gemacht wurde. Und nachdem es dann geknallt hatte, rief der gleiche Jäger „Fielmann! Fielmann!“ Sollte heißen, der Schütze solle sich eine neue Brille verschreiben lassen ... So ein Stinkstiefel.

Am späten Nachmittag haben wir 13 Hasen, vier Fasanen, eine Schnepfe, sechs Enten, drei Ringeltauben sowie einen Fuchs erlegt. Bunter geht es kaum. Gern komme ich der Bitte eines Mitjägers nach, einen Fasan nachzusuchen. Das heißt, nicht ich, sondern Hatz. „Such verlor’n, mein Hund!“ Am Anschuss nimmt Hatz die Nase runter und folgt zielstrebig der Fährte. Nach zirka 100 Metern überspringt er einen Graben und entschwindet unseren Blicken. Keine drei Minuten später kommt mein Hund im Schweinsgalopp mit dem Hahn im Fang zurück und gibt ihn aus. Ich hätte ihn knutschen können. Das jedoch hob ich mir für später auf. Nicht vor den Leuten ... Nun hatten wir fünf Fasanen.

Am Sammelpunkt, an dem bereits ein Strohfeuer brennt, erhalten die Hunde frisches Wasser. Dann, nach dem Streckelegen und den entsprechenden Signalen der Bläser, geht’s in die Gaststätte zum Schüsseltreiben. Dort wird bis in die Nacht hinein gegessen, getrunken und geklönt.

Auch Hatz unter meinem Stuhl macht sich von Zeit zu Zeit bemerkbar, berührt mit seiner feuchten Nase meine Hand. Soll heißen: „Schöner Tag heute! Hat Spaß gemacht.“ Jagdliche Freuden lassen sich nun mal nicht nur mit Zollstock und Waage messen. Auf die Art und Weise, auf die Umstände kommt es an.

Der mit dem Knubbel

Ende April in Ungarn – etwa sieben Kilometer vom Ort Papa entfernt. Vier Uhr morgens, zwei Tage vor Vollmond. Seit drei Stunden schon liege ich im Bett, aber ich kann nicht schlafen. Immer wieder schaue ich durchs Dachfenster hinauf zur „Schweinesonne“. Im Zeitlupentempo wandert sie von links nach rechts.

Als sie hinter den Ästen einer riesigen Schwarzerle verschwindet, kommt Sturm auf. Wolken schieben sich vor den Mond, geben den spärlichen Blick auf die leuchtende Scheibe jedoch schon bald wieder frei. Die noch zarten Blätter an den Zweigen der Erle flattern im Wind, bewirken, dass vereinzelte Strahlen des Mondes in mein Gesicht dringen. Er zwinkert mir zu! Immer wieder. Als Luna die Erle passiert hat, lächelt er mich mit breitem Grinsen an!

Ungestüm ziehen die Wolken von Westen nach Osten. Die seltsamen Gebilde sehen aus wie eine Rotte Sauen. Vorneweg die Bache, gefolgt von mehreren Frischlingen. Ganz hinten: ein riesiger Keiler.

Wetterleuchten! Drei Mal hintereinander! Heulend fegt der Wind übers Dach, bricht sich tosend im Giebel. In der Dachrinne ertönt ein Flötenkonzert.

Schließlich zieht sich der Himmel zu und es beginnt zu regnen. Von einer Minute zur anderen wird es stockduster. Die Gedanken kreisen. Überschlagen sich. Ich bin völlig aufgewühlt, denn wieder einmal hatte ich großes Glück. Die zwei uralten, hochinteressanten Böcke, die ich erlegte, erhalten einen Ehrenplatz in meinem „Angel- und Jagdmuseum“. So viel steht fest. Endlich! Mir fallen die Augen zu, und im Traum erlebe ich jeden einzelnen Jagdtag noch einmal.

Elf Kilogramm wog die Dachsfähe, die ich auf dem Ansitz am Bau erlegen konnte.

Walter und sein Sohn Uwe sind Niederwildjäger seit ewigen Zeiten und hervorragende Flintenschützen.

Eine Maisjagd will geplant sein. Gut, wenn man erfahrene „Strategen“ in seinen Reihen hat.

Heiko und Frank nach erfolgreicher Ansitzjagd auf Jährlinge

Montag, 14. April: Der eineinhalbstündige Flug von Frankfurt-Hahn nach Budapest dauert mir viel zu lange. Ich freue mich riesig auf die Bock- und Saujagd in Ungarn und kann es kaum erwarten, die grünen Klamotten anzuziehen. Wie verabredet, holen mich Josef und seine Frau Eva von Jagd-Hunting Natur-Vad am Flughafen ab und fahren mich in die Pension Vadvirag in unmittelbarer Nähe des 5 200 Hektar großen Reviers der Jagdgesellschaft „Nadler Herbert" im Bakonywald bei Papa. Zum letzten Mal für die kommenden fünf Jagdtage gehe ich früh ins Bett, denn am nächsten Morgen bin ich bereits um 4.30 Uhr mit Zsolt, den ich von der Hirschjagd im September vergangenen Jahres her kenne, verabredet.

Dienstag, 15. April: Heute beginnt die Rehwildjagd in Ungarn. Aus gutem Grund, denn bereits zwei Wochen später ist die Vegetation in der Puszta so hoch, dass es schwer wird, Wild zu erlegen. „Ich dir zeigen Böcke", sagt Zsolt, während wir mit dem Pickup in die Wildnis fahren.

Es ist noch ziemlich dunkel, als wir zu pirschen beginnen. Da wir jedoch alle Zeit der Welt haben, steigen wir zunächst auf eine nagelneue offene Kanzel am Waldrand, um kein Wild zu vertreten. Bereits im ersten Licht der aufgehenden Sonne entdecken wir etwa 200 Meter entfernt an einem von Schilf gesäumten Graben eine Ricke, ein Schmalreh und einen Jährling. Als es hinter uns im Wald kracht, zählen wir zwölf Stück Kahlwild sowie drei junge Rothirsche, die bereits abgeworfen haben. In aller Seelenruhe „überfliehen" sie eine Schneise.

Wir wechseln den Sitz und haben wiederum herrlichen Anblick: Eine Ricke, ein Schmalreh, ein junger Bock, zwei Füchse und ein Dachs laufen uns über den Weg. Kurz vor neun lassen wir es gut sein, denn Zsolt will noch ein wenig auf die Gummipirsch gehen. „Vielleicht können wir ja von der Straße aus einen passenden Bock entdecken, auf den wir dann am Abend ansitzen?", sagt er. Aber weil es schon recht spät ist, sehen wir lediglich noch einen jungen, schwach vereckten Sechser.

Während der Abendpirsch lässt sich am Rand einer Dickung kurz ein starker Sechser mit einem Gehörngewicht von – wie Zsolt schätzt – etwa 450 Gramm blicken. Der allerdings ist mir doch etwas zu teuer. Böcke zwischen 300 und 400 Gramm sollen es sein. „Warum zu teuer?“, fragt Zsolt, „Tränen trocknen, aber Trophäe bleiben!“ Herrlich! Der längst fällige Urlaub mit meiner Frau jedoch ist bereits gebucht und das Bankkonto gewaltig überzogen. Zum 20. Mal schaue ich zum Himmel: Noch sechs Tage bis Vollmond.

Mittwoch, 16. April: Wieder klingelt um 3.30 Uhr der Wecker, aber es fällt mir erstaunlich leicht aufzustehen. Ich habe ein gutes Gefühl, und das hat mich nur selten getäuscht. „Heute passiert was!“

Eineinhalb Stunden später pirsche ich mit Zsolt mitten im Wald, denn er vermutet, dass sich das Rehwild jetzt vorwiegend dort aufhält, wo es zarte Knospen und frische Blätter findet. „Auf den Feldern gibt es nur Weizen und Mais!“, sagt er.

„Hier gehen ein alter, ausgesprochen vorsichtiger Bock, auf den ich schon viele Gäste habe geführt“, flüstert mir Zsolt zu, „aber keiner bekommen Bock.“ Gleich darauf überprüft er das mitgenommene Dreibein. Alles in Ordnung.

Keine 30 Meter weiter erstarrt er zur Salzsäule. „Siehst du?“, fragt er. „80 Meter vorne rechts.“ Ich brauche einige Sekunden, aber dann entdecke auch ich den Bock im Gebüsch. Unverkennbar ein guter. Im Zeitlupentempo hebe ich das Glas an die Augen: „Der passt!“ Zsolt nickt.

Längst befindet sich der Vorderschaft des Gewehrs auf dem Dreibein, und trotz unzähliger Bäume finde ich eine Lücke. Kurzes Durchschnaufen, dann lasse ich das 6,5 Gramm schwere Teilmantelgeschoss der .243 Winchester fliegen. Der Bock zeichnet und kippt nach einigen Fluchten etwa 20 Meter vom Anschuss entfernt ins Gras. Ein kurzes Schlegeln noch, dann ist es vorbei.

Zehn Minuten später gehen wir zum Bock – und freuen uns. „Das ist er, der Schlaumeier!“, entfährt es Zsolt. Er ist genauso begeistert wie ich und überreicht mir mit einem kräftigen Waidmannsheil den Erlegerbruch. Ein ungerader Achter. Wie sich später herausstellt, hat er mindestens sieben Jahre auf dem Buckel und ein Gehörngewicht von 360 Gramm. Deutlich ist der sogenannte Altersknick fünf Zentimeter über den Rosen in den Stangen zu erkennen.

Drei Stunden vor Sonnenuntergang pirschen wir erneut. Diesmal in einer ganz anderen Ecke des Reviers. Und wieder haben wir guten Anblick: sechs Rehe, acht Stück Rotwild, zwei Hasen sowie drei Fasanenhähne. Nachdem wir uns auf einem Hochsitz eingerichtet haben, steht völlig unvermittelt, kaum 30 Meter entfernt, ein abnormer, mittelalter Bock spitz vor uns. Eine Sechserstange, hoch, stark geperlt, die andere krumm wie eine gebogene Angelrute. „Schießen", flüstert Zsolt, ohne sich zu bewegen.

Ich entsichere das Gewehr, führe das Kreuz des Zielfernrohrs auf den Stich, drücke ab und ... „Klick" macht es. Der Bock schreckt und ist mit wenigen Sätzen in der Dickung verschwunden. Verdutzt schauen wir uns an. „Was war denn das?" Ich schaue nach. Die Patrone befindet sich im Lauf, das Gewehr ist entsichert, aber der Schuss löste sich nicht. Unglaublich!

Ich ärgere mich jedoch nicht im Geringsten. „Vielleicht erhalte ich ja noch eine weitere Chance, einen Abnormen zu erlegen", sage ich, und Zsolt lächelt hintergründig. Noch weiß ich nicht, warum. Was folgt, ist der Blick zum Himmel: noch fünf Tage bis Vollmond.

Donnerstag, 17. April: Bereits um fünf Uhr morgens pirschen wir los. Vor einem etwa 400 Meter entfernten Schilfgürtel entdeckt Zsolt mit dem Doppelglas ein starkes Stück Rehwild. Er fixiert das Spektiv auf dem Dreibein und jubelt. „Der Einstangenbock! Ich habe ihn schon als vermisst gemeldet!" Das also war der Grund seines geheimnisvollen Lächelns gestern Abend.

„Auf der linken Seite er hat Knubbel", sagt er. „Ich kenne ihn. Er ist uralt. Hat auch im vergangenen Jahr schon geschoben nur eine Stange. Vor vier Jahren er war über 500 Gramm. Ist noch schlauer, noch vorsichtiger als ungerader Achter. Wenn er sieht Menschen, er ist weg. Den wollen wir schießen! Aber nicht jetzt. Heute Abend! Siehst du Hochsitz dahinten. Dort wir versuchen." Bewegungslos bleiben wir so lange stehen, bis der Bock in der Dickung verschwunden ist. Erst dann gehen wir vorsichtig zum Pickup zurück.

17 Uhr. Zsolt schiebt sich auf besagtem Sitz das mitgebrachte Sofakissen mit dunkelgrünem Bezug unter den Hintern und „befiehlt“ mir, rechts neben ihm Platz zu nehmen. „Wenn, dann hier. Wind gut.“ Sicher hat er recht.

Gegen 19 Uhr kommen uns zwei Ricken mit ihrem Nachwuchs vom vergangenen Jahr. Völlig vertraut äsen sie kaum 100 Gänge entfernt mal hier, mal dort. Dann jedoch, so gegen 20 Uhr, passiert's: „Bock da. Schießen!“, flüstert Zsolt, ohne sich auch nur einen Millimeter zu bewegen. „Wo?“ – „Am Waldrand. Vorne links.“ Tatsächlich! Da steht er.

Langsam, jede Hast vermeidend, mache ich mich fertig und stelle mit Entsetzen fest, dass der Bock mindestens 200 Meter entfernt ist. Zsolt scheint Gedanken lesen zu können: „Das hier normal. Mit .243 Winchester kein Problem.“

Die Auflage ist gut, und ich drücke den rechten Arm gegen das obere Brett auf der rechten Seite des Hochsitzes, sauge mich regelrecht fest. Es geht. Und schon erfasst das Kreuz im Absehen 4 das Blatt des Bockes. Als er völlig breit steht, knallt es. Im Schuss sehe ich durchs Zielfernrohr, dass der alte Recke getroffen ist und sofort liegt.

Etwa 15 Minuten später, es beginnt bereits zu dämmern, stehen Zsolt und ich vor einem Bock, von dem ich glaube, dass er mein Lebensbock werden könnte. Mindestens neun Jahre alt, eine knuffige, stark geperlte Sechserstange auf der rechten Seite, links lediglich ein „Knubbel“. Zsolt fährt mit geübten Fingerkuppen über die Zähne des Unterkiefers und stellt fest: „Alles glatt wie Kinderpopo!“ Ich tue es ihm gleich. In der Tat, da ist alles glatt. Ein uralter Bock!

Schon lange träume ich von einem „Pfundsbock“, einem Rehbock mit einem Gehörngewicht von mehr als 500 Gramm, aber dieser, vor dem ich jetzt stehe, ist für mich genauso wertvoll. Vielleicht sogar noch wertvoller. Ein solches Stück Wild erlegt man in aller Regel nur einmal im Leben. Ich bin unendlich dankbar.

Wir rufen Stefan, den Präsidenten der Jagdgesellschaft an, und bereits 15 Minuten später ist er da. Als er den Bock sieht, muss er schlucken. „Waidmannsheil, Akki", sagt er und ist sichtlich angetan von der Trophäe.

Eine halbe Stunde später, als sich die Aufregung ein wenig gelegt hat, schreibe ich Freund Arndt, der mich eindringlich darum gebeten hat, mit dem Handy eine SMS: Lebensbock, neun (!) Jahre, eine Stange plus Knubbel, zirka 300 Gramm Gehörngewicht sowie ein ungerader Achter, sieben Jahre, etwa 360 Gramm. Gruß an Alle! Akki.

Auf die Antwort muss ich nicht lange warten: Du Teufelskerl! Wmh. Bring' ja genügend Kohle mit zurück, damit du einen ausgeben kannst, und lass' nicht alles im Mädchenpensionat ...

„Bock fertig, jetzt Keiler", sagt Zsolt, als er mich zwei Stunden später in der Pension absetzt. Ich habe nichts dagegen. „Aber erst morgen Abend bei Mond." Ich bin nicht sicher, glaube jedoch, auch Zsolt ist froh, nicht ganz so früh aufstehen zu müssen.

Ausschlafen? Pustekuchen! Um 23 Uhr kommt Stefan, „Mr. Präsident", bei bestem Mond auf einen 50-Kilo-Überläuferkeiler zu Schuss, der zwar gut zeichnet, jedoch nicht liegt. Zsolt soll ihn am nächsten Morgen nachsuchen.

Gerade als ich eingeschlafen bin, klingelt das Handy. Ob ich an der Nachsuche teilnehmen möchte? Gerne, höre ich mich sagen. Also doch wieder den Wecker stellen ... Der Blick durchs Dachfenster zeigt: noch vier Tage bis Vollmond.

Freitag, 18. April: Fünf Uhr morgens. Nachsuche. Stefan zeigt Zsolt den Anschuss sowie die Stelle, an der die Sau in die Dickung gezogen ist. Ich halte mich im Hintergrund. Und dann werde ich Zeuge, wie Zsolt zum Schweißhund wird. Zielsicher folgt der 1,70 Meter große, 44 Jahre alte, erfahrene Berufsjäger mit einem Gewicht von 125 Kilogramm der Wundfährte, auf der nicht ein Tropfen Schweiß zu finden ist. „Ich sehen Abdrücke", sagt er.

In der Tat findet er diese sogar im von Blättern übersäten Wald. Zwei Mal greift er zurück, nimmt die Fährte neu auf und befindet sich nach etwa 200 Schritten am verendeten Stück. „Tolle Nachsuchenleistung“, sage ich und klopfe Zsolt anerkennend auf die Schulter.

„Er braucht nur selten einen Schweißhund“, ergänzt Stefan. „Zsolt, du Schwwweißhund!“, entfährt es mir. Dann beginnt die rote Arbeit. Der Überläufer wiegt aufgebrochen 44 Kilogramm. Zsolt ist ins Schwitzen geraten. Kein Wunder. Erst die Nachsuche, dann das Aufbrechen.

„Demokratie nix gut“, brummt er. „Alles immer schnell. Kommunismus besser!“ – „Okay“, sage ich. „Jetzt machen wir eine halbe Stunde Kommunismus. Trinken Kaffee und essen etwas. Aber danach wieder Demokratie!“ Stefan klatscht vor Vergnügen in die Hände, Zsolt lacht, und der Bauch vibriert wie ein alter Traktor, bei dem der Motor nicht mehr ganz rund läuft. Ich mit meinem stahlharten Waschbrettbauch, um den mich mancher 30-Jährige beneidet, kann da nicht mithalten … War nur ein Scherz!

Auf der Fahrt zum Wildhändler fährt Zsolt plötzlich rechts ran und schaut durchs Fernglas. Etwa 120 Meter entfernt stehen im Nachbarrevier mitten auf einem Weizenfeld vier Rehe. Eine Ricke, ein Jährling, ein gewaltiger Sechser-Bock sowie … „Was ist denn das? Ein Spiegel wie eine Ricke, aber etwas auf dem Kopf.“ Zsolt kramt sein Spektiv hervor, schaut hindurch und stellt es scharf. „Eine gehörnte Ricke! So etwas habe ich zum letzten Mal vor 20 Jahren gesehen. „Was hat sie auf dem Kopf?“, frage ich. „Zwei kleine Knubbel umgeben von Bast!“

Kaum zurück in der Pension, haue ich mich ein paar Stunden aufs Ohr. Schließlich geht es heute Abend auf Keiler. Wie geplant stellen Zsolt und ich um 19 Uhr den Pickup am Waldrand ab und machen uns auf den Weg zur offenen Kanzel, die sich etwa 40 Meter von der täglich mit ganzen Maiskolben beschickten Kirrung entfernt mitten im Wald befindet. „Jede Nacht Sauen waren da. Wir gute Chance!“, sagt Zsolt im Brustton der Überzeugung.

Als wir die Kanzel direkt an der Kreuzung zweier Wege erreichen, stelle ich erstaunt fest, dass sich sowohl 40 Meter links als auch 40 Meter vor uns Kirrungen befinden. Zsolt schmunzelt und klärt mich auf. „Ich haben zwei Kirrungen angelegt, weil Überläufer, wenn Bache mit Frischlingen kommt, sonst keine Meeglichkeit haben, an die Leckereien zu gelangen. Oft ich haben erlebt, dass links Bache und Frischlinge kommen, und vorne auch Überläufer. Manchmal sogar Keiler, richtig dicke Keiler." Ganz schön pfiffig, die Ungarn.

Gespannt lauschen wir den Geräuschen der Nacht, und mit Freude stelle ich fest, dass sich das schlechte Wetter mit Sturm und Regenschauern während des Tages verzogen hat. Der Mond kommt durch und bietet gutes Büchsenlicht. Um 21.30 Uhr meldet plötzlich zwölfmal hintereinander ein Fasanenhahn, begleitet vom Konzert unzähliger Frösche. „Es ist Nacht", sage ich und füge hinzu „der hat sie doch nicht alle!" Zsolt jedoch nimmt „seinen" Hahn in Schutz: „Ist sich nur mondsüchtig!"

Gegen 22.30 Uhr wird's plötzlich richtig laut. „Bööh, bö, bööh!", schreckt ein Reh. „Sauen kommen", sagt Zsolt, und wir verhalten uns mucksmäuschenstill. Nanu? Irgendetwas ist plötzlich anders. Schließlich dämmert es mir. Die Frösche quaken nicht mehr!

Kurz darauf knackt es im Unterholz, und schon steht eine starke Sau, ein Keiler, an der Kirrung, fasst einen Maiskolben, zeigt mir daraufhin nach eleganter Drehung sein Hinterteil mit den gewaltigen Steinen und ist im Nu wieder in der zwei Meter entfernten Dickung verschwunden. „Er fressen", flüstert Zsolt. „Kommen gleich zurück. Minimum 100 Kilo!"

Doch plötzlich, von einer auf die andere Sekunde, spüre ich einen Lufthauch im Nacken. Um Himmels Willen, der Wind dreht. Fast zeitgleich vernehmen wir ein ärgerliches „Wuff", und der Basse verdrückt sich. Pech. Verdammtes Pech! Fast lautlos verschwindet er, einer Primaballerina gleich, die auf Zehenspitzen davontänzelt. Aus! Vorbei! Das war's für diese Nacht. Ich hätte mir in den Spiegel beißen können!

Samstag, 19. April: Letzte Chance auf Keiler, denn am folgenden Tag geht's zurück nach Deutschland. Zwar bekommen wir in einer Entfernung von etwa 400 Metern sechs stärkere Sauen sowie mehrere Frischlinge in Anblick, aber ein Keiler tut uns den Gefallen nicht mehr.

Gegen Mitternacht machen wir dann Schluss und treten den Heimweg an. „Schau mal“, sagt Zsolt und sieht zum Himmel: „Noch zwei Tage bis Vollmond.“ – „Ja“, antworte ich, „den allerdings muss ich mir von zu Hause aus anschauen. Du weißt doch, in acht Stunden geht mein Flieger.“

Zugegeben. Nach fünf Tagen Jagd mit viel zu wenig Schlaf bin ich fix und fertig, ist mein Rhythmus völlig durcheinander. Aber ich habe zwei Superböcke in einem urigen, wildreichen Revier geschossen, und bin sehr, sehr zufrieden.

Die Reise hat sich gelohnt: gastfreundliche Menschen, gemütliche Unterkunft, Verpflegung wie zu Hause, ein hervorragender Jagdführer, mehr geht nicht. Und das mit dem Bassen, schwöre ich mir, nehme ich irgendwann noch mal in Angriff. Von wegen Maiskolben klauen und so!

Tauben-Zauber

Johann hat's gut. Er wohnt in Vossbarg bei Wiesmoor in Ostfriesland und muss lediglich 20 Meter laufen, um in sein Revier zu kommen. Rehe, Hasen, Kaninchen, Fasanen, Füchse, Enten, Tauben, Gänse sowie einige andere Wildarten mehr kommen dort vor. Ganz besonders angetan jedoch ist er von den Vögeln im schiefergrauen Frack.

Alljährlich erlegt Johann zirka 400 bis 600 Ringeltauben. Ab Mitte August, wenn die Felder abgeerntet sind und die Tauben zu Hunderten einfallen, stellen er und seine Jagdfreunde den Jungtauben nach. Vom 1. November bis zum 31. März sind dann alle Ringeltauben frei. Ab Dezember kommen, wie Johann sie nennt, die „nordischen Tauben" hinzu, die sich dann, wie die „Einheimischen", an den Früchten der vielen Eichen rund um Vossbarg mästen. Schon mit Johanns Vater, der ebenfalls Johann hieß und leider viel zu früh verstarb, ging ich vor mehr als 20 Jahren auf die Taubenjagd.

Es war am 12. Februar 2008, als mich Johann junior mal wieder anrief und zur Jagd einlud. „Du musst unbedingt kommen. Wir haben unglaublich viele Tauben. Manchmal sind es so viele, dass sich der Himmel regelrecht verdunkelt."

Zwei Tage später machte ich mich bereits lange vor Sonnenaufgang von Emden aus auf den 45 Kilometer langen Weg nach Vossbarg. Als ich dort eintraf, war es immer noch stockduster. Und, wie immer, musste ich bei Johann und seiner Elfriede erst einmal in Ruhe Tee trinken. „Hast du genug Patronen mit?", fragte Johann. Ich hatte. Schließlich wusste ich, dass er und sein Freund Helmut zwei Tage zuvor über 50 Tauben geschossen hatten.

Nach der vierten Tasse Tee, es war immer noch dunkel, ging's los. Wir packten unsere Rucksäcke und Flinten in Johanns alten grünen VW-Bus, ließen seine Drahthaare Senta und Treff einsteigen und fuhren zu einem etwa einen Kilometer entfernten Bauernhof. Dort stellten wir den Wagen ab und gingen die 400 Meter bis zu den Ständen, die Johann ausgesucht hatte.

Im Abstand von zirka 80 Metern richteten wir uns in unmittelbarer Nähe zu einem von alten Eichen gesäumten Feldweg im hohen Schilf ein. Senta ging mit Johann, Treff gehörte für diesen Tag zu mir.

Dass ich kurzzeitig beim Herumtrampeln auf dem trockenen Laub einen derartigen Krach machte, als würde ich auf Cornflakes laufen, war kein Problem. Wir waren hier nicht auf der Hochwildjagd. Aufgrund des dichten Bewuchses, der uns im Sitzen 30 Zentimeter überragte, war es unnötig, Schirme aufzustellen.

Als der Morgen zu dämmern begann, setzten sich die Wolken in Bewegung. Zwar regnete es nicht, aber der Westwind frischte enorm auf. Nicht schlecht für die Taubenjagd. Auf dem Feldweg hinter uns tanzte das Laub in Kringeln, ähnlich einer Windhose. Und schon bald flogen uns aus Richtung der hinter uns stehenden Eichen vereinzelt Tauben an.

Ich traute mich noch nicht zu schießen, aber aus den Augenwinkeln sah ich, dass Johann in Anschlag ging. Sofort nach dem ersten Knall taumelte eine Geringelte abwärts. Prasselnd fiel sie durchs Geäst einer Eiche und schlug auf das Laub am Boden. „Waidmannsheil!“, flüsterte ich und hob, weil er mich natürlich nicht hören konnte, die Hand. Johann sah es und tat es mir gleich. „Waidmannsdank!“ Nur Minuten später wurden die Flüge dichter und die Tauben zogen in Höhen von lediglich 20 bis 30 Metern über uns hinweg.

Was folgte, war ein regelrechtes Feuerwerk. Die Geringelten waren derart auf den Schwingen, dass es völlig überflüssig war, Locktauben oder erlegte Vögel in U-Form offen zum Wind auszubringen. Beinahe im Minutentakt knallte es. Bei Johann, dem absoluten Tauben-Spezi allerdings wesentlich öfter als bei mir. Und – das will ich nicht verschweigen – wesentlich erfolgreicher. Dubletten am laufenden Band. Senta hatte gut zu tun, die Tauben zu bringen.

Plötzlich vernahm ich hinter mir klatschende Schwingenschläge, und sofort hatte ich den Flintenschaft an der Wange. Aber der graue „Federball" war schneller als ich und verschwand hinter den Ästen einer Eiche. Erst außerhalb der Schussentfernung kam mir die Taube wieder in Anblick.

Abermals klatschte und knallte es über mir in der Luft. Diesmal jedoch passte es. Ein wenig vorhalten, Schuss, und ohne weitere Flügelschläge fiel die verendete Taube zu Boden. „Apport, Treff!" Das ließ er sich nicht zweimal sagen.

Innerhalb der nächsten halben Stunde erlegte Johann 16, ich sieben Geringelte. Weil der Flug für kurze Zeit geringer wurde, hatten wir Zeit, die von den Hunden apportierten Tauben zu zählen.

Doch dann kam wieder Bewegung in die Sache. In Trupps von annähernd 50 Vögeln flogen die Tauben suchend über die von Wällen und Gräben gesäumten Wiesen, Felder und sumpfigen Schilfbereiche. Und wieder war es Johann, der mit einem sauberen Schuss den nächsten grauen Vogel aus der Luft holte. Tödlich getroffen taumelte er durch das Astwerk einer Buche zu Boden. Kurz darauf schoss er ein zweites Mal, und kaum fünf Meter vor ihm klatschte die mausetote Taube auf die Wiese. Erst Sekunden später rieselte eine weiße Federwolke auf ihn herab.

Gleich danach hatte ich das Glück, zwei aufgebaumte Geringelte aus der Eiche hinter mir zu pflücken. Keine Kunst zwar, aber effektiv. Und Treff freute sich, arbeiten zu können. Johann klatschte Beifall.

In den Minuten danach, das konnte ich wunderbar erkennen, schoss Johann mit fünf Patronen fünf Tauben. Es war ein Genuss, ihm zuzusehen. Weite Schüsse? Nicht bei ihm. Weil eine der Tauben noch etwas mit den Flügeln schlug, holte sein vierläufiger Helfer diese zuerst, dann die anderen.

Weiter ging die spannende Jagd auf die schmackhaften Vögel. Johann allerdings kam mit wesentlich weniger Patronen aus als ich. Immerhin erwischte ich noch eine von zwei heranrudernden

Rabenkrähen. Im Knall legte sie die Flügel an und stürzte mausetot zu Boden.

Die nächsten zehn Minuten verliefen eher ruhig, dann jedoch zeigte Johann noch einmal, wie gut er mit der Flinte umgehen konnte. Während ich des Öfteren einen zweiten Schuss benötigte, segelten die Grauen bei ihm bereits nach dem ersten Knall in den Taubenhimmel.

Enten, Gänse, Fasanen ... Damit kam ich gut zurecht. Mit den Vögeln im grauen Frack dagegen stand ich von Anfang an ein wenig auf Kriegsfuß.

Tauben von links, Tauben von rechts, Tauben von vorn, Tauben von hinten ... Ich hatte schon viel erlebt, bei der Jagd in Vossbarg, aber derart intensiv wie an diesem Tag noch nie. Als mich etwa 30 bis 40 Tauben anflogen, schoss ich gleich zweimal vorbei. Alter Fehler. Statt dass ich mich auf einen Vogel konzentrierte, erlag ich der Versuchung, sofort nach dem ersten Schuss einen zweiten ins Visier zu nehmen.

Doch die Vögel hatten Pech. Sie drehten ab und kamen Johann. Er machte es besser als ich. Erst die eine, dann die andere. Und zwar in aller Ruhe. Fast gleichzeitig fielen die Tauben im Abstand von kaum fünf Metern auf die Wiese. Einige der Federn brauchten etwas länger.

Zu guter Letzt beschoss ich eine Taube, die zwar zeichnete, jedoch weiterflog. Weil ich sie nicht aus den Augen ließ, sah ich, dass sie nach gut 300 Metern abstürzte. Wie ein Flugzeug, dem der Sprit ausgegangen ist. Kein Problem für Treff, sie später zu finden.

Weil der „Reiseverkehr" der Geringelten gegen elf Uhr nahezu erlosch, machten wir Schluss und zählten die Tauben. Johann hatte 37 erlegt, ich immerhin 19. Weil wir zwei beschossene Tauben trotz sofortiger Nachsuche mit den Hunden nicht gefunden hatten, setzten wir sie erneut an, und jetzt benötigten die Drahthaare gerade mal drei Minuten, bis sie die inzwischen verendeten Vögel gefunden hatten. Nachdem wir den vierläufigen Jagdhelfern die nervenden Federn aus den Lefzen entfernt hatten, sahen sie sofort glücklicher aus.

Bevor wir die Kartoffelsäcke aus Leinen, in denen wir die erlegten Tauben unterbrachten, schulterten, sammelten wir die abgeschossenen Patronenhülsen in zwei Plastiktüten, um sie später zu entsorgen. Verschämt schaute ich zur Seite. Meine Tüte war mindestens doppelt so voll wie die von Johann.

Bei ihm zu Hause angekommen, löste er mit flinken Händen sechs Brüstchen vom Rest der Vögel und befreite sie von den locker sitzenden Federn. „Brauchst gar nicht so zu gucken", sagte er. „Du bleibst zum Mittagessen. Heute gibt es nämlich gebratene Taubenbrüste bei uns!"

Ich habe es wahrlich nicht bereut. Nach dem Würzen und Braten legte Elfriede die Brüstchen in den Topf mit Spezialsoße, gab reichlich Pfifferlinge hinzu und ließ sie darin garen. Rotkohl und Kartoffeln ergänzten das leckere Mahl. Lecker? Elfriede bereitete die Taubenbrüste derart schmackhaft zu, dass mir das Fett die Finger hinunterlief!

Als ich mich schließlich verabschiedete, sah ich auf dem Rasen vor der Fahrertür meines Wagens etwa 20 Tauben liegen. „Die nimmst du mit!", sagte Johann, und Elfriede nickte. So sind sie, die Ostfriesen. Was steht noch auf meinem T-Shirt, das ich mir vor Jahren kaufte? „Ostfriese. Das Höchste, was ein Mensch werden kann!" Dem habe ich nichts hinzuzufügen.

Der Kitzsucher vom Limes

Anfang Juni. Bereits zwei Stunden vor Beginn der Abenddämmerung saß ich auf der geschlossenen Kanzel Wasserhaus am Limes und wollte versuchen, einen etwa 50 Kilogramm schweren Überläuferkeiler zu erlegen – den Kitzsucher vom Limes. Mitte Mai hatte ich ihn dabei beobachtet, wie er mit gesenktem Rüssel – wie ein suchender Bock – einer Ricke mit frisch gesetzten Kitzen folgte, die kurz zuvor die Schneise vor der Kanzel passierten. Beide Kitze, das erkannte ich mit dem Fernglas, waren noch ziemlich wackelig auf den Läufen. Unverkennbar. Die Sau hatte es auf die Kitze abgesehen.

Wenige Minuten später hörte ich etwa 200 Meter entfernt am Rand des Kohlwaldes eines der Kitze, begleitet von lautem Ästeknacken, jämmerlich fiepen. Als das Angstgeschrei verklang, wusste ich, was gescheh'n war.

Nachdem ich mich auf der Kanzel eingerichtet und die Büchse griffbereit abgestellt hatte, flogen zwei Ringeltauben sowie ein Eichelhäher zur Kirrung und pickten, ständig in alle Richtungen sichernd, die Körner unten vom Rand der großen, schweren Baumstümpfe, unter die ich jeweils eine Handvoll Mais geschüttet hatte. Beim nächsten Mal, das nahm ich mir fest vor, würde ich sauberer arbeiten. „So nicht!" Als die Vögel wie auf ein Kommando davonflogen, war ich hellwach. Aber die Bühne blieb leer. Lediglich ein paar Spatzen, Finken und Meisen ließen sich blicken.

Schließlich begann es zu dämmern, und ich sah meine Felle davonschwimmen, denn wir hatten Neumond. In einer guten halben Stunde würde es dunkel sein.

Was war das? Im Buchenwald rauschte das Laub, und Totholz knackte. Ich kannte den Wechsel. Die Verursacher der Geräusche konnten nur Sauen sein. Ja! Der aufkommende Wind fächelte mir strenge Schweinewittrung zu. Das Rauschen und Trippeln stand genau auf mich zu. Immer lauter wurde es, kam näher und näher, wie eine Dampflokomotive.

Lautlos brachte ich die Büchse in Position, entsicherte und duckte mich so weit, dass ich gerade eben über den unteren Rand der Luke schaute. Und dann sah ich sie. Eine Bache mit vier kräftigen braunen Frischlingen. Etwa 20 bis 25 Kilo schwer.

Sie schienen schlecht erzogen. Ein richtiger „Sauhaufen". Völlig ohne Argwohn preschten sie zur Kirrung und begannen die Baumstümpfe umzukippen. Laut schmatzend und grunzend machten sie sich über den Bruchmais her. Bruchmais hatte ich gekauft, weil er zum einen am preiswertesten ist, zum anderen die Sauen länger am Platz hält als Körnermais. So auch heute.

Ich nahm den kleinsten der Rabauken, der wunderbar breit stand, ins Visier, und als er kurz aufwarf, schickte ich das 7 x 57er Torpedo-Ideal-Geschoss auf die Reise. Noch während des Knalls polterte die Rotte davon. Ich legte die Waffe ab, nahm das Glas an die Augen und war hocherfreut, dass der Frischling, wie vermutet, in unmittelbarer Nähe des Anschusses lag. „Heute wird es wohl nichts mehr mit dem Kitzsucher", murmelte ich mir in den kurz geschnittenen, grauen Bart, und beendete den Ansitz.

Im nunmehr letzten Licht brach ich die Sau auf und band sie zum Ausschweißen an Ort und Stelle kurz an einen dicken Ast. Nachdem ich sie in der Wildwanne im Kofferraum meines Wagens untergebracht hatte, wusch ich mir in einer Pfütze den Schweiß von den Händen, fuhr die sieben Kilometer zum Verlag und hängte sie in die Kühlkammer.

Vier Tage später, die Kirrung war trotz der Erlegung des Frischlings jeden Abend angenommen, versuchte ich abermals mein Glück auf den Kitz-Spezialisten. Wieder saß ich bereits lange vor der Dunkelheit auf „meiner" Kanzel und freute mich, als 25 Meter vor mir ein Schwarzspecht auf der Suche nach Larven einen halb vermoderten Baumstumpf auseinandernahm. Kaum hatte er sich verdrückt, erschien eine Ringeltaube, die verzweifelt jeden Baumstumpf, unter dem sich Mais befand, abklapperte. Fleitjepiepen. Angeschmiert. Sie fand nichts. Man ist ja lernfähig ...

Schließlich begann es, langsam dunkler zu werden, und ich schaute im Minutentakt durchs Fernglas. Rehwild! Als es auf dem Limes-Wall vor hellem Hintergrund kurz verhoffte, erkannte ich eine Ricke mit ... einem Kitz.

Rabenkrähen fielen mit Riesengeschrei auf ihren Schlafbäumen ein, und ein Waldkauz rief derart laut, dass ich überlegte, die Krakeler wegen ruhestörenden Lärms zu verklagen. Mitten hinein in die albernen Gedanken, trabte – wie aus dem Nichts – der Keiler. Den Pürzel steil nach oben gestreckt, zog er in Richtung Kirrung direkt auf mich zu. 45, 40, kaum 35 Meter vor mir hielt er inne und stand plötzlich regungslos da.

Die Nase im Wind hatte ich mich absolut geräuschlos verhalten. Mich konnte er also nicht spitzgekriegt haben. Im Zeitlupentempo hob ich das Fernglas an die Augen und war sofort sicher, dass ich den Kitzsucher vor mir hatte. Weiß lugten die kurzen Waffen aus dem Gebrech. Nur selten zuvor hatte ich das bei noch relativ gutem Licht so deutlich beobachten können.

Jetzt wurde mir auch klar, warum die Sau sicherte. Auf der lediglich 100 Meter entfernten Deutschen Limesstraße, die ich aufgrund der dichten Vegetation nicht einsehen konnte, quälte sich ein Motorradfahrer mit seinem stotternden Gefährt herum. Ungehalten brüllte er „Verdammte Scheiße!“ Schließlich jedoch fuhr er langsam weiter. Als er bereits ziemlich weit entfernt war, knallte der Motor mehrmals hintereinander derart heftig, dass man glauben konnte, es wären Schüsse gefallen.

Die Sau allerdings schien das durchaus richtig einzuordnen. Ohne sich um weitere Fahrzeuge auf der Limesstraße zu kümmern, die Geräusche waren ihr sicher bekannt, zog sie zielstrebig zur Kirrung und begann direkt neben dem weiß leuchtenden Salzleckstein auf einem Baumstumpf das Schweinegold zu schlürfen.

Durchs Fenster der Kanzel konnte ich alles haargenau beobachten und ging, während starker Wind aufkam, der die Wolken nur so über den Himmel jagte, in Anschlag. O nein! Natürlich hatte ich nicht raschelnde Kleidung an, aber während ich mich etwas drehte, quietschte einer meiner Stiefel. Sofort warf die Sau auf und verharrte wie eine Salzsäule. Ich traute mich nicht, einzustechen. Ein weiteres Geräusch, und der Keiler hätte das Weite gesucht.

Nach etwa einer Minute jedoch kam mir der Zufall zu Hilfe. Ein Lastwagen fuhr derart laut knatternd vorbei, dass die Sau in Richtung des Lärms äugte. Ich nutzte die Gunst der Sekunden: Zielstachel auf die Zehn, einstechen, Finger an den Züngel, Schuss. Kurzes Poltern, dann war Ruhe. Ich war mir sicher, auf die Entfernung von lediglich 30 Metern gut abgekommen zu sein, blieb jedoch noch 20 Minuten sitzen.

In der Zwischenzeit setzte die Dämmerung ein, und der Laubwald um die Kanzel herum nahm von Minute zu Minute andere Konturen an, wirkte äußerst imposant, urweltlich. Wie viele Sauen hatte ich an diesem Platz in den vergangenen Jahren schon erlegt? Ich dachte nach und kam auf acht. Ein großartiges Fleckchen Erde, das ich förmlich ins Herz geschlossen hatte.

Noch einmal glaste ich den Bereich, in dem ich den Keiler beschossen hatte, ab. Aber ich konnte nichts entdecken, das Ähnlichkeit mit einer toten Sau hatte. Kurz bevor ich abbaumte, schloss sich die Wolkendecke, und es begann zu regnen.

Dann allerdings hielt mich nichts mehr, und ich schaute nach. Direkt am Anschuss lag Schweiß. Nicht viel, aber doch genug, um mit der Taschenlampe folgen zu können. Stopp. Da knackte doch etwas! Nur einmal zwar, aber laut und deutlich. Während ich lauschte, hörte ich das Rauschen des Blutes in meinen Ohren. War da womöglich etwas schiefgelaufen? Die Zähne begannen zu klappern, die Hände zitterten, die Augen tränten. „Böh, böh, böh!" Nein. Nur ein Reh.

Nach weiteren fünf Metern durch dichtes Gestrüpp fand ich keinen Schweiß mehr und wurde unruhig. Zehn Meter noch, dann würde ich es aufgeben, Arndt aus dem Bett schmeißen und ihn bitten, mit seinem Brandlbracken-Rüden „Alf" nachzusuchen.

Was für ein Glück. Erst am Tag zuvor hatte ich meine Halogenlampe mit neuen Batterien versehen, sodass ich rund um mich herum alles großflächig und hell ableuchten konnte. Hallo? Kaum fünf Meter hinter mir und drei Meter seitlich lag ein schwarzer Klumpen! Ich hatte ihn glatt übersehen. Ich ging zurück und stand vor dem längst verendeten Überläufer. 47 Kilo aufgebrochen brachte er auf die Waage. Meine neunte „Wasserhaus-Limes-Sau".

Am nächsten Wochenende kamen die inzwischen erwachsenen, flüggen Kinder zum Wildschweinessen. Und wie immer zauberte Erika Gerichte auf den Tisch, die manchen Fünf-Sterne-Koch hätten alt aussehen lassen. Leider jedoch konnte ich nicht mehr sagen, was ich seit mehr als 30 Jahren immer wieder von mir gab. Mein Sohn und meine Tochter kamen mir mit lächelnden Gesichtern zuvor. „Ja Papa, eine Suppe, in der noch was drin ist", sagte Carina. Carsten beendete den Satz: „Und Fleisch, das nicht nach Wasserdampf schmeckt." Ich bin nicht sicher, aber ich glaube, ich habe „vorlautes Gesindel" zu ihnen gesagt.

Ente gut, alles gut

15. Januar: Entensilvester. Für Hatz und mich alljährlich ein absoluter Pflichttermin, um zum letzten Mal im Jagdjahr den Enten nachzustellen. Zwar hatte es am Neujahrstag gewaltig gefroren, sodass die Gewässer innerhalb von Stunden mit Eis bedeckt waren, aber bereits vier Tage später war es nach einem Wettersturz mit der Herrlichkeit vorbei. Das Eis schmolz, und die Enten flogen wie verrückt. Dementsprechend war ich voller Hoffnung, als ich gleich nach dem Mittagessen mit meinem Hund aufbrach. Das wird ein spannender Tag – ich wusste es.

Nachdem ich das Auto unter den ausladenden Ästen einer riesigen Buche geparkt hatte, stiefelten wir den weiten Weg querfeldein bis zu einem kleinen, von Schilf, Pappeln und Schwarzerlen umgebenen See. Vorsichtig näherte ich mich mit Hatz an der Leine dem Gewässer und hörte plötzlich kaum 20 Meter entfernt im Schilf etwas planschen. Enten oder Blesshühner? Keine Ahnung. Das heißt, geahnt habe ich schon etwas, gewusst jedoch nichts. Ich lud die Flinte, schnallte Hatz und ging in Voranschlag. „Voooran, Hatzi! Voooran, mein Hund!“

Kaum hatte er das Wasser erreicht, paddelte er durchs dichte Schilf in Richtung der Geräusche. Nur wenige Sekunden später flogen vier Stockenten mit lautem Gequake auf, und es gelang mir, zwei von ihnen zu erlegen. Mitten über dem See stürzten sie ab und schlugen aufs Wasser. Kein Problem für Hatz erst die eine, dann die andere zu apportieren. Das fing ja gut an.

Ich hatte sechs Bockwürstchen im Rucksack. Drei für Hatz, drei für mich. Gerade, als ich meinem Hund eine halbe Wurst geben wollte, drehte er den Kopf und schien zu horchen. Enten? Ja. Ein

Schof von etwa 15 Stockenten strich exakt auf uns zu. Es war schon immer so. Hatz kündigte mir durch Sichern in die entsprechende Richtung die Wasservögel an, lange bevor ich sie gehört oder gesehen hatte.

Wie auf Kommando duckten wir uns, und als die Enten kaum mehr als 20 Meter entfernt in einer Höhe von ebenfalls zirka 20 Metern in Reichweite kamen, schoss ich beide Läufe leer. Die zweite Dublette! Eine Ente und ein Erpel. Ich war gut drauf heute. Hatz drehte seinen Kopf, schaute mich an, und als ich wortlos nickte, startete er durch. Nachdem er die Enten geholt hatte, schielte er unmissverständlich zum Rucksack. „Her mit der Wurst!"

Es lag was in der Luft. Ich spürte es. Deshalb suchte ich schnell den auserkorenen, bewährten „Kuschelplatz" auf, von dem aus ich in den vergangenen Jahren sehr viele Enten erlegt hatte. „Kuschelplatz" deshalb, weil Hatz es dort jedes Mal mit knurrenden Geräuschen genoss, von mir gestreichelt zu werden. Manchmal grunzte er wie ein Schwein.

Wieder machte mich Hatz auf drei Enten aufmerksam, die auf dem See einfallen wollten. Als sie etwa 30 Meter entfernt waren, schoss ich zwei Mal und – ich traue mich kaum es zu erzählen – erwischte wiederum zwei Enten. Sie waren bereits mausetot, als sie auf die Wasseroberfläche platschten.

Ich kann mich irren, aber ich glaube, Hatz schaute mich ziemlich ungläubig an, bevor er sie holte. „Der schießt ja heute wie der Teufel!" Jedes Mal, nachdem er die Enten ausgegeben hatte, schüttelte er sich derart, dass er völlig hinter einer riesigen Wasserwolke aus unzähligen Tropfen verschwand.

Von wegen entspannen. Gleich nachdem wir unser „Nest" wieder aufgesucht hatten, strichen sechs Enten aus Richtung Holland kommend auf uns zu. Zwar konnten sie uns nicht mitbekommen haben, drehten jedoch frühzeitig ab, sodass die Schrote im Lauf blieben.

Eine Gans! Eine einzeln fliegende Graugans drehte in aller Seelenruhe eine Runde über den See und begann zu rufen. Hatte sie ihren Partner verloren? Als sie während des zweiten Erkundungsflugs nahe genug an uns vorüberflog, schoss ich ... vorbei. Der zweite Schuss jedoch traf. Die Gans kippte ab und segelte im Sturzflug ins hohe Schilf auf der uns gegenüberliegenden Seite des Gewässers. „Such verlor'n, mein Hund!"

Das ließ sich Hatz nicht zwei Mal sagen. Er umrundete den See und brauchte gerade mal fünf Minuten, um die noch lebende, geflügelte Gans zu finden. Ich war unendlich stolz auf meinen vierbeinigen Freund. Und weil er das wohl spürte, schielte er nach dem Ausgeben wiederum zum Rucksack. „Ist ja gut!" Auch ich genehmigte mir eine der leckeren Knackwürste und schenkte mir heißen Tee aus der Thermoskanne ein. Sechs Enten und eine Gans. Was für ein Tag.

Mittlerweile war es zunehmend nasskalt geworden an diesem 15. Januar, sodass ich zu frieren begann. „Eine halbe Stunde noch", sagte ich zu Hatz, „dann fahren wir nach Hause." Eine einzelne Stockente jedoch sollte ich mit dem zweiten Schuss noch erbeuten. Kurz bevor sie hinter den Schwarzerlen verschwinden konnte, erreichten sie meine Schrote.

„Na, Hatz", sagte ich, „bist du zufrieden mit mir heute?" Und Hatz wackelte mit seinem kurzen Stummelschwanz, was ich als positives Zeichen wertete. Doch was war das? Von einer Minute zur anderen wurde es merklich dunkler. Erst jetzt sah ich die schwefelgelben Wolken-Ungetüme, die hinter uns wie drohende Berge aufzogen. Grelle Blitze, vier gewaltige Donnerschläge kurz hintereinander ... Ein Wintergewitter, wie es im Buche steht. So schnell es ging, schulterte ich den Rucksack mit den sieben Enten und der Gans am Galgen und machte mich mit Hatz auf den Weg zum etwa einen Kilometer entfernt geparkten Wagen.

Trotz unseres Dauerlaufs, bei dem mich Hatz unaufhörlich angrinste, schafften wir es nicht, trocken anzukommen, denn plötzlich öffnete der Himmel all seine Schleusen. Innerhalb weniger Minuten waren wir nass bis auf die Haut. Sowohl ich als auch Hatz. Aber er beschwerte sich nicht, schüttelte sich und tat so, als wäre es das Normalste der Welt. Wasser hatte ihm noch nie etwas ausgemacht.

Als zusätzlich zum Regen Sturm aufkam, suchten wir kurz Unterschlupf unter einer alten Pappel hinter einem Wall. Wie ein Bach lief der Regen den Baumstamm hinunter, und als es wieder zu blitzen und zu donnern begann, gingen wir einfach weiter. Noch nasser konnten wir ja nicht werden. Unter meinen Stiefeln klebte Schlamm, und auch Hatz hatte, während wir über Wiesen und gepflügte Felder liefen, ziemlich große Erdklumpen an den Pranten.

Schließlich erreichten wir das Auto, und nachdem ich Hatz notdürftig vom Klei befreit und mit einem Handtuch abgerubbelt hatte, durfte er als Erster einsteigen. Wie es sich für einen Jagdfreund gehört, natürlich vorne, allerdings auf dem Boden des Beifahrersitzes. Ich legte den vor Wasser triefenden Rucksack, die Enten und die Gans in den Kofferraum, zog mich bis auf die Unterhose aus, warf die dreckigen Klamotten ebenfalls in den Kofferraum und setzte mich frierend mit nassem Hintern ans Steuer. Nur so konnte ich vermeiden, den Sitz völlig zu verschmutzen.

Bevor ich losfuhr, streichelte ich Hatz noch ein wenig, der das sichtlich genoss, und startete dann den Motor. Die einzige Sorge, die ich in diesem Moment hatte, war, wie komme ich ins Haus, ohne dass mich die Nachbarn seh'n.

Wie sagt man so schön in Russland? „Gibt sich eine Meeeglichkeit!" Ich fuhr direkt in die Garage, die sich per Funk öffnen ließ, hupte drei Mal, und schon kam Erika mit einem Schirm in der Hand nach draußen. Fürsorglich, wie sie nun mal ist, nahm sie Hatz an der Leine mit ins Haus und brachte mir Minuten später, in denen ich zähneklappernd wartete, den alten Lodenmantel, den ich seit Jahren nicht angehabt hatte und der stark nach Mottenkugeln roch ...

Eine absolute Rarität

Ich liege in meinem Jagdzimmer auf dem uralten, geerbten Chaiselongue, um mich ein wenig auszuruhen und schaue, wie so oft, auf die Trophäen an der Wand. Noch sind es nicht so viele, dass ich Gedächtnislücken habe. Besonders lange verweilen meine Blicke auf dem „Einstangen-Doppelkopf", einem Bock, den ich im Revier von Freund Rolf bei Kuhstedt am Rande des Teufelsmoors erlegte. Die rechte zwölf Zentimeter lange Stange mit abgebrochener Spitze weist den Ansatz einer Vordervereckung auf. Das Besondere jedoch ist der „Eierbecher", der stangenlose Rosenstock auf der linken Seite. Eine absolute Rarität, wie sich herausstellen sollte. Wie war das noch damals?

10. Juni 1986: Rolf von der Redaktion „Wild und Hund", der die Arbeitswoche über in Hamburg auf derselben Etage wie ich ein möbliertes Zimmer bewohnte, hatte mich in sein Revier auf einen Bock eingeladen. Bereits am späten Nachmittag saß ich auf der Leiter an „Wintjens Wiese". Frischer Wind streichelte mein Gesicht, und es roch nach Moor. Ein kleines Stück Tarnnetz gab mir Sichtschutz. Kalt war's. Mich fröstelte.

Erst mal gucken. Auf der vor Kurzem gemähten Wiese suchten Drosseln nach Gewürm, und ein Buchfink schmetterte inbrünstig seine markante Liedstrophe aus dem Holunderbusch unweit des Sitzes. Ein Großer Brachvogel flötete mehrmals seinen sehnsuchtsvollen Ruf über das weite Land. Völlig in Gedanken versunken, bohrte ich die Hände tiefer in die Taschen der Faserpelzjacke und zog den Hals zwischen die Schultern.

Rolf, der mich mit einem herzlichen „Waidmannsheil" hier abgesetzt hatte, begab sich auf einen anderen Sitz, von dem aus er einen „Liliputaner-Sechser“ mit leicht gedrehten Stangen erlegen wollte, den er seit Jahren kannte.

Der Wind stand gut. Mein Bock konnte kommen. Rolf hatte gesagt, außer „Blacky“, einem schwarzen Bock, könne ich jeden schießen, der mir Freude bereitet. „Auch den abnormen Einstangen-Bock, der da geht.“ Großartig. An solchen Gesten erkennt man seine Freunde. Viel konnte ich also nicht falsch machen. Einen jungen Zukunftsbock allerdings, klare Sache, würde ich nicht erlegen.

Herrlich. Ich genoss die Stille. Balsam für meine geräuschempfindlichen Ohren nach einer Woche Großstadtlärm. Böcke, das hatte Rolf gesagt, könnten auf die Wiese vor meinem Sitz von überall her kommen. Aus den alten Eichen, aus dem mit Schilf bestandenen Graben, aus der Remise, sogar über den Feldweg aus dem Moorstück.

20 Minuten lang tat sich nichts, aber dann ging mir spontan das Herz auf. Kaum 40 Meter entfernt erschien „Blacky“, der junge schwarze Bock, den mir Rolf zwei Wochen zuvor bei einer Gummipirsch gezeigt hatte. Lackschwarz seine Decke, jugendlich sein Auftritt. Die starken, wenn auch nur schwach vereckten Sechser-Stangen standen etwa eine Handbreit über Lauscher. Im Kontrast zur schwarzen Decke wirkte das Gehörn recht hell.

Hier, in den Mooren und Brüchen, sind sie zu Hause, die schwarzen Böcke. Eine Besonderheit, die es, von seltenen Ausnahmen abgesehen, fast nur im nordwestdeutschen Tiefland gibt. Die genauen Ursachen für die sich rezessiv (verdeckt) vererbenden Farb-Mutationen sind umstritten. Es ist wohl nur eine klimabedingte Laune der Natur. Sicher jedoch ist, dass die Veränderung des Erbguts eine starke Vermehrung des schwarzen Pigments bewirkt, das die „normale“ Färbung unterdrückt. Es gibt hier schwarze Ricken mit roten Kitzen, aber auch umgekehrt, oder welche mit zugleich rotem und schwarzem Nachwuchs.

Fasziniert beobachtete ich durch das Doppelglas, wie „Blacky“ vertraut auf der Wiese zu äsen begann. Als er kurz aufwarf und aufmerksam zum Birkenwald zurückäugte, dauerte es nur noch

Sekunden, bis ihm ein rotes Schmalreh folgte. Aha, dachte ich, eine Geliebte hat er also auch schon.

Nur Minuten später zogen eine hochbeschlagene, noch nicht voll verfärbte Ricke sowie ein weiteres knallrotes Schmalreh aus dem Bestand und begannen ebenfalls zu äsen. Ihnen folgten zwei weitere Rehe, die sich beim Blick zwischen die Lauscher als gut veranlagte Jährlingsspießer entpuppten.

So ganz grün jedoch schienen sich die Brüder nicht zu sein, denn plötzlich standen sie sich gegenüber und begannen, wild zu plätzen sowie spielerisch mit den Gehörnen zu drohen. Früh übt sich, was ein richtiger Rehbock werden will! Ich musste schmunzeln.

Jetzt wurde es spannend: Wie ein Soldat im Paradeschritt näherte sich der eine Bock dem Kontrahenten. Dann zogen sie, sich gegenseitig die Breitseite zeigend, etwa vier Meter voneinander entfernt im Stechschritt nebeneinander her. Nach 20 Metern stoppte das Duo und begann zu kämpfen. Drei Mal prallten ihre Gehörne gegeneinander, danach ging es zurück in die Grundstellung.

Gleich darauf rannte der etwas kräftigere der beiden den anderen regelrecht über den Haufen. Der jedoch rappelte sich wieder auf und versuchte dem Kontrahenten mit Bocksprüngen zu imponieren. Erfolglos. Das Gehampel wurde ignoriert. Und dann dauerte es auch nicht mehr lange, bis sich die Raufbolde wieder der Nahrungsaufnahme widmeten.

Als ein Landwirt mit seinem uralten Traktor auf dem holprigen Feldweg herantuckerte und in der Nähe vorüberfuhr, sprangen alle Rehe ab. Im Nu hatte sie das Moor verschluckt. Schade. Nun denn. Nur Minuten später war es wieder wunderbar ruhig in Rolfs Revier. Ich schaute der Sonne zu, wie sie im Zeitlupentempo hinter den Birken verschwand und erfreute mich am virtuosen Gesang der Vögel. Ein extrem hell gefärbter Bussard miaute im Aufwind, mehrere Eichelhäher schimpften im Busch, als bekämen sie es bezahlt.

Immer wieder leuchtete ich die Freifläche mit dem Fernglas ab. Aber Achtung: Wie aus dem Nichts stand er plötzlich da. Ein Bock mit, wie ich sogar ohne Glas erkennen konnte, lediglich einer Stange. Kaum mehr als 80 Meter entfernt war er aus dem Schilfbewuchs vor dem Graben gezogen und begann, nachdem er gut zwei Minuten in alle Richtungen gesichert hatte, zu äsen. Mein Blutdruck erhöhte sich schlagartig.

So langsam es ging, nahm ich das Spektiv an die Augen und erkannte, dass sich auf der linken Seite ein kurzer Rosenstock befand. Abgebrochen, vermutete ich. Auf jeden Fall war es der Bock, den mir Rolf beschrieben hatte, und ich entschloss mich sofort, ihn zu erlegen. Noch war er zum Teil von der Vegetation des Grabenrands verdeckt, aber das würde sich sicher bald ändern.

Langsam, immer wieder sichernd, zog er äsend auf die Weide. Nur kurz noch verschwand er hinter einem Busch, aber dann stand er frei. Ich schwenkte das auf der Brüstung des Hochsitzes aufgelegte Gewehr im Zeitlupentempo in seine Richtung, erfasste das Blatt des Wildkörpers im Absehen, atmete noch einmal tief durch und ließ das 11,2 Gramm schwere TIG fliegen.

Der Bock zeichnete und stürmte gleich darauf direkt auf mich zu. Längst hatte ich durchgeladen, war jedoch sicher, gut abgekommen zu sein. Etwa zehn Meter vom Sitz entfernt brach er zusammen. Nur kurz noch schlegelte er mit den Läufen. Mir fiel ein Stein vom Herzen.

Genau in dem Moment, als ich abbaumte, um meine Beute in Besitz zu nehmen, hörte ich einen Schuss. Wohl Rolf, dachte ich. Sicher hat auch er, der hervorragende Schütze, seinen Bock erlegt. In der Tat: Nachdem ich meinen Bock versorgt hatte, holte mich Rolf ab und bestätigte meine Vermutung. Sein mindestens sechs Jahre alter „Mini-Sechser“ hatte zwar ausgesprochen dicke, jedoch ungewöhnlich kurze, gedrehte Stangen.

„Mein lieber Schwan“, sagte Rolf, als er meinen Bock sah „eine derartige Trophäe hat es bei uns noch nie gegeben. Waidmannsheil!“ – „Waidmannsdank!“ Erlegerbruch und letzter Bissen wurden gewechselt, und ab ging’s zum Gasthaus Ahrens, in dem sich nach und nach alle Jäger des Reviers einstellten, um unsere Beute zu begutachten.

Um Näheres über den seltsamen „Eierbecher“ auf der linken Seite meines Bocks zu erfahren, schickte ich das Gehörn zum Jagdwissenschaftler Dr. A. von Braunschweig, und der antwortete mir spontan:

„Die Begutachtung Ihres Gehörns ergab: Geschätztes Alter des Bocks: drei Jahre. Die linke Stange ist nur als Rose vorhanden. In die Rose hinein reicht eine halbkugelförmige Delle, in der nur im tiefsten Teil eine Knochenbruchstelle erkennbar ist. In der Delle hat mit Sicherheit eine Stange gesessen. Die Rose ist die Gehörnbildung des Jahres 1986. Die abgeworfene Stange stammt aus dem Jahr 1985. Diagnose: Einseitige Doppelkopfbildung. Besonders tiefe Eindellung in der Rose durch Umwachsung der Vorjahresstange durch Folgegehörn.“

Zufällig entdeckte ich in einem Fachbuch folgende ergänzende Angaben: „Ein Doppelkopf ist vorhanden, wenn eine Stange vor Ausbildung der neuen nicht abgeworfen wird, sodass zwei Stangenbildungen verschiedenen Alters auf- und nebeneinanderstehen. Die Bildung kommt dadurch zustande, dass die alte Stange von der Neubildung umfasst wird, wenn Abwerfen und folgendes Gehörnwachstum nicht in der normalen Folge vor sich gehen.

Die alte Stange kann stehen bleiben, sie kann sich nachträglich lockern und abgeworfen werden, oder sie kann auch lose und beweglich festgehalten werden. Der Grund für diese Erscheinung ist eine vollkommene Auflösung der Knochensubstanz in der Trennungszone. Das hat zur Folge, dass die Stange überhaupt nicht abgeworfen wird oder erst abwurfreif wird, wenn die Bildung des Folgegehörns bereits begonnen hat. Die Doppelkopfbildung kommt an beiden Stangen oder auch nur einseitig vor. Sie ist beim Rehbock außerordentlich selten.“

Eine Woche nach der Erlegung des Einstangen-Doppelkopfs hatte ich noch einmal enormes Glück. Und zwar mitten in Hamburg, gerade mal 500 Meter vom Hauptbahnhof entfernt. Nein. Natürlich nicht auf der Jagd.

Auf dem Weg von der Redaktion in der Spitalerstraße während der Mittagspause zum „Steh-Chinesen“ sah ich zufällig, dass mehrere Arbeiter die runden Holzbänke aus massivem tropischem Hartholz um einige Bäume abmontierten und auf einen Haufen warfen. Schon bald sollten sie durch neue Rundbänke aus Aluminium ersetzt werden. Durch solche, bei denen man einen kalten Hintern bekommt, wenn man sich draufsetzt.

Als ich die wunderschönen noch gut erhaltenen Holzbänke sah, fragte ich, was denn damit geschehen würde. „Die kommen auf den Müll!“ O mein Gott! Und genau in dem Moment, als ich auf einer Bank eingeschnitzt die Worte „Elvis lebt“ las, fragte ich, ob die Möglichkeit bestünde, die Bänke zu kaufen.

"Was willste denn dafür geben?“, fragte einer der Arbeiter. „Keine Ahnung“, antwortete ich. „Ne Kiste Bier!“, klang es aus dem Hintergrund. Nie zuvor in meinem Leben habe ich so schnell eine Kiste Bier gekauft und dann nach und nach mit meinem hinten aufgeklappten Golf die alten Holzbänke – ich muss es noch einmal sagen, aus dickem, massivem, tropischem Hartholz – in mein Zimmerlein in der Spitalerstraße geschleppt. Ich glaube, es waren sechs Fuhren. Zuletzt kam ich zwar kaum noch in die Wohnung, aber das war mir egal. Heute zieren und bereichern die Bänke den Innenhof unseres Hauses in Emden.

Etwa ein halbes Jahr später jedoch, und darüber kann ich mich noch heute ärgern, war ich so dämlich, mir – ebenfalls in Hamburg – zwei echte Sahnestücke durch die Lappen gehen zu lassen: den gewaltigen Schädel eines längst ausgestorbenen Höhlenbären aus der Steiermark in Österreich und drei riesige, versteinerte, miteinander verbundene Dinosaurier-Eier.

Der Schädel, der mich wochenlang aus dem Schaufenster des Geschäfts anlächelte, hätte dreitausend Mark gekostet, die Dino-Eier lediglich 800. Weil das Konto jedoch mal wieder überzogen war, sah ich von einem Kauf ab. Ich Trottel! Ich hätte einen Kredit aufnehmen sollen. Die Exponate wären absolute Hingucker in meinem „Museum“ gewesen.

Schwein gehabt

Von wegen blöde Schweine! Wieder einmal haben sie den Braten gerochen, und zwar lange bevor er im Topf war! Obwohl sich die große Treiberwehr am 9. Januar bei der revierübergreifenden Drückjagd im „Dreiländereck“ Wild-und-Hund-Testrevier, Rettert sowie Forstamt Nastätten alle Mühe gab, wurden im Testrevier von 16 Schützen lediglich ein Kitz, ein Stück Damwild sowie ein Frischling erlegt. In den Nachbarrevieren sah es nicht besser aus. Auch dort fielen nur wenige Schüsse.

Der Grund? Die Sauen lagen an anderen Stellen als vermutet und dort zu allem Übel noch ausgesprochen locker. Klirrende Kälte bei minus zehn Grad, eine knirschende Schneedecke: Jeder Schritt war weithin zu hören. Die Sauen kannten das Spiel und verdrückten sich, wie noch warme Kessel und Fährten im Schnee bewiesen, frühzeitig in sichere Gefilde. Bei gleicher Aktion im vergangenen Jahr kamen immerhin 16 Sauen, ein Kitz sowie ein Damkalb zur Strecke.

Am Tag darauf, es ist Samstag, der 10. Januar, sitze ich weitab der bejagten Bereiche bereits um 16 Uhr im Testrevier auf einer geschlossenen Kanzel mitten im Bestand vor einer Kirrung. Einen Tag vor Vollmond ist es mir bei nunmehr minus zwölf Grad, strahlend blauem Himmel und glitzernder, gleichmäßig weißer Schneedecke an den Freiflächen einfach zu hell. „Wenn, dann hier!“, sage ich mir. Und weil noch zwei Kitze frei sind, mache ich mir auch diesbezüglich Hoffnungen. Vielleicht würde sich ja sogar Reineke blicken lassen. Die Baujagd-Experten Karl-Heinz und Christian hatten mit vier Rotröcken in der Woche zuvor bereits einiges vorgelegt.

Nachdem ich mich eingerichtet habe, drehe ich die Gaskartusche auf meinen Heizofen, stelle ihn per Knopfdruck an und freue mich über die wohlige Wärme, die mir an den Beinen emporsteigt. Fünf Stunden müsste sie halten, die Kartusche. Danach würde ich die zweite, die sich noch im Rucksack befindet, verwenden. Dass ich einen Heizofen besitze, müssen die Kollegen ja nicht unbedingt wissen. Ihnen habe ich immer erzählt, ich brauche so etwas nicht. Ich käme aus Ostfriesland, und das wären alles „unheimlich harte Hunde" …

17 Uhr. Es beginnt zu dämmern. Am klaren Himmel leuchten die Sterne. Der hoch stehende Mond jedoch übertrifft sie alle. Unglaublich hell ist er, so strahlend hell, dass es millionenfach auf dem gefrorenen Schnee blinkt und glitzert, als befände sich dort die Milchstraße. Was für eine Stimmung! Ich lausche, aber es tut sich nichts. Kein Knirschen, kein Knacken.

18 Uhr. Eigentlich müsste es dunkel sein. Aber der Mond hat was dagegen, verzaubert die Szenerie in einen schwarz-weißen Märchenwald: oben der hellgraue Himmel mit unzähligen Sternen und der kreisrunden Leuchtscheibe, unten der harsche, glitzernde Schnee. Und mittendrin, schwarz, düster und drohend, die blattlosen, bis in die Kronen verästelten Eichen und Buchen.

Faszinierend die langen, schmalen, weiß leuchtenden Streifen auf der Erde, die das Mondlicht erzeugt. Es sieht aus, als hätte ein Maler in einem Anfall von Genialität und Wahnsinn den Waldboden mit weißen Pinselstrichen versehen. Auch die Äste der Bäume werfen bizarre Schatten auf den Boden. Ein Bild, das sich jedoch von Minute zu Minute zeitlupenartig verändert. Soeben noch war der dicke Baumstumpf an der Kirrung weiß, jetzt ist er schwarz. Licht und Schatten tanzen durch den Wald.

18.15 Uhr. Baumstumpf? Schwarz? Der Stumpf war doch gerade noch nicht da! In der Tat: Etwa 30 Meter entfernt steht, wie hingezaubert, eine Sau. Ich habe sie trotz der hart gefrorenen Schneedecke nicht kommen hören. Und noch eine. Nein. Noch zwei! Mit bloßem Auge erkenne ich: alle gleich groß. Starke Frischlinge, sicher Geschwister. Das passt!

Langsam und lautlos schiebe ich die Büchse auf dem Filzstück in Position und bin erfreut über das unglaublich gute Licht, das mir Luna beschert. Langes Fackeln ist nicht nötig. Schon ist der Schuss draußen.

Ich bin sicher, getroffen zu haben und überlege, als die Bühne leer ist, was ich tun soll. Bleib' einfach sitzen, sagt mir mein Inneres. Und so bleibe ich dann, entgegen der Gewohnheit bei der Saujagd, sitzen. „Vielleicht kommt ja noch eine!"

19.30 Uhr. Fuchs! Oben rechts, etwa 40 Meter entfernt, wuselt ein Roter im Laub herum. Wieder leistet der dicke Filzstreifen, auf dem die Büchse liegt, beste Dienste. Ich visiere den roten Freibeuter an, steche ein ... und höre unmittelbar darauf links der Kanzel ein Knacken. Vorsichtig drehe ich den Kopf und traue meinen Augen nicht. Vier geringe Schwarzkittel – eindeutig Frischlinge. Ich vergesse den Fuchs und schwenke das Gewehr. Die Kujel sind äußerst vertraut, beginnen an exakt derselben Stelle, an der ich um 18.15 Uhr auf die erste Sau schoss, damit, den Mais auszubuddeln. Es ist keine Kunst, einem der „Steckdosen" die Kugel anzutragen. Auch dieses Mal habe ich aufgrund des hervorragenden Lichts ein gutes Gefühl. „Das passte!"

Und nun? Runter und nachschauen? Mein inneres Gefühl ist dagegen: „Bleib sitzen. Die haben Kohldampf!" Was für eine Nacht! Kaum fünf Minuten später geistert ein Marder um die Kanzel herum. Mehrmals hält der Irrwisch inne, sodass ich ihn voll im Visier habe, jedoch nicht schieße. Einen Marder mit der großen Kugel? Nein danke! Mit Schrot gerne.

Eine gute Entscheidung, denn exakt um 20.15 Uhr zucke ich abermals zusammen. Jetzt allerdings höre ich sie anwechseln – die Sauen. Direkt von vorn. Diesmal sind die „schwarzen Klumpen" größer als die bisherigen, das erkenne ich sofort. Aber, und das beruhigt mich, die fünf Stücke sind wiederum alle gleich groß. Ich lasse sie etwa zwei Minuten an der Kirrung gewähren, dann bin ich absolut sicher, dass keine führende Bache dabei ist und schicke das dritte 11,2 Gramm schwere Torpedo-Idealgeschoss aus meiner 7-x-57er-Büchse auf die Reise.

Auch dieses Mal bin ich sicher, gut abgekommen zu sein, so sicher, dass ich meinen geliebten Heizofen verwetten würde, dass die Sau liegt. Dennoch wird mir in den nächsten Minuten etwas mulmig. „Liegen die Sauen wirklich? Ist eine Nachsuche erforderlich? Oder zwei? Muss ich Arndt oder Heiko, unsere beiden erfahrenen Nachsuchenführer anrufen? Ich entschließe mich, mit der Taschenlampe nachzuschauen.

Welch Freude! Die beiden ersten Wutze liegen – wie zur Strecke gelegt – direkt nebeneinander, kaum drei Meter von den Anschüssen entfernt. Die Fluchtfährte der dritten endet nach fünf Metern in einem Brombeerverhau. Die Gewichte liegen, wie ich später feststelle, der Reihenfolge nach bei 23, 14 und 37 Kilogramm.

Ich bin ziemlich sicher, dass ich, wenn ich sitzen geblieben wäre, noch ein, zwei weitere Sauen erlegt hätte, aber weil ich die Beute ja noch durch den Wald bis zum Auto schleppen musste, ließ ich es gut sein. So oder so: Es war für mich die Nacht der Nächte! Und ich habe schon viele tolle Nächte erlebt ...

Nur der Vollständigkeit halber: Auch in der Nacht darauf hatte ich ungewöhnliches Waidmannsheil. Von der geschlossenen Kanzel „Fernblick“ aus erwischte ich am 50 Meter entfernten Luderplatz unter einem Apfelbaum um 21.10 Uhr zunächst eine sechs Kilo schwere Fähe, um 22.35 Uhr einen Rüden von acht Kilogramm.

Im Lichte Lunas

Ende Februar. Eis und Schnee haben sich bereits verabschiedet, und bei trockenem Wetter liegen die Tagestemperaturen bei acht Grad. Während der Nacht allerdings kühlt es sich auf etwa null Grad ab.

Bereits um 16 Uhr pirsche ich durch den Wald Richtung Kanzel. Will mir in der Dämmerungsphase das Rehwild anschauen und dann bis etwa Mitternacht vor dem beschickten und angenommenen Luderplatz auf die Füchse warten.

Fünf Tage vor Vollmond scheint die soeben aufgegangene „Schweinesonne“ bei nur spärlich mit Wolken behangenem Himmel wunderbar hell und intensiv. Nicht so rötlich bleich wie im Sommer. Dass der Mond gelegentlich von einer Wolke verschluckt wird, ist mir nur recht. Das macht das Wild unvorsichtig. Richtig gute Aussichten, im Lichte Lunas am Luderplatz noch einen Fuchs auf den Balg zu legen, denn ab März werde ich den Rotröcken nicht mehr nachstellen.

Mitten im Mischwald komme ich an einem etwa 15 auf 20 Meter großen Tümpel vorbei. Die Wassertiefe beträgt gerade mal 30 Zentimeter. Aber was ist das? Da bewegt sich doch etwas! Langsam trete ich näher und staune: Teichmolche!

Sie haben ihre Winterquartiere bereits verlassen und tummeln sich an der Oberfläche des eisfreien Gewässers. Die zur Familie der Amphibien gehörenden Tiere sind jedoch nicht nur hungrig nach dem langen Winter, es gibt noch etwas, das sie unruhig werden lässt: der Drang nach dem anderen Geschlecht!

Muckmäuschenstill stehe ich da und bin fasziniert: Das Hochzeitskleid der Molche ist bereits ausgebildet. Die Weibchen sind hellbraun mit dunklen Flecken und kräftigen Marmorierungen. Als sich eine der Damen im Wasser dreht wie ein kleines Krokodil, erkenne ich den weißen Bauch und an der Kehle prächtige orangefarbene Flecken.

Noch mehr in Schale geworfen haben sich die Männchen. Rotblau, zuweilen regenbogenfarben schillernd, leuchten die Schwänze. Die Krönung, im wahrsten Sinne des Wortes, ist der gezackte, orangebraune Kamm über dem Rücken und dem Schwanz. Mit faszinierenden Schwimm-Manövern werden die Weibchen umworben. Zwischendurch machen sich die Molche mit Wolfshunger über kleine Wassertiere her.

Ein Riesen-Männchen zieht mich ganz besonders in den Bann. Es umwirbt ein wesentlich kleineres Weibchen mit eingezogener Schwanzspitze und versetzt ihm damit mehrmals peitschenartige Schläge, wobei Pheromone (Sexuallockstoffe) zur Partnerin gefächert werden.

Ich kann mich gar nicht sattsehen, aber irgendwann fällt mir dann doch ein, dass ich eigentlich anderes vorhabe an diesem Abend und gehe, als es bereits zu dämmern beginnt, so lautlos wie möglich über den Pirschweg zur geschlossenen Kanzel.

Höchste Zeit, denn kaum habe ich mich eingerichtet, höre ich den Ruf eines suchenden Fuchsrüden: „Au-Au! Au-Au! Au-Au." Ja, ist denn immer noch Ranzzeit? Offensichtlich. Es kann natürlich auch sein, dass es sich um einen „älteren Herrn" handelt, der die Zeit verschlafen hat. „Da war doch mal was ..."

Immer näher kommt der Freibeuter, wie ich dem lauter werdenden Bellen entnehme. Ob ihm – bei aller Liebe – wohl der Magen knurrt? So ganz ohne Nahrung geht es ja selbst in der Ranz nicht. Es scheint so. „Au-Au! Au-Au!", schallt es durch den Wald. Sicher kennt er die Kirrung.

Denkste! Nachdem ich meine Bockbüchsflinte auf der Brüstung der Kanzel auf ein großes, dickes Filzstück abgelegt und entsichert habe, höre ich keinen Mucks mehr. Keine Ahnung, was passiert ist, Reineke jedenfalls lässt sich nicht mehr hören, geschweige denn sehen.

So vergeht die Zeit. Wunderbar hell scheint der Mond, bietet hervorragendes Schusslicht. Klar und deutlich kann ich die 25 Meter vor mir unter einer alten Eiche befindliche Kirrung erkennen. Nur von Zeit zu Zeit verdunkeln die Schlagschatten einiger Fichten den Platz.

Hallo? Gegen 21 Uhr glaube ich, eine schwache Bewegung hinter dem Luderplatz erspäht zu haben. Höchste Aufmerksamkeit. Vorsichtig greife ich zum gummiarmierten Nachtglas und schaue direkt ins pfiffige Gesicht eines Fuchses. Fast möchte ich es gedankenverloren nennen, wie er in die Dickung links von mir äugt.

Und dann, völlig unvermittelt, taucht er wie ein Geist aus dem dunklen Bestand auf und begibt sich schnurstracks zum Luderplatz, wo er vertraut zu kratzen und zu buddeln beginnt. Zum Glück gehe ich äußerst langsam und vorsichtig in Anschlag, denn die erste Rundumsicherung Reinekes lässt nicht lange auf sich warten. Bloß keine unbedachte Bewegung, denn die Flucht-Antennen der Rotröcke sind immer ausgefahren. Wie oft schon habe ich erlebt, dass sich die sicher geglaubte Beute nach einem kaum hörbaren Geräusch von mir blitzartig verdrückte.

Noch geht alles gut. Ich erfasse den Fuchs mit dem Fadenkreuz des Zielfernrohrs, sehe jedoch, dass er nicht breit steht. Minutenlang zeigt er mir lediglich sein Hinterteil und den Rücken. Weil sein Balg prächtig aussieht, will ich ihn mit Schrot schießen.

Als er mir für den Bruchteil einer Sekunde die Breitseite zeigt, erfassen ihn die drei Millimeter dicken Schrote. Deckung geht vor Durchschlagskraft. So auch in dieser Nacht. Der Fuchs sackt auf der Stelle in sich zusammen und bleibt regungslos liegen.

Nachdem ich mehrmals tief durchgeatmet habe, beginne ich mich zu freuen. In Gedanken fahre ich mit den Händen über den gegerbten, in meinem Jagdzimmer hängenden reifen Winterbalg. Weil es noch früh ist, bleibe ich sitzen und genieße die Rufe eines Waldkauzes. Wer es nicht kennt, würde es schaurig nennen.

Ha! Etwa eine Stunde später macht sich am Luderplatz abermals irgendetwas zu schaffen. Weil sich der Mond gerade hinter einer Wolke befindet, kann ich die Bewegung mit bloßem Auge jedoch nur schemenhaft erkennen. Das Fernglas verschafft Gewissheit: ein Marder. Ich bin nicht sicher, aber ich glaube, sogar ein Goldkehlchen, ein Baummarder. Ideal für den Schuss mit Schrot.

Krampfhaft versuche ich, ihn ins Absehen zu bekommen. Aber es ist zu dunkel. Da gibt es nur eins: warten. Doch ich warte vergebens. Als die Wolke den Mond freigibt, ist der Marder verschwunden. „So ein ..." Ich plane, und Diana lacht. „Du kleines Miststück, du süße Sau!", murmele ich mir in den Bart und entschuldige mich sofort für diese Entgleisung. „War nicht so gemeint, Diana!"

Und schon zucke ich zusammen. In unmittelbarer Nähe der Stelle, an der mein erlegter Fuchs liegt, sitzt ein Rotrock auf den Keulen und sichert in alle Richtungen. Zum Glück äugt er nicht nach oben, sodass er mich in vier Metern Höhe nicht wahrnimmt.

Als er breit steht, fackele ich nicht lange, sondern schieße, so schnell es geht. Für den Bruchteil einer Sekunde blendet mich der Feuerstrahl, dann jedoch schaue ich durchs Fernglas und ... nichts! Habe ich vorbeigeschossen? Kann fast nicht sein. Dennoch ist mir mulmig. Zehn Minuten warte ich, dann beschließe ich, abzubaumen und die Jagd zu beenden.

Schweiß! Im Schein der Taschenlampe leuchtet mir roter Schweiß entgegen. Erleichterung macht sich breit. Langsam und vorsichtig folge ich den Tropfen. Sekunden später stehe ich vor dem verendeten Rüden. Innerlich jubelnd hebe ich ihn auf und gehe zum zuerst erlegten Fuchs. Auch das ist ein Rüde. Beide sind in etwa gleich schwer, wiegen jeweils gut acht Kilo. In der Ferne schlagen die Kirchglocken. Ich zähle mit. Elfmal, 23 Uhr. Ich will in meine Wohnung, bin müde. Der Sandmann kommt. Zeit, sich in den Kessel zu schieben.

Zwar trete ich mit den Füchsen in den Händen auf dem Rückweg zum Auto in ein tiefes Loch im Waldboden und überdehne mir den linken Fuß derart, dass er innerhalb von Minuten zu doppelter Größe anschwillt. Aber was ist schon ein bisschen Schmerz gegen zwei wunderschöne Winterfüchse. „Ein Scheißdreck!", würde mein Sohn sagen.

An der Kirrung

Seit Wochen schon prügelte sich der Herbst mit dem Winter. Regen, Sturm, Hagel, Frost. Sturm, Frost, Regen, Schnee ... Und wie so oft: In Runde drei ging der Herbst zu Boden. Abbruch durch technischen K.o. Der Winter hatte gesiegt: 15 Zentimeter Neuschnee, gefolgt von klirrendem Frost.

Es war Anfang Dezember 2002. Kurz vor acht Uhr morgens. Wie fast täglich machte ich mich noch vor Arbeitsbeginn auf den Weg, die drei Kirrungen im Wild-und-Hund-Testrevier zu beschicken. Weil ich die Zeiten – Schweine-Uhren sei Dank – seit Wochen peinlich genau aufgeschrieben hatte, wusste ich, wann sie wo waren. Natürlich kamen sie nicht auf die Minute genau, aber Tendenzen ließen sich durchaus erkennen.

Nachdem ich die erste Kirrung erreicht und ein paar Hände voll mit etwas Maggi vermischten Mais ausgebracht hatte, wollte ich nachschauen, wie spät sie sich in dieser Nacht über die Leckerbissen hermachten. Aber es gab ein Problem: Aufgrund der Witterung konnte ich den zugefrorenen Deckel der Uhr trotz größter Kraftanstrengungen nicht drehen. Was tun?

Ich überlegte, ob ich auf den Deckel pinkeln sollte, was sicher Erfolg gehabt hätte, aber dann entschloss ich mich, wegen der Witterung, die ich hinterlassen würde, davon Abstand zu nehmen. Stattdessen nahm ich mir vor, in den nächsten Tagen heißes Wasser in einer großen Thermoskanne mitzubringen. Und tatsächlich: Ab sofort ließ sich damit jeder angefrorene Schweine-Uhr-Deckel innerhalb von Sekunden öffnen, sodass ich ablesen konnte, wie spät die Steckdosen die Kirrung aufgesucht hatten, wann sie sich ihren Nachtisch, ihre Schweine-Schokolade einverleibt hatten. Ein weiterer Knopfdruck, und die Uhr war wieder gestellt. Ha! Es gibt doch nichts Schlaueres als Menschen.

Vier Tage später saß ich um 19.30 Uhr in meiner Lieblingskanzel vor dem Wasserhaus am Limes und wartete. Laut Tendenz müssten die Sauen, wenn sie denn kämen, die Kirrung zwischen 22 und 23 Uhr aufsuchen.

Die Wolken hatten sich fast gänzlich verzogen, und der mit Neuschnee bedeckte Kirrungsbereich glänzte im hellen Licht des halben Mondes. Die Schatten der Fichten und Sträucher erzeugten ein dämonisches Licht, und plötzlich einsetzender Wind schleuderte den gefrorenen Raureif wie Schnee von den Zweigen der Bäume und Büsche.

Weil der Wind zwar relativ gut, aber nicht perfekt stand, öffnete ich den Deckel des mitgebrachten Glases Buchenholzteer und hatte sofort ein besseres Gefühl. Der intensive Geruch würde die menschliche Witterungsausstrahlung vermindern.

„Oh!" Gegen 21 Uhr hörte ich es knacken. Zunächst nur alle paar Minuten und ziemlich leise, dann jedoch nahm die Intensität zu, und ich wusste, die Sauen sind im Anmarsch. Fast eine halbe Stunde lang wuselte die Rotte etwa 100 Meter entfernt im Schutz des Waldes umher.

Schließlich erschien ein vorwitziger Frischling mit einem Gewicht von etwa zehn Kilogramm an der Kirrung. Allerdings zeigte er mir immer nur sein Hinterteil mit dem fröhlich schlenkernden Pürzel. Gleich darauf jedoch wurde mir ganz anders, denn innerhalb von Sekunden war die Rotte, die sich in unmittelbarer Nähe zur Kirrung befand, in Aufruhr: Schrilles Gequieke, schauriges Geschrei, knackende Zweige ... Die Schwarzkittel-Sippschaft war außer Rand und Band. Frischlinge, Überläufer und mindestens drei Bachen flitzten wie Irrwische über die Kirrung, ohne zu verharren, geschweige denn, sich über den Mais herzumachen.

Keiler! Der Grund für die Aufregung konnte nur ein Keiler sein. Und wieder einmal war ich froh, nicht gleich nach Erscheinen der ersten Sau das Feuer eröffnet zu haben. Ob sich die Rotte beruhigt? Bekomme ich den Keiler in Anblick?

Es sah nicht danach aus. Die Sauen verdrückten sich ins Unterholz und schienen den Wald auseinandernehmen zu wollen. Lautes Quieken, hysterisches Schreien, grunzende Bachen, brechende Zweige ... Unverkennbar. Da hatte sich ein Unruhestifter eingefunden. Es hörte sich an, als würden Betrunkene eine Kneipe zu Kleinholz schlagen. So etwas hatte ich bis dato noch nicht erlebt. Mindestens eine der Bachen musste rauschig sein, und der Keiler, dieser Grobian, so jedenfalls hörte es sich an, schien ganze Arbeit zu leisten.

Und dann zuckte ich regelrecht zusammen. Für den Bruchteil einer Sekunde sah ich durchs Fernglas im Stangenholz etwas Großes, Tiefschwarzes mit einem hellen Schaumball an der Frontseite. Ein Keiler! Nein. Zwei! Schemenhaft nur, aber eindeutig konnte ich die beiden Kolosse erkennen. Nur, wo vorne und wo hinter war, das ließ sich nicht ausmachen. Was ich auch versuchte, ich bekam keinen der Uriane ins Zielfernrohr. Es war einfach zu dunkel. Die Schlagadern hüpften, das Herz trommelte.

Kaum hatte ich das Fernglas wieder an den Augen, sah ich, dass die beiden Kontrahenten mit ihren Hauern aufeinander losgingen. Undeutlich zwar, aber eindeutig. Für einen Sekundenbruchteil zeigte mir einer der Keiler seine blitzenden Waffen. Weit drangen die Schreie der miteinander kämpfenden Sauen durch den Wald, und kalte Schauer liefen mir über den Rücken. Welch ein Erlebnis!

Immer und immer wieder versuchte ich mit zitternden Händen einen der beiden ins Absehen des Zielfernrohrs zu bekommen, aber was ich auch tat, es klappte nicht. „Bitte, bitte, kommt raus ans Licht“, flehte ich, aber mein Wunsch wurde nicht erhört. Den Gefallen taten sie mir nicht. Nur für den Bruchteil einer Sekunde sah ich zwei kleine Lichter glühen und weiße Haderer blinken. Trotz der Rauschzeit, die den Keilern gelegentlich die Sinne raubt, blieben sie vorsichtig. Saudusel. Nicht ich. Die Sauen.

Fast eine Viertelstunde dauerte das Theater, dann jedoch beruhigte sich die Gesellschaft, und es trat Ruhe ein. Würden sie noch einmal an die Kirrung ziehen, die Sauen? Ich war bereit und hoffte, doch noch zu Schuss zu kommen.

Wie spät war es? Halb zehn. Wieder schaute ich gebannt auf die Kirrung. Das Licht war erfreulich gut, sodass ich sogar mit bloßen Augen recht gut sehen konnte. Aber es tat sich nichts.

In unmittelbarer Nähe der Kirrung stand ein Pfahl mit einem Salzleckstein. Der nur noch kleine Würfel leuchtete strahlend weiß in die schummerige Nacht, und ich nahm mir vor, ihn in den nächsten Tagen gegen einen neuen, frischen auszutauschen.

Mittlerweile ging es auf 22 Uhr los. Zwar drang das Mondlicht noch durch die inzwischen herangezogenen Wolken, aber es wurde von Minute zu Minute dunkler.

Wo waren die Sauen? Ich hörte sie nicht mehr. Waren sie weitergezogen? Hatten sie sich verdünnisiert, ohne die Kirrung anzunehmen? Der Blick nach oben verhieß nichts Gutes. Sturm kam auf, jagte die Wolken nur so über den Himmel, was bewirkte, dass riesige Schatten dämonenhaft durch den Wald huschten. Hell, dunkel, hell.

Knack! Und noch einmal: knack! Und schon sah ich ihn, den dunklen Fleck. Oder irrte ich mich? Nein. Der Fleck begann zu wandern, wurde jedoch plötzlich enorm lang. Eine zweite Sau hatte sich dem Vorreiter angeschlossen, und schon begannen die beiden damit, Mais auszubuddeln.

Was tun? Ich hatte Probleme, die Gewichte der Sauen zu schätzen. Trotz meines hochwertigen Nachtglases war ich unsicher und ließ den Schuss also bleiben. Sekunden später erschienen mehrere Frösche auf der Bildfläche. Gut, dass ich nicht schwach geworden war. Also weiter warten. Der Keiler konnte durchaus noch in der Nähe sein.

Seltsam. Auf einmal hatte ich wieder einen Blick für die Schönheiten der Nacht, erfreute mich an den Schattenspielen der Eichen, Fichten und Baumstümpfe und lächelte, als sich die noch gestreiften Frischlinge spielerisch bekämpften.

Jetzt erschien schemenhaft eine dritte große Sau auf dem Platz. Sie war etwas stärker als die beiden anderen. Aber ich traute mich immer noch nicht zu schießen. Es war mir einfach zu riskant. Eine dicke Mama wollte ich nun wirklich nicht erlegen.

Dann jedoch änderte sich die Situation. Als eine vierte, eindeutig noch größere Sau, auf der Bildfläche erschien, bliesen die Bachen zum Rückzug, und im Nu waren sie mit ihren Frischlingen in der Dickung verschwunden. Lediglich der schwarze viereckige Kasten stand noch auf der Bühne und begann, sich über den Rest der im Erdreich verbliebenen gelben Körner herzumachen.

Längst hatte es bei mir gefunkt. Das musste ein männliches Stück sein. Jetzt aber nicht mehr lange fackeln, jetzt ging es darum Heu zu machen, solange die Sonne noch schien. Langsam und leise nahm ich Maß, und als der Zielstachel im Leben stand, ließ ich die Kugel fliegen. Krawumm! Pulverknall und Mündungsfeuer ...

Zwar verschwand die Sau unmittelbar nach dem Schuss hinter einem riesigen Brombeerstrauch, weshalb ich die Stirn in Falten legte, aber lautes Krachen und die Geräusche typischen Schlegelns verrieten ihr Verenden.

Nachdem Ruhe eingekehrt war, nahm ich das Fernglas an die Augen und war äußerst erfreut, als ich bei nunmehr aufgerissener Wolkendecke und gutem Licht die Beute kaum 20 Meter vom Anschuss entfernt unter einer Fichte liegen sah. Das Einzige, was ich jetzt noch vernahm, war das Rauschen des Blutes in meinen Ohren.

Einige Minuten wartete ich noch, aber dann baumte ich ab und schritt zu meiner Beute. 63 Kilo aufgebrochen brachte der Keiler auf die Waage. Sicher keiner der beiden Kämpfer, und natürlich nicht der erhoffte Lebenskeiler, aber doch eine beeindruckende Sau. Der immer noch gesträubte, borstige Haarschopf über dem Stiernacken, der tonnenförmige Leib, die respektablen Waffen ... Ich freute mich riesig.

Am nächsten Tag fuhr ich noch einmal zum Wasserhaus am Limes, um mir die Fährten der Keiler anzuschauen. Und als ich sie gefunden hatte, wurde mir ganz anders. Beide Sauen hatten enorme Schuhgrößen. Jede von ihnen wäre die größte meines Lebens gewesen.

„Dalai Lama“

Der Dalai Lama, das geistige Oberhaupt der Tibeter, der sich zeitlebens für einen friedlichen Dialog der Menschen einsetzte, hätte seine Freude an „meinem“ ostfriesischen Rehbock gehabt. An einem Rehbock? Ja. Und weil er so ungewöhnlich friedfertig war, selbst während der Blattzeit im Juli und August, gab ich ihm den Namen Dalai Lama.

Einstandskämpfe mit anderen Böcken? Nein. Dazu hatte er keine Lust. Obwohl er bereits fünf bis sechs Jahre alt war, ließ er sich sogar von Jünglingen in die Flucht schlagen. Ich sah es ihm förmlich an: „Och nee, immer diese Klopperei.“ In aller Seelenruhe räumte er das Feld und überließ den anderen die „Arbeit“.

Sein Gehörn konnte sich durchaus sehen lassen: Die linke Stange war ein etwa 25 Zentimeter langer Spieß, die rechte eine etwas längere Sechserstange mit langen Sprossen. Beide mit starker Basis und stark geperlt. Zirka 280 Gramm, schätzte ich. Aber, wie gesagt, ein Kämpfer war er nicht, mein Dalai Lama.

Dennoch war er dem weiblichen Geschlecht durchaus zugeneigt. Allerdings habe ich ihn nie mit einer älteren Ricke gesehen. Er stand wohl mehr auf flotte Schmalrehe.

Mehrmals täglich äste er auf einer leicht abfallenden Wiese in der Nähe des Waldrands und ließ sich anschließend, wenn sie denn schien, die Sonne auf den Pelz brennen. Fast sah es aus, als würde er meditieren.

Jetzt – Anfang August – allerdings sollte ich ihn erlegen. „Alt genug ist er, und bevor er unters Auto kommt, essen wir ihn lieber auf“, sagte Johann und gab ihn mir frei. Bereits am nächsten Tag machte ich mich nach dem Mittagessen auf die Socken.

Kühl war's. Sonne und Wolken wechselten sich ab. Es ging leichter Wind. Etwa 400 Meter vom Einstandsgebiet des Dalai Lama entfernt parkte ich den Wagen und machte mich dann mit Blatter und Schießstock auf den Weg. Hinter einer Schwarzerle richtete ich mich ein und begann zu blatten. Zunächst relativ verhalten mit einzelnen Fieplauten.

Aber es rührte sich nichts. Auch nach der nächsten Strophe blieb die Bühne leer. Weil sich selbst nach dem dritten Versuch, über den „Pia-Laut" bis hin zum richtigen Konzert, nichts tat, begann ich zu „plätzen", fegte mit dem rechten Fuß über die Erde und schlug mit dem Zielstock kräftig auf den Busch. Danach zerbrach ich noch einige Zweige.

Wohl wissend, dass Plätzen bei der Blattjagd selbst alte Böcke in Rage geraten lässt, machte ich mich fertig zum Schuss. Büchse auf die Knie, entsichern, bewegungslos sitzen.

Plötzlich knackte links von mir ein Zweig, und wie hergezaubert stand er, kaum 40 Meter entfernt, vor einem Holunderbusch ... der zweijährige Zukunftssechser, der erst neulich den Friedfertigen in die Wüste geschickt hatte.

Nein. Der Lauf blieb kalt. Der war natürlich tabu. Nachdem ich mich kurz erhob, war ich ihn los. Wie der Blitz verschwand er im Stangenholz und gab mir daraufhin aus guter Deckung lauthals zu verstehen, was er von mir hielt. Für diesen Tag war es das. Ich packte meine Sachen und machte mich auf den Heimweg.

Zwei Tage später versuchte ich an gleicher Stelle erneut mein Glück. Allerdings erst am späten Nachmittag. Und wieder war mein Blatten und Plätzen erfolgreich. Schon nach der zweiten Strophe erschien ... der mir wohlbekannte Jährling mit gut lauscherhohen Spießen.

Als ich mich zu erkennen gab, schoss er in den Wald, ließ sich jedoch bereits eine halbe Stunde später 300 Meter entfernt wieder blicken, wo er mit Inbrunst ein Schmalreh, dessen Lecker weit aus dem Äser hing, trieb und mehrmals beschlug.

Aber wo war der Dalai Lama? Bis Ende Juli hätte ich ihn wohl 20 Mal erlegen können, jetzt jedoch schien er wie vom Erdboden verschluckt. Seltsam. Auch an diesem Tag bekam ich ihn nicht zu Gesicht.

Am folgenden Sonntag verdrückte ich mich wiederum unmittelbar nach dem Mittagessen und war hocherfreut, als ich den Gesuchten 250 Meter von meinem Platz entfernt auf einer Wiese ruhend entdeckte. „Er lebt." Was tun? Ich begann leise zu fiepen. Sofort wurde er hoch und äugte in meine Richtung. Mucksmäuschenstill saß ich da und harrte der Dinge, die da kommen sollten. Weil ich das Blatten nicht fortsetzte, tat sich der Bock wenig später wieder nieder.

Wie geht's weiter? Der Dalai Lama saß auf der Wiese und döste vor sich hin. Fünf Minuten später begann ich wiederum zu blatten. Diesmal jedoch fabrizierte ich ein Angstgeschrei, das ihn nicht kalt lassen konnte.

Tatsächlich. Blitzartig war er auf den Läufen und flog fast in meine Richtung. Nach 100 Metern allerdings verhoffte er. Jetzt bloß nicht bewegen. Leichter gesagt als getan, denn mit Inbrunst machte sich eine Stubenfliege daran, das Innere meines Ohrs zu erkunden. Endlich gab sie auf, und ich atmete tief durch.

Als sich der Friedfertige gerade wieder abwenden wollte, blattete ich ein weiteres Mal. Schon warf es den Bock herum, und zielstrebig, wie an der Schnur gezogen, kam er mir entgegen. Noch 120, noch 100, noch 70 Meter. Kaum 50 Meter entfernt war wiederum Schluss. Weiter wollte er nicht. Wie angewurzelt stand er da. Hatte er die Täuschung bemerkt? Leichtsinnig jedenfalls war er nicht, der alte Herr.

Jetzt galt es. Längst war ich mit der Büchse am Zielstock in Voranschlag gegangen und versuchte, mit dem Fadenkreuz des Zielfernrohrs das Blatt des Bockes zu erfassen. Erst nach weiteren bangen Minuten stellte er sich breit, und schon verließ die Kugel den Lauf.

Er zeichnete und stürmte davon. Als er im Wald verschwunden war, glaubte ich zu hören, wie er zusammenbrach. Zehn Minuten später schaute ich nach: Die Fluchtfährte war mit hellem Lungenschweiß benetzt, und am Ende lag ein für mich einzigartiger Bock.

Nicht zum ersten und nicht zum letzten Mal mischte sich in die Freude der Erlegung ebenfalls ein wenig Trauer.

Immer wieder bin ich erstaunt darüber, was für großartige Böcke in Ostfriesland vorkommen, welche enormen Gehörne sie schieben. Gründe für die außergewöhnlichen Gewichte sind wohl die relativ geringe Rehwilddichte sowie die vielseitige, gute Äsung.

Einige Beispiele: 1989 erlegte Hans Böke aus Rysum im Rysumer Nacken einen Bock mit einem Gehörngewicht von 565 Gramm. Die Stangen des gewaltigen Sechsers waren links 25,9 und rechts 26,4 Zentimeter lang. 1992 erntete Uwe Kampenga aus Emden im Wybelsumer Polder einen ungeraden Zehner, dessen Gehörngewicht 552 Gramm betrug.

Ebenfalls 1992 erlegte Ulf Meyer zu Vilsendorf aus Emden, der Sohn meines Freundes Harold, im Wybelsumer Polder einen Bock mit einem Gehörngewicht von 427 Gramm, und Frank-Joachim Plumhoff aus Loppersum fand in seinem Revier im Emder Polder zwei verendete, verhakelte Böcke mit Gehörngewichten von insgesamt 680 Gramm. Da die Gehörne selbst heute nicht zu trennen sind und nur zusammen gewogen werden konnten, ist davon auszugehen, dass sie jeweils etwa 340 Gramm wogen.

1993 fiel an der „Knock" ein Bock mit einem Gehörngewicht von 425 Gramm dem Straßenverkehr zum Opfer, und auch meine beiden stärksten Ostfriesland-Böcke können sich durchaus sehen lassen: 340 und 357 Gramm brachten die Gehörne auf die Waage.

Der „Pate“

Mitte September 2007 am Kallavesi-See in Finnland – unweit von Kuopio: Innerhalb von vier Tagen habe ich während des Angelurlaubs 23 Hechte, davon zwei in Längen von über einem Meter sowie einige andere Fischarten mehr gefangen. Und weil wir am Abend des letzten Tages noch ein paar Stunden Zeit haben, lädt mich Jukka-Pekka, der Inhaber des Anglerparadieses JP Fishing Trips, zur Brackenjagd auf Schneehasen ein. Ein Angebot, das ich mit großer Freude annehme. Die Hauptakteure: sein zwölfjähriger Beagle „Pate“ sowie die junge Finnenbracke „Roope“.

Weil Jukka-Pekkas Jagdrevier unmittelbar an der Anlage des Anglerparadieses beginnt, brauchen wir nicht mit dem Auto zu fahren, sondern stiefeln mit geschultertem Rucksack und 12er Browning-Flinten direkt von der Hütte aus los. Als wir einige Hundert Meter auf dem Waldweg zurückgelegt haben, schnallt „Jiipee“, wie ich ihn der Einfachheit halber nennen soll, die Hunde, und schon beginnen sie zu arbeiten. Unverkennbar: Sie kennen das Spiel, sind nicht zum ersten Mal auf der Jagd. „Pate“ ist zwar „nur“ ein Beagle, wurde jedoch, wie mir Jiipee erzählt, zum Bracken erzogen.

Mit extrem tiefer Nase beginnen die Spürhunde sogleich eine flotte, systematische Quersuche im lockeren Bewuchs von Kiefern, Fichten und Birken. Als sie einen Altholzbestand erreichen, entschwinden sie unseren Blicken. Jetzt ist es Zeit, uns an den bekannten Hasenpässen anzustellen. Jiipee kennt sie alle und weist mir einen äußerst vielversprechenden Platz an einer Wegkreuzung zu. „Wahrscheinlich kommt der Schneehase von vorn“, sagt er in Englisch. Deutsch kann er nicht, ich spreche nicht Finnisch ...

Als er sich kurz umschaut, entdeckt er im Gebüsch Braunbär-Losung. „Das war ein riesiger, uralter Bär, den ich seit 15 Jahren kenne“, sagt er. „Ich habe ihn bereits des Öfteren zu Gesicht bekommen!“ Kaum gesagt, verdrückt sich Jiipee, um einen etwa 500 Meter entfernten Stand einzunehmen. Als er um die Kurve biegt, bin ich allein.

War da nicht etwas? Aber ja! Mit dem zweiten Jauchzer ertönt Brackengeläut. Jetzt dürfte ein Hase gestochen sein. Immer lauter erklingt der nunmehr gleichmäßige, glockenreine Spurlaut. Schließlich jedoch scheint sich der Hund wieder zu entfernen. Fast fünf Minuten höre ich nichts mehr, dann allerdings überstürzen sich die Laute. Der Hasenhund, um welchen der beiden es sich handelt, weiß ich nicht, hat wohl einen Haken überschossen und die Spur nach einigem Bögeln erneut aufgenommen. Herrlich, das Kau-kau-kau, kau, kau. Aus dem lockeren Hals des Hundes klingt es wie ein Glockenspiel.

Schneehasen, hatte mir Jiipee erklärt, haben kein so großes Fluchtverhalten wie Feldhasen. Die Runde hat einen Durchmesser von höchstens etwa 700 Metern. Dem Geläut des Hundes nach, so scheint es mir, kommt das genau hin. Nach der zweiten Runde, etwa 30 Minuten später, ertönt das Geläut urplötzlich etwa 100 Meter von meinem Standort entfernt. Und schon sehe ich ihn … den „Paten“: bedächtig, ununterbrochen laut arbeitend. Keine Spur einer Hetze.

Aber wo ist Meister Lampe? Er kann nicht weit sein. Da! Kaum 50 Schritt vor mir, links des Grabens am Wegrand, entdecke ich ihn. Hoch auf seinen breiten „Puschen“ aufgerichtet, gleicht er einem morschen Pfahl. Mit gespanntem Löffelspiel sichert er in die Runde, das kann ich mit dem Fernglas genau erkennen.

Sekunden später erfolgt jäh ein Widergang, und nach einem gewaltigen Absprung hoppelt der Hase, scheinbar gemächlich … genau in meine Richtung. Exakt so, wie es mir Jiipee prophezeit hat. Während er immer näher kommt, versucht er, den Hund ein weiteres Mal in die Irre zu führen. Er scheint ein Meister im Hakenschlagen, Abspringen und Anlegen von Widergängen zu sein.

Längst habe ich das Fernglas aus der Hand genommen, umfasse die Flinte, gehe in Halbanschlag und warte. Als der noch braune Schneehase kaum 25 Meter entfernt einen Satz über den Graben macht, schwinge ich mit und sehe, dass er im Schuss rolliert.

Schon ist „Pate“ jaulend vor Freude heran. Er stürzt am toten Hasen, den er lediglich für den Bruchteil einer Sekunde beachtet, vorbei und kommt zu mir. Während er meine Hand leckt, drückt er sich mit ganzem Körper eng an meine Beine, so, als wolle er sagen: „Bravo, das haben wir gut gemacht!“

Gleich darauf nimmt er die Beute näher in Augenschein und wedelt mit der Rute. Zwei Mal schlägt er sich Mümmelmann um die Behänge, beschnuppert ihn noch einmal kurz und lässt, zur Salzsäule geworden, unruhig die Nasenflügel vibrieren. Ein untrügliches Zeichen dafür, dass er wieder jagen will. Schon ist er zwischen den Baumstämmen im Wald verschwunden.

Ich versorge den Hasen, stecke ihm, der Belüftung wegen, ein paar Fichtenzweige in die geöffnete Bauchhöhle und hänge ihn an die Astgabel einer Kiefer. Ich bewege mich nicht vom Platz, bis mich Jiipee abholt. Aber das dauert, denn wieder setzt „Glockengeläut“ ein. Wieder, das höre ich am Klang, ist es der „Pate“. Sicher hat er eine frische Spur gefunden.

Und dann: Eindeutig ein Jauchzer aus „Pates“ Hals. Wenn ich mich nicht irre, aus der Richtung, in der Jiipee steht. Noch einmal erfolgt ununterbrochenes, klangvolles Geläut, dann zerreißen zwei Schüsse unmittelbar hintereinander die Stille. 20 Minuten später biegt Jiipee mit einem ebenfalls noch nicht verfärbten Schneehasen freudestrahlend um die Ecke. „Sicher 3,5 Kilo“, ruft er und freut sich, dass wir beide innerhalb der relativ kurzen Zeit zu Schuss kamen.

Bevor wir zurückgehen, schaue ich mir die Beute genau an: Weil Schneehasen mit lediglich etwa zehn Zentimeter langen Löffeln versehen sind, um eine zu hohe Thermo-Regulierung in den kalten Lebensräumen zu vermeiden, sehen sie runder aus als Feldhasen. Die Grannenhaare sind innen hohl und mit Luft gefüllt. Dadurch sind sie in der Lage, selbst extremer Kälte zu trotzen.

Silbermond und schwarze Klumpen

Spätherbst. Zwei Tage vor Vollmond. Bereits kurz nach 17 Uhr trage ich mich ins Revierbuch im Briefkasten des Fuhrunternehmens Schleimer ein. Ich bin der erste an diesem Tag, habe also die freie Auswahl. Weil ich soeben vom Parkplatz aus mit dem Fernglas sah, dass die Sauen oben rechts auf der Heide gebrochen haben, fällt die Entscheidung nicht schwer: Akki, Kanzel Heide.

Da ich noch viel Zeit habe, blättere ich das Revierbuch durch und zähle aus Spaß, wie oft ich in diesem Jahr bereits gesessen habe. Nicht im Knast, angesessen. Exakt 81-mal. Hätte ich nicht gedacht. Und wie viel Wild hatte ich erlegt? Ich überlegte und kam auf acht Stück. Also war ich im Schnitt an fast jedem zehnten Jagdtag erfolgreich. Interessant. Aber nicht überraschend. Zehn Mal angesessen und neun Mal nichts geschossen? Na und! Zehn Mal habe ich schöne Stunden erlebt.

Keine 20 Minuten später erklimme ich die Holzleiter der geschlossenen Kanzel und weiche zurück, als ich die Tür öffne. Was ist denn das für ein Geruch? Schnell komme ich dahinter. Irgendjemand muss wohl nach dem letzten Ansitz versehentlich ein Fenster offen gelassen haben, denn auf der gepolsterten Sitzbank liegen etliche Gewölle einer Eule. Ich befördere die Hinterlassenschaft prächtiger Verdauung kurzerhand aus dem Fenster und nehme mir ganz fest vor, die Heide vorschriftsmäßig zu verrammeln, wenn ich abbaume. „So nicht!"

Hallo? Auf dem Boden der Heide steht eine leere Sektflasche, und links daneben liegen zwei benutzte Kondome. Endlich dämmert's mir. Weil es in den vergangenen Tagen jede Nacht heftig regnete, hat wohl ein Liebespaar in seiner Not das trockene Nest aufgesucht, um der Zweisamkeit frönen zu können. „Waidmannsheil!", nuschele ich mir in den Bart. Reife Leistung bei der Kälte.

Nachdem sich alles, einschließlich der Büchse, da befindet, wo es hingehört, leuchte ich das Grünland und die Waldkante weitläufig mit dem Doppelglas ab. Nichts. Aber das kenne ich ja. In dieser Jahreszeit lässt sich das Wild auf der Heide oft erst bei Dämmerungsbeginn blicken.

So auch heute. Eine halbe Stunde vor Dunkelheit schreckt im Hochwald vor mir ein Reh, tritt jedoch nur wenige Minuten später aus und beginnt zu äsen. Ein Schmalreh. Weil der Abschuss bereits erfüllt ist, bleibt die Kugel im Lauf. Etwa 50 Meter rechts hakt sich mit lautem Flügelschlag ein Schwarzspecht an einem vermodernden Baumstumpf ein und rutscht den Stamm aufwärts. Sekunden später meißelt er in die Borke, dass die Fetzen nur so fliegen. Ein prächtiger Anblick, der rote Scheitel des schwarzen Gesellen. Er ist spät dran. Als er augenscheinlich keine Nahrung mehr findet, streicht er mit gellendem Hexenlachen ab.

Wieder greife ich zum 8 x 50er Steiner und spekuliere die Gegend ab. Ein wirklich tolles Glas. Einmal auf die Augenstärke eingestellt, kann ich alles, was mich interessiert, in Entfernungen von 20 Metern bis Unendlich gestochen scharf erkennen. Ein großer Vorteil, speziell beim nächtlichen Fuchs- und Sauenansitz.

Wie hell es heute Abend ist. Bereits eine Stunde nach Sonnenuntergang beleuchtet der halbhoch stehende Silbermond die Umgebung derart, dass ich mit bloßen Augen gut 500 Meter gucken kann. Im Osten ist er aufgegangen, der Mond, wird im Süden seinen Zenit erreichen und im Westen versinken. Ich kenne den Verlauf, bin nicht zum ersten Mal auf der Heide.

Käuze rufen, und unter dem Hochsitz machen Mäuse im dürren Laub einen Krach, als bekämen sie es bezahlt. Zwei Hasen fliegen förmlich über die Wiese und verschwinden im Dickicht. Keine Ahnung, was sie dazu veranlasste.

Was ist das? Auf der Blauen Lagune, etwa 400 Meter entfernt, bewegt sich etwas. Ich nehme das Glas zu Hilfe und erkenne Damwild. Weibliches Damwild. Zwar sind noch einige Schmaltiere und

Kälber frei, aber ich gehe sie nicht an, denn es könnte ja sein, dass sich einer der Jagdfreunde exakt diesen Sitz auserkoren hat. Genau darum tragen wir uns ins Revierbuch ein, damit wir uns aus Sicherheitsgründen nicht ins Gehege kommen. Nächtliches Pirschen in einem Revier, in dem mehrere Waidmänner jagen, ist einfach zu gefährlich.

Wieder nehme ich das Fernglas an die Augen und erkenne etwa 120 Meter entfernt im Schlagschatten oben rechts schemenhaft ein Stück Wild. Sekunden später tritt das Reh aus der Dunkelheit und gibt sich als junger Sechserbock zu erkennen. Und dann dauert es auch nicht mehr lange, bis sich ein zweites Reh blicken lässt. Eine Ricke, wie mir scheint. Von Kitzen keine Spur. Lange allerdings kann ich den Anblick nicht genießen, denn urplötzlich springen sie ab. Leer ist die Bühne. Seltsam. Ob Sauen im Anmarsch sind?

Verdammt. Von einer Sekunde zur anderen verschwindet der Mond hinter einer tiefschwarzen Wolke, und trotz des lichtstarken Fernglases fällt es mir schwer, Einzelheiten zu erkennen. Als dann noch Sturm einsetzt, weiß ich, dass ein Gewitter im Anmarsch ist.

Na wunderbar. Unaufhörlich quietscht ein Ast, der durch den Wind gegen die Rinde eines Nachbarbaumes reibt. Als er etwas nachlässt, beginnt es zu regnen. Dann folgen Blitz und Donner. Immer heftiger wird das Unwetter, und ich lehne mich ins Innere der Kanzel zurück. Die Fenster jedoch bleiben geöffnet.

Plötzlich treten kaum 70 Meter rechts von mir Sauen aus. Zufällig erfasse ich sie, als ich mit dem Fernglas die Waldkante abglase. Was dann die achtfache Vergrößerung zeigt, lässt mich augenblicklich schlucken und den Adamsapfel hüpfen. Fünf Überläufer – alle nahezu gleich groß. Das passt. Zwar ist das Licht lange nicht mehr so gut wie noch vor einer Stunde, aber die nunmehr brechenden schwarzen Klumpen sind dennoch im Zielfernrohr zu erkennen.

Kann nicht wahr sein. Ich kriege einen Hustenanfall und beginne zu würgen. Sofort halte ich die Hand vor den Mund, senke den Kopf, drücke den Mund in die Faserpelzjacke und schnappe so leise wie möglich nach Luft. Nach vielleicht zwei Minuten ist der Anfall vorbei, und besorgt schaue ich nach den Sauen. Glück gehabt. Sie haben nichts mitbekommen.

Als einer der Schwarzkittel breit steht, versuche ich, ihn ins Fadenkreuz zu bekommen. Aber der Wind, der direkt auf die Kanzel zusteht, beutelt mich derart, dass ich mit der Waffe herumrühre wie ein Pferdeschwanz. Schließlich jedoch steht das Absehen für eine Sekunde auf dem Blatt, und ich lasse das Kegelspitzgeschoss fliegen.

Weil es zeitgleich mit dem Schuss gewaltig zu donnern beginnt, bin ich etwas irritiert, freue mich jedoch riesig, als ich mit dem Fernglas sehe, dass der Überläufer – wie von Geisterhand umgeworfen – liegt. Kein Schlegeln. Nichts. Liegt.

Aber was ist das? Unglaublich! Die anderen Sauen kümmern sich nicht im Geringsten um das, was da soeben passiert ist! Brechen unbeeindruckt weiter. Nicht zu fassen. Jetzt dämmert es mir. Wahrscheinlich haben sie meinen Schuss als stinknormalen Donner während des nun mit Sturm und Regen folgenden starken Gewitters empfunden. So muss es sein.

Es dauert etwas, bis ich das alles begriffen habe, dann jedoch repetiere ich so leise wie möglich durch und nehme einen weiteren Überläufer ins Visier. Kein leichtes Unterfangen, zumal hinzukommt, dass mir einige Regentropfen auf dem Zielfernrohr die ohnehin schlechte Sicht noch erschweren.

Schließlich entschließe ich mich zum Schuss und registriere gerade noch, dass die ganze Rotte daraufhin hochflüchtig im kaum zehn Meter entfernten Stangenholz verschwindet. Das war wohl doch etwas zu viel Gedonner.

Ich bekomme einen Tatterich, wie er im Buche steht, die Hände zittern, die Zähne klappern. Lautes Getöse und das Brechen starker Äste allerdings lassen mich hoffen, dass der beschossene Überläufer nach kurzer Todesflucht liegt.

20 Minuten später habe ich Gewissheit. Es ist ein leichtes, der Schweißspur trotz des Sauwetters zu folgen, und bereits nach nicht einmal 30 Metern stehe ich vor dem Keilerchen. Beide Schwarzkittel, auch der zuerst erlegte Überläufer, wiegen aufgebrochen 35 Ki-

logramm. Wahnsinn. So etwas hatte ich noch nie erlebt. Sauen, die einen Schuss und den verendet daliegenden Kumpanen einfach ignorieren.

Ich schleppe die beiden Wutze unter den Hochsitz und bleibe noch bis 23 Uhr sitzen. Aber weil sich bis dahin aufgrund des Sturms und Dauerregens absolut nichts mehr tut, baume ich ab. Innerlich hocherfreut ob des einmaligen Jagderlebnisses schleppe ich die Schwarzkittel nacheinander zum Auto. Seltsam. Die Schinderei, der Sturm und der Regen, der mich nass werden lässt bis auf die Haut, machen mir kaum etwas aus.

Während ich die Sauen einlade, schwankt der Wagen, als wäre er ein Schiff in Seenot. Geschafft. Ich schlage die Heckklappe zu und ich flüchte mich ins Auto. Und genau in dem Moment, als ich die Tür zuziehe, beginnt es wiederum fürchterlich zu donnern. „Was für ein Sauwetter“, entfährt es meinen Lippen. In der Tat, sachlich richtig. Sauwetter. Jetzt aber ab in die Kühlzelle. Nicht ich. Die Schwarzkittel!

Im Reich der Raufußhühner

Gedankenverloren blicke ich in die Flammen des Lagerfeuers und freue mich auf den Kaffee, den Gunnar, mein norwegischer Gastgeber, mit Moorwasser in der rußig-schwarzen Blechkanne kocht.

Ich liebe Lagerfeuer. Sie üben auf mich die gleiche Faszination aus wie Blitz und Donner. Wie in Trance lege ich ein paar Zweige nach und beobachte, wie sich das trockene Holz in Glut verwandelt. Niemand sagt etwas. Selbst „Sam“, der brave Irische Setter, hat sich nach zehn Stunden Jagd hingelegt und scheint zu grübeln.

Prasselnd züngeln die Flammen in bläulich grünen Farbtönen an den Holzscheiten empor. Wir weichen etwas zurück, denn Rauch und Funken kommen uns bedrohlich nah. Es knackt, lodert und leuchtet.

Wohtuend breitet sich die Wärme aus, und immer wieder werfe ich einen Blick auf das Schneehuhn und den Birkhahn vor mir im feuchten Moos. Überglücklich streiche ich über das Gefieder der wunderschönen Vögel und lasse, während die Flammen kleiner und kleiner werden, die Stunden in Norwegen Revue passieren.

Gestern Nachmittag erst war ich in Trondheim angekommen. Gunnar hatte mich mit dem Wagen abgeholt, und die 100 Kilometer bis zur Hütte vergingen wie im Flug. Ehe ich mich versah, befanden wir uns schon hoch oben in den Bergen Fosens – im Reich von Alpen- und Moorschneehuhn, von Birk- und Auerwild. Sie alle, versicherte mir Gunnar, kommen hier vor.

Die Natur hatte ihre schönsten Malstifte hervorgekramt und das urige nordische Land in eine Farbenpracht versetzt, wie ich sie bis dato nicht kannte. Wohin ich auch schaute, die roten, braunen und gelben Blätter der Laubbäume inmitten grüner Nadelwälder, idyllische, schilfgesäumte Moorseen, der aufsteigende Nebel, mit Moosen bewachsene Felsen, das gelb gefärbte Farnkraut, die knorrigen Krüppelkiefern – all das zog mich in seinen Bann. Bis zur Dunkelheit saßen wir vor der Hütte, und ich konnte mich an dieser fantastischen Landschaft einfach nicht sattsehen. Wunderschön!

Die Wälder leuchteten förmlich im Sonnenschein. Unzählige Strahlen tauchten den Waldboden in zauberhaftes Licht und durchfluteten die Baumkronen. Hoch am Himmel zog ein Bussard unter lauten Hiiijaaa-Rufen seine Kreise, schwebte scheinbar schwerelos von seinen Schwingen getragen über den blauen Himmel.

Ich war aufgewühlt in dieser Nacht, schlief unruhig, und freute mich, als der Wecker am nächsten Morgen um sechs Uhr klingelte. Wasser ins Gesicht, Frühstück, ein paar Brote fürs Lunchpaket schmieren, Stiefel fest verschnürt, Patronen in die Tasche, Flinte geschultert, und schon ging's los.

Wir hatten Glück mit dem Wetter und bekamen bereits nach wenigen Pirschminuten einen jungen Elch zu Gesicht. Nur kurz nahm er Notiz von uns, bevor er unbeirrt weiterzog. Immer wieder stießen wir auf frische Elchfährten, sahen jedoch keinen weiteren mehr.

Plötzlich stand „Sam" vor. Gunnar ging in Voranschlag und winkte mich herbei. Das einzelne Schneehuhn jedoch strich für einen Schuss etwas zu weit ab. Was für ein Anblick, dieses braunweiße pfeilschnelle Wild. Ich war begeistert.

Bald darauf machte „Sam" vier Schneehühner hoch, jedoch wieder zu weit für einen Schuss. Ich genoss den Anblick und begann zu zählen, denn die Hühner schienen allgegenwärtig. In Büschen, Sträuchern, zwischen Steinen und auf freier Fläche – immer wieder stand „Sam" vor, zog nach, sprang ein, und schon purrten die Ketten davon. Mit ständig steigendem Puls glaubte ich fest daran, eins erlegen zu können.

32 Schneehühner sahen wir in den nächsten zwei Stunden. Nach einigen Fehlschüssen kam ich schließlich dahinter, wie weit

ich vorhalten musste. „Fehlschläge", sagte ich mir, „sind das Gewürz, das dem Erfolg das besondere Aroma gibt".

Wieder stand „Sam" vor, und so schnell es ging, arbeitete ich mich durch hüfthohe Zwergbirken auf ihn zu. Zweige schlugen mir ins Gesicht, rissen mir die Brille von der Nase. Bückend ertastete ich sie im Gestrüpp unmittelbar vor dem rechten Schuh. Glück gehabt. Weiter! Der Puls schlug mir bis zum Hals, als ich den Hund erreichte. Der Rüde zog langsam nach, stand abermals fest vor, und in genau diesem Moment gab Gunnar das Zeichen zum Einspringen.

Schwingenschläge! Rasant strich das Schneehuhn ab. Längst war ich in Voranschlag gegangen und schoss. Getroffen! „Eins genügt, mehr müssen es nicht sein", sagte ich leise, als „Sam" den Vogel brachte.

„Es ist ein großer Unterschied, ob man eine Ringeltaube, eine Ente, eine Gans oder ein Schneehuhn erlegen will", hatten mir Freunde gesagt. Den Ratschlag jedoch, einen Omnibus weit vorzuhalten, hielt ich für maßlos übertrieben. Immerhin war ich ja ein erfahrener ostfriesischer Wattenjäger. Pustekuchen! Die Schneehühner belehrten mich eines Besseren. Selbst Gunnar, der sich mit den Raufüßlern hier in den Bergen wirklich auskannte, schoss ein paar Mal vorbei. „Ein Schneehuhn zu fehlen", sagte er, „ist erlaubt – no problem."

Die erste Pause wurde fällig, und Gunnar erzählte, dass er an genau dieser Stelle, an der wir Rast machten, im vergangenen Jahr ein Moorhuhn geschossen hatte. Kaum gesagt, drückte „Sam", der jetzt allein auf der Jagd war, etwa 50 Meter entfernt ein braunes Huhn aus dem Busch. „Das war eins", schmunzelte Gunnar. Unmittelbar darauf machte „Sam" eine Schnepfe hoch, die fast provozierend langsam über uns hinwegstrich. Wir ließen sie fliegen.

Nachdem wir uns gestärkt hatten, jagten wir weiter: über Stock und Stein, an Krüppelkiefern und bemoosten Baumstämmen vorbei durch sumpfiges Moor. Einzelne Ebereschen prahlten mit üppigen roten Früchten, Blau- und Preiselbeeren boten reichhaltige Äsung für die Hühner.

Als ich etwa 30 Meter entfernt in undurchdringlichem Buschwerk ein glockiges „Gak, gak, gak“ vernahm, wusste ich, dass dort Birkhennen warnten. Unmittelbar darauf flog ein Birkhahn, der sich in einer Fichte gedrückt hatte, davon. Dem Gefieder des Jünglings allerdings fehlte das Stahlblau des reifen Hahns. Es war noch reichlich braun, und auch die Sicheln seines Spiels, das konnte ich aufgrund der geringen Entfernung gut erkennen, waren kaum gekrümmt. Der Finger blieb gerade.

Schließlich erreichten wir ein größeres Waldstück. Kaum war ich zehn Meter in den Bestand vorgedrungen, strich ein Urhahn ab. Schade, für einen Schuss reichte es nicht. Auch nicht bei den drei folgenden, die „Sam“ innerhalb von zweieinhalb Stunden hochmachte. Einen Birkhahn, den kleinen Ritter mit der roten Kappe, jedoch, der vor dem unermüdlich suchenden Setter ebenfalls abstrich, konnte ich mit einem Kunstschuss zwischen zwei Baumwipfeln erlegen. Die roten Rosen sahen aus wie glühende Kohlen.

Was für ein Jagdtag: ein Schneehuhn und einen Birkhahn hatte ich erlegt. 32 Schneehühner, ein Moorhuhn, vier Auerhähne, einen Birkhahn und eine Schnepfe hatten wir gesehen. Großartig!

Auch am nächsten und leider letzten Jagdtag hörten wir schon während des Frühstücks das Kullern von Birkwild. Während der Jagd bekamen wir vier weitere Birkhähne in Anblick, die ich jedoch nicht beschoss. „Einer ist genug!“ Das galt auch für das Birkwild.

Als mich Gunnar schließlich zum Flughafen zurückfuhr, sahen wir nur wenige Kilometer von der Jagdhütte entfernt am Straßenrand einen stattlichen Auerhahn, der sich nicht im Geringsten stören ließ. Wie ein Fasanenhahn stolzierte er mit stolz geschwellter Brust 40 Meter vor uns her. Langsam und in gebührendem Abstand folgten wir ihm im Leerlauf den Berg hinunter. Völlig ungeniert kreuzte er noch zweimal die Straße, bevor er schließlich nach etwa fünf Minuten unvermittelt abritt.

Gunnar schaute mich an und sagte, dass ich wiederkommen müsse. Ich hätte nicht einmal zehn Prozent des Reviers bejagt. Das war der Beginn einer außergewöhnlichen Freundschaft …

Sitzen und gucken

Es ist Sommer, und bereits drei Stunden vor Sonnenuntergang sitze ich mitten im Wald auf einer geschlossenen Kanzel. Etwa 40 Meter links befindet sich eine speziell von Sauen regelmäßig angenommene Suhle. Zwar habe ich die Büchse dabei, will jedoch nur „im Notfall" etwas erlegen. Das stark abgekommene Schmalreh zum Beispiel, das ich vor zwei Wochen hier sah. Eigentlich jedoch, und das geschieht wahrlich nicht zum ersten Mal, will ich einfach nur sitzen und gucken.

Und dann, von einer Sekunde auf die andere, öffnet sich, wie im Theater, der Vorhang: Unzählige Vögel flöten, pfeifen und zwitschern mit einer Inbrunst, dass es eine Freude ist, ihnen zuzuhören. Viele kann ich bestimmen, lange nicht alle. Sicher 100 Spatzen hüpfen in einer Hecke hin und her und schwatzen aufgeregt um die Wette. Es hört sich an, als würden sie sich etwas erzählen. Im Gebüsch unter mir piepsen Mäuse.

Raunen, Murren, Knirschen, Tuscheln, Flüstern, Kichern von allen Seiten ... Ich kann mich gar nicht satthören. Eine frische Brise bringt das dürre Laub auf dem Waldboden zum Rascheln.

Sitzen und gucken? Unwillkürlich muss ich an den hinreißenden Sketch „Der Feierabend, Szenen einer Ehe" von Loriot denken. Da sitzt der gutmütige Ehemann in seinem Sessel und will einfach nur seine Ruhe haben. Was muss er sich nicht alles anhören, von seiner liebenden Frau. Herrlich, die Konversation:

Was machst du da? Nichts. Wieso nichts? Ich mache nichts. Aber irgendwas machst du doch? Nein. Denkst du irgendwas? Nichts Besonderes. Es könnte ja nicht schaden, wenn du mal etwas spazieren gingest. Nein – nein. Ich bringe dir deinen Mantel. Nein danke. Aber es ist zu kalt ohne Mantel. Ich gehe ja nicht spazieren. Du kannst einen ja wahnsinnig machen! Erst willst du spazieren gehen, dann wieder nicht. Dann soll ich deinen Mantel holen, dann wieder nicht. Was denn nun? Ich möchte hier sitzen und mich entspannen ... Und so weiter.

Genau in dem Moment, als ich schmunzeln muss, höre ich es quieken. Ganz leise zwar, aber unverkennbar. Nur Sekunden später erscheint absolut vertraut eine etwa 40 Kilogramm schwere Bache an der Suhle. Zweifelsfrei kann ich die Zitzen am waagerecht verlaufenden Bauch erkennen. Männliche Stücke haben da ganz andere Kaliber hängen ... Jeden Moment rechne ich damit, dass die Frischlinge auf der Bildfläche erscheinen. Aber noch ist nichts zu erkennen.

Kaum ist die Bache an der Suhle angelangt, erschrecke ich. Urplötzlich springt sie in einem Anfall von Lebensfreude mit drei Sätzen ins schlammige Wasser und wälzt sich sogleich derart in der dunklen Brühe, dass es nur so spritzt. Meterweit fliegt der Modder durch die Gegend. Unverkennbar. Die Sau fühlt sich wohl. Sauwohl.

Noch während sie sich im Schlamm vergnügt, erscheinen die Frösche. Sieben Stück zähle ich. Zunächst noch ein wenig ängstlich, dann jedoch, als sie die dicke Mama sehen, beginnen sie am Rand der Suhle mit einer regelrechten Schlammschlacht. Was für eine Show!

Bereits nach kurzer Zeit ist von den Streifen der katzengroßen Frösche nichts mehr zu erkennen. Sie sehen aus, als wären sie mit schwarzer Farbe bepinselt. Minutenlang quieken sie um die Wette und sehen schließlich aus ... wie die Schweine. Jetzt weiß ich auch, woher die Redewendung kommt.

Etwa eine viertel Stunde kann ich der Sauerei zusehen, und bin begeistert von der Schnelligkeit der Frischlinge. Wieselflink! Als die Bache versucht, den Rabauken die Grenzen aufzuzeigen, spritzen sie sternförmig auseinander, verhoffen kurz und stürmen dann wieder derart wild auf sie zu, dass der Schlamm nur so fliegt. Freches Gesindel.

Als die Bache schließlich die Suhle verlässt, schüttelt sie sich die schwarze Brühe aus der Schwarte, und ich muss mich gewaltig zusammennehmen, um nicht laut loszulachen: Die Frösche tun es ihr gleich, aber anstatt, dass sie sauber werden, bespritzen sie sich gegenseitig. Es bleibt dabei. Von Streifen keine Spur. Schwarz wie die Nacht. Zauberhaft.

„Wuff!" Deutlich höre ich die Sau warnen. Irgendetwas passt ihr nicht. Und wieder bin ich fasziniert von dem, was geschieht. Im Bruchteil einer Sekunde gehen alle Frischlinge zu Boden und rühren sich nicht mehr. Wie ein Hund, der blitzartig dem „Down" seines Führers folgt. Weg sind sie. Nahezu unsichtbar. Aber es ist ein Fehlalarm. Als Mama sich beruhigt, geht das Gewusel weiter.

Dann jedoch bläst die Bache zum Aufbruch, und innerhalb von Sekunden verschwindet die ganze Gesellschaft hinter einem Hügel. Ich bin hin und weg, und mir wird klar, was für ein Glück ich hatte, dieses Schauspiel erleben zu dürfen. Noch zweieinhalb Stunden, dann beginnt die Dämmerung.

Nach einer kurzen Ruhephase beginnt der zweite Akt: Etwa drei Meter vor der Kanzel erscheint eine Spitzmaus, stellt sich auf die Hinterbeine und fährt sich mit den Vorderbeinen gut eine Minute lang übers Gesicht. Einfach nur putzig, das Putzen. Genau so schnell wie sie kam, ist sie wieder verschwunden.

Was ist das? Leichtfüßig schnürt ein Fuchs durch den Wald. Eine Fähe. Selbst ohne Fernglas erkenne ich, dass sie mehrere Mäuse im Fang hat und zielstrebig den mir bekannten Bau ansteuert. Sicher wird sie bereits sehnsüchtig von den Blagen erwartet.

Als sie verschwunden ist, sehe ich etwa 100 Meter entfernt zwischen zwei Eichen etwas Braunes. Ein einzelnes Kitz. Die Ricke kommt nicht in Anblick. Hallo? Am linken Lauscher befindet sich eine Markierung. Vielleicht ist es das Kitz, das Heiko Ende Mai im hohen Gras entdeckte und vor dem Ausmähen rettete. Noch zwei, drei Schritte, und es ist meinen Blicken entschwunden.

Ja, was ist denn hier los? In der Luft streiten sich zwei Rabenkrähen mit einem Bussard, ein Schwarzspecht klopft kaum 30 Meter entfernt mit Inbrunst auf den morschen Stamm einer Buche, und eine Amsel scharrt direkt unter meinem Sitz im trockenen Laub nach Nahrung. Über einen Mangel an Anblick kann ich mich wahrlich nicht beschweren an diesem Abend.

Aber es kommt noch doller: Sauen? Schon wieder Sauen? Nein. Zwei Mümmelmänner, vielleicht aber auch ein Mümmelmann und eine Mümmelfrau, fegen derart schnell durch den Wald, dass ich wirklich im ersten Moment glaube, es ist eine Rotte Sauen. Warum sie auf der Flucht sind und vor was? Ich weiß es nicht. Schon bald verschwinden sie im Unterholz, und es wird wieder ruhig um mich herum.

Nicht ganz: Meisen zirpen, ein Eichhörnchen keckert, und scheinbar erlöst von den schwarzen Quälgeistern miaut der Bussard in luftiger Höhe. Seltsam. Die Büchse lehnt geladen an der Hochsitzwand. Aber ich weiß, dass die Kugel heute im Lauf bleibt.

Der helle Fleck zirka 80 Meter vor mir, der war doch gerade noch nicht da? Ich greife zum Fernglas und erkenne den Spiegel eines Rehs. Gleich darauf habe ich Gewissheit. Es sind drei. Eine Ricke mit zwei Kitzen. Nicht mehr lange, und die nur noch aquarellartig aussehenden Punkte auf ihrer Decke werden verschwunden sein.

Eins, zwei, drei ... vier! Jetzt kommt mir auch der starke Jährlingsgabler in Anblick. Gut fünf Zentimeter über Lauscherhöhe hat er sein Gehörn geschoben. Er ist natürlich tabu. In einigen Jahren hat sicher irgendjemand seine Freude an der Erlegung dieses Bockes.

Mehrere Ringeltauben fallen in der links vor mir stehenden uralten Eiche ein, und ein Kleiber zieht mich regelrecht in seinen Bann. Wie geschickt er die Stämme hoch und runter klettert! Zwei Eichelhäher kommen mit lautem Geschwätz angestrichen, machen ebenfalls in der Eiche Rast und veranlassen die Tauben, das Weite zu suchen. Was für ein Ansitz. Wie oft schon hatte ich hier gesessen und nicht eine Kreatur gesehen.

In der Zwischenzeit beginnt es zu dämmern, und ich schaue auf die freie Fläche vorm Waldrand. Auf der Wiese steht ein Reh. Ein Bock. Ich kenne ihn. Es ist ein gut veranlagter Sechser. Höchstens drei Jahre alt. Bei wolkenlosem Himmel und Windstille jagen mehrere Fledermäuse eifrig nach Insekten.

Wolkenlos? Windstille? Minuten später ändert sich das Wetter. Dunkle Wolken ziehen heran und tauchen den Wald in ein unwirklich gespenstisches Licht. Aber ich bin nicht beunruhigt, sondern genieße die Stimmung.

Immer dunkler wird es, und kurz vor 22 Uhr zucke ich abermals zusammen. Höchstens 20 Meter entfernt bewegt sich doch etwas. Der Blick durchs Glas gibt Aufschluss. Ein Dachs. Verdammt früh auf den Läufen. Unter einem Busch findet er Nahrung. Was, kann ich nicht erkennen. Kurz noch wuselt er ein wenig herum, dann verdrückt er sich in Richtung Wiese. Weil er erst in 14 Tagen frei ist, bleibt die Kugel im Lauf.

„Knack … knack!“ Rechts von mir zieht Wild heran. Das können doch nur Sauen sein. In der Tat. Der zweite Akt beginnt. Keine fünf Minuten später steht eine dunkle Sau kaum 35 Meter vor mir hinter einem Fichtenstamm und äugt zu mir herüber. Sie kann mich nicht wittern, denn der Wind steht mir ins Gesicht, dennoch scheint sie beunruhigt. Und schon ist sie von mehreren kleinen Kobolden umgeben. Frischlinge. Wesentlich größer allerdings, als die, die im Schlamm badeten. Minimum 15 Kilo.

Soll ich, oder soll ich nicht? Langsam, fast unschlüssig, gleitet die Hand zur Büchse … Die jedoch bleibt, wo sie ist, denn im selben Moment zieht die Rotte nach kurzem Wuff der Bache zügig in den nunmehr dunklen Wald. Kein Wunder. Der Wind hat gedreht, was ich am zarten Kitzeln in meinem Nacken spüre. Eindeutig: Der Wind hat den Sauen ein Lied erzählt. Das Lied vom Jäger, der ihnen ans Leben will.

Weil der Schuss unterbleibt, nimmt das Schauspiel kein tragisches Ende. Dieser Akt hat ein Happy End. Ich bin nicht traurig darüber, denn so viel Freude wie heute, so viel Anblick, habe ich nur selten gehabt.

Jagen, ohne den Finger zu krümmen? Aber ja doch! Wie lautet noch der Titel des Buches des von mir sehr geschätzten Waidmanns Erich Nehlsen? „Nur um der Beute willen … wollt’ ich kein Jäger sein." Wie wahr! Die Natur kennt keine Langeweile. Langeweile kennen nur die Städter.

Das mit dem Erlegen von Wild, fällt mir gerade ein, drückte Freund Erich, der bereits seit vielen Jahren in himmlischen Revieren auf die Pirsch geht, so aus: „Ich jage nicht, um zu töten, sondern ich töte, um jagen zu können."

So ganz ohne Beute allerdings blieb ich dann doch nicht, an diesem Abend. Weil ich das Wild nicht unnötig beunruhigen wollte, verzichtete ich während des Rückwegs in der Dunkelheit zum Auto darauf, die Taschenlampe anzuschalten und fiel über einen wunderschönen weißen, halb im Erdreich versunkenen Quarz-Findling.

Im Schein der jetzt doch angeschalteten Lampe leuchtete er mir entgegen wie ein glitzernder Diamant. Mehrere Drusen waren voll mit Kristallen.

Ich merkte mir die Stelle und rollte ihn am folgenden Tag den Hang hinunter in Richtung Wagen. Etwa zehn Meter vor dem Weg stolperte ich fast über die am Boden liegende Abwurfstange eines jungen Damhirsches. Ich kannte ihn. Jedes Mal, wenn er frei war, ließ er sich nicht mehr blicken. Was für ein Zufall.

Rein mit dem Findling in den Kofferraum, und bereits am folgenden Freitagabend bildete er zu Hause den krönenden Abschluss meiner „irischen Mauer".

Dass ich im Laufe der Jahre beim Transportieren von Steinen aus Rheinland-Pfalz nach Emden dreimal die Stoßdämpfer an meinem Auto erneuern lassen musste, kratzte mich als absoluten Stein-Fetischisten kaum ...

Waldgeister und liebestolle Elche

Seit gut zwei Stunden schon weht mir intensiver Brunftgeruch in die Nase. Kein Wunder, denn mein Guide Shane, der unmittelbar vor mir durchs Unterholz pirscht, sprüht immer wieder Urin auf seine Mütze, den Schießstock sowie die Zweige der Büsche und Bäume. Den Urin hat er erlegten Elchen „abgezapft". Zwischendurch fegt und plätzt er, dass es nur so kracht.

Wenn er mit seiner tarnfarbenen „Schultüte" ruft, schließe ich die Augen und glaube, einen Elch zu hören. Mit unendlich viel Gefühl schallt es derart sehnsuchtsvoll durch den Wald, dass ich jeden Moment damit rechne, dass ein Hirsch antwortet. In der Tat: Nach wenigen Rufen meldet sich ein Widersacher. Ziemlich weit entfernt zwar, jedoch deutlich zu hören.

Als ich während unserer Pirsch kurz zurückbleibe, um mir den Kratzbaum eines Schwarzbären näher anzusehen, brauche ich einige Sekunden, bis ich „Mister Moose", wie ich ihn nenne, in seiner Tarnkleidung, lediglich 30 Meter vor mir unbeweglich wartend, entdecke. Nahezu unsichtbar steht er mit angelegten Armen vor dem Stamm einer uralten Fichte und schmunzelt ob meiner suchenden Blicke.

Es ist Anfang Oktober. Wir befinden uns etwa 40 Kilometer von der Mayflower Lodge bei Roddickton in Neufundland entfernt und versuchen, einen passenden Elchhirsch zu finden. Wenn sich ein Schwarzbär blicken lässt, gilt es auch ihm.

„Mister Moose"? Passender geht es nicht. Während der Pirsch am Tag zuvor brachte Shane es fertig, fünf Elche – zwei Tiere, ein Kalb sowie zwei junge Stangenelche – bis auf eine Entfernung von fünf Metern herbeizurufen. Unaufhörlich mit Urin sprühend, auf

Das ist er, der uralte Ungarnbock mit dem Knubbel. Obwohl lediglich „einstangig“, wog das Gehörn noch dreihundert Gramm.

Johann aus Wiesmoor liebt die Taubenjagd über alles. An diesem Tag war er mit 29 Vögeln besonders erfolgreich.

Mein Einstangen-Doppelkopf, den ich bei Kuhstedt im Revier von Freund Rolf erlegte.

Schwein gehabt! Drei Sauen innerhalb von zwei Stunden an der Kirrung zu erlegen, ist sicher nicht die Regel.

Nur selten treten die Baujagd-Experten Karl-Heinz und Christian die Heimfahrt ohne Beute an.

Auch Carsten und „Hatz“ waren ein Herz und eine Seele. Die Wattenjagd in Ostfriesland liebten beide.

die Äste einer Fichte schlagend und rufend, war das Wild derart fasziniert von dem „Hirsch" vor ihnen, dass sie mich, unmittelbar daneben, völlig ignorierten. Besonders beeindruckt waren sie, als Shane die angewinkelten Arme hob und sie wie schwankende Elchschaufeln hin und her bewegte.

Weil das Licht in der Morgendämmerung noch relativ schlecht war, flüsterte er mir zu, ich solle das Blitzlichtgerät montieren und damit fotografieren. „Bitte?" Das konnte doch wohl nicht wahr sein? Dennoch tat ich es und glaubte zu träumen. Die brunftigen Elche waren derart auf Shane fixiert, dass sie das Blitzlichtgewitter aus fünf Metern Entfernung über sich ergehen ließen, ohne den Rückzug anzutreten.

Nachdem ich die Elche mehrmals abgelichtet hatte, ging ich zwei Schritte zurück und fotografierte Shane mit einem der jungen Stangenelche. Weil dieser verdammt aufdringlich wurde, hielt er ihn mit dem Schießstock auf Distanz.

Zugegeben. Ein wenig mystisch kam mir die ganze Geschichte schon vor, aber „Mister Moose" hatte die Erklärung. „Du musst denken wie ein Elch, ihn verstehen, dann bist du irgendwann einer von ihnen."

Leider begann es daraufhin heftig zu regnen und zu stürmen, was uns jedoch nicht davon abhielt, weiterhin auf die Jagd zu gehen. Als wir mit dem Boot, weil sich kein guter Hirsch blicken ließ, einen anderen Spot ansteuerten, hatten wir das Glück, zwei Waldkaribus beim Schwimmen von einer Insel zur anderen zu entdecken. Langsam näherten wir uns den Stücken, und es war keine Kunst, den Bullen und seine Gattin aus nächster Nähe abzulichten. Wie heißt es so schön? Glück lässt sich nicht kontrollieren. Wenn's kommt, ist es da.

Heute jedoch, ich hab's im Gefühl, könnte es klappen, mit meinem Elch. Immerhin haben bereits die anderen neun Gäste der Lodge aus den USA und Kanada Beute gemacht: sechs Stangenelche, ein Tier, ein junger Schaufler sowie ein kapitaler 13 Jahre alter 53-Inch-Hirsch, den Bob aus Danville in den Vereinigten Staaten schoss, liegen schon auf der Strecke. Sylvain aus Quebec in

Kanada erlegte seinen Sechsender mit Pfeil und Bogen. Sie alle waren mit ihren Autos über die Fähre angereist, denn sie wollten das wohlschmeckende Fleisch der Elche mit nach Hause nehmen. Tenor: „Am besten schmecken junge Hirsche!“

Trevor Pilgrim, der zusammen mit seinem Bruder Shane, meinem jetzigen Guide, die Lodge betreibt, allerdings machte sich keine Sorgen. „Denk positiv“, sagte er, bevor wir losfuhren. „100 Prozent ist bei uns die Regel.“

Immerhin ist es mein vorletzter Jagdtag, und nachdem wir bereits zwei Tiere, zwei Kälber sowie vier Stangenelche pardoniert haben, pirschen wir am späten Nachmittag zu einer Stelle, die Shane als „Nest“ bezeichnet. „Hier schlafen sie. Ich weiß es“, sagt er. Wie in den Tagen zuvor beginnt es zu regnen, und wieder ist es beschwerlich, die steilen Hänge in den Nadelwäldern zu erklimmen. Mehrmals rutschen wir aus oder treten in tiefe Löcher.

Gegen 17 Uhr bleibt mein Guide urplötzlich wie angewurzelt stehen. „Big Bull“, flüstert er. Ich bin wie elektrisiert, kann den Hirsch jedoch nicht sehen. „Ganz links! 50 Meter entfernt“, höre ich Shane sagen, der sofort den Schießstock in Stellung bringt. Der Hang ist steil, der Boden glatt, sodass ich mich besonders langsam und vorsichtig bewege. Jetzt sehe auch ich ihn, den Elch. „Ich kenne ihn“, flüstert „Mister Moose“. „Er hat 22 Enden und eine Auslage von etwa 50 Inch, also 127 Zentimetern. Big Bull! Schießen!“

Ich habe Probleme, das Gleichgewicht zu halten, aber ich muss es versuchen. So leise es geht, bohre ich die Hacken meiner Stiefel in den nassen Boden, fixiere das Gewehr am Schießstock, entsichere und führe das Fadenkreuz aufs Blatt des Hirsches.

Und dann passiert es. Genau in dem Moment, als ich abdrücke, rutsche ich mit dem rechten Fuß ab, und der Schuss geht in die Botanik. Glatt überschossen.

Durchladen und das Ziel erneut erfassen sind eins, aber der Elch hat sich in der Zwischenzeit gedreht und zeigt mir lediglich seine Keulen. Haupt und Schaufeln befinden sich bereits im Dickicht. Ohne jede Hast entschwindet meine vermeintliche Beute unseren Blicken ... Aus und vorbei. Das war er, mein Neufundland-

Elch. Ich fühle mich wie ein Fußballer, der im Endspiel den entscheidenden Elfer verschoss.

Shane reagiert gelassen. „Er hat nicht gezeichnet. Du hast vorbeigeschossen." Trotzdem kontrollieren wir den Anschuss, wissen jedoch beide, dass der Elch die Kugel nicht hat. Der einzige Trost: Er ist definitiv nicht krank.

Als wir in der Dunkelheit in der Lodge ankommen, sind auch Jürgen und Helmut aus Franken eingetroffen und bringen es auf den Punkt. „Wer noch nie vorbeigeschossen hat, war noch nie auf der Jagd." Dennoch folgt eine schlaflose Nacht. Immer und immer wieder wühle ich in der frischen Wunde.

„Weißt du was?", sagt Shane am nächsten Morgen während des Frühstücks. „Der Hirsch hat gar nicht richtig registriert, was da los war. Wir versuchen es noch einmal an derselben Stelle." – „Okay!"

Nebel, Regen, Wind, hohes Gras, quatschende Stiefel beim Pirschen über nassen, wabbeligen Boden ... Alles kein Problem. Bereits eine Stunde später sind wir wieder auf der Jagd. Weil wir am „Nest" aber erst am späten Nachmittag ansitzen wollen, versuchen wir unser Glück zunächst in anderen Bereichen.

Am Ufer eines von Schilf gesäumten Sees ist mir, als würde ich über ein Wasserbett gehen. Besorgt schauen Shane und ich nach unten, um ja nicht in ein Loch zu treten. Als wir die Köpfe wieder heben, entdecken wir kaum 70 Meter entfernt im Dickicht am Waldrand einen schwarzen Klumpen. Ein großer Schwarzbär! Einem Waldgeist gleich entschwindet er bereits wenige Sekunden später im dichten Grün der Fichten unseren Blicken. Weil wir ihn nicht genau ansprechen konnten, unterblieb der Schuss.

„Beim Angeln im Katmai-Nationalpark in Britisch Kolumbien", erzähle ich Shane, „trottete ein starker Küstenbraunbär etwa zehn Meter an mir vorbei. Noch heute habe ich den Geruch in der Nase. Kaum hatte er mir sein Hinterteil präsentiert, blieb er stehen und begann zu nässen. Mindestens fünf Liter. Zum Glück hatte ich den Fotoapparat dabei und konnte diese Respektlosigkeit auf Zelluloid bannen. Ich habe die Bilder im Koffer. Heute Abend zeige ich sie dir einmal."

Während der nächsten Stunden sehen wir acht Elche, aber keiner ist schussbar. Dann jedoch hält „Mister Moose" und mich nichts mehr. Wir machen uns auf den Weg zum „Nest".

Shane ist 50 Jahre alt, jedoch drahtig wie ein 30-Jähriger. Ich habe Mühe, ihm zu folgen, lasse mir aber nichts anmerken. 63 Bären und über 90 Elche, verrät er mir, hat er bereits erlegt.

Um halb fünf sind wir wieder vor Ort und richten uns an exakt der gleichen Stelle ein, an der ich am Vorabend den Schaufler überschoss. Nachdem Shane etwas verhaltener als sonst zu plätzen und zu rufen beginnt, erhalten wir etwa fünf Minuten später eine Antwort. Fast wütend, jedoch ziemlich weit entfernt meldet ein Hirsch. Das allerdings soll sich schon bald ändern. Immer näher kommt der Widersacher. Ob es der gute Schaufler von gestern ist? Fragend sehen wir uns an.

Hin und her geht es. Ruf, Antwort, Ruf, Antwort. Die Zeit verrinnt. Nur noch etwa eine Stunde bleibt uns bis zur Dämmerung. Und dann spitzt „Mister Moose" die Ohren. „Links", flüstert er. „Hast du es gehört?" – „Nein." Fünf Minuten später jedoch knackt es abermals, und ich gehe in Voranschlag. Entdecken allerdings können wir nichts.

Schließlich beginnt es zu dämmern, und das Licht wird von Minute zu Minute schwächer. Aber dann, als wir schon gar nicht mehr daran glauben, zucken wir zeitgleich zusammen. Aus der Dickung rechts löst sich ein Schatten, und ein Elch trollt kaum mehr als 40 Meter unterhalb unseres Platzes quer an uns vorbei. Ideal für einen Blattschuss. Unter meiner Jacke klopft es gewaltig. Dem Sitz nach ist es das Herz. Die Haut unter meinem Hut kribbelt, als würden Ameisen Insekten transportieren.

Es ist nicht „mein" Elch, das erkenne ich sofort, aber nachdem Shane mir unmissverständlich „schießen" zuflüstert, lasse ich die Kugel der geliehenen .30-06 fliegen. Schwer getroffen geht der junge Schaufler zu Boden und schlegelt. So schnell ich kann, laufe ich hin und gebe ihm den Fangschuss. „Das war knapp", denke ich – immer dieser letzte Tag. Shane überreicht mir den Bruch, und wir freuen uns riesig, dass es doch noch geklappt hat, mit meinem Elch. „100 Prozent Erfolg“, sagt er. „Wir haben es dir ja prophezeit!“

Am nächsten Morgen lasse ich es mir nicht nehmen, Shane zu helfen, den Elch zu zerwirken und ins Camp zu transportieren. Dank der Akku-Kettensäge, die er mitnimmt, ist die grobe Arbeit schnell getan. Der Transport der vier Teile auf einer „Bahre“ 500 Meter durch dichte Vegetation zum Boot jedoch ist ein Kapitel für sich. Mehrmals nehme ich den Hut vom dampfenden Schädel und lasse den erfrischenden Wind durch die mittlerweile grauen Haare fahren ...

Sicher, ich habe es wieder einmal ziemlich spannend gemacht. Im Nachhinein jedoch bin ich nicht traurig darüber, dass ich erst am letzten Abend meiner neuntägigen Jagd in Neufundland Erfolg hatte. Es war schon außergewöhnlich, was ich alles erlebt und gesehen habe. Wesentlich mehr, als wenn ich meinen Elch bereits nach wenigen Stunden gestreckt hätte.

In den ersten sechs Tagen führte mich Maurice, ein ebenfalls äußerst erfahrener Guide. Und es verging keine Pirsch, auf der wir nicht wenigstens einen Elch sahen. Auch er lockte mit seiner Konservendose, in deren Mitte er eine Schnur zum Erzeugen der Geräusche befestigt hatte, mehrere Hirsche in Schussentfernung. Leider jedoch nur junge, sodass ich zunächst darauf verzichtete zu schießen. War ihm der Rufton zu hell, stopfte er Moos in die Dose.

Einsam? Nein, denn „Whisky Jack“ war immer dabei. Die etwa amselgroßen Vögel mit Namen „Gray Jay“ waren ausgesprochen zutraulich und fraßen Maurice sogar aus der Hand, als er ihnen Leckerbissen hinhielt. Ihren Spitznamen „Whisky Jack“ erhielten die Flattermänner, weil sie eines Abends zusammen mit einem Trapper in Whisky getränktes Brot fraßen und bereits nach kurzer Zeit stockbesoffen „jack, jack, jack, jack, jack“ rufend durch die Gegend torkelten.

Insgesamt sah ich während der neun Tage in der Wildnis Neufundlands 61 Elche, 14 Karibus, zwei Schwarzbären, einen Silberfuchs, zwei Rotfüchse sowie einen Kojoten. Weil in der Nähe der Mayflower Lodge viele Spruce Grouse, eine der vier Raufußhuhn-

Arten Kanadas, vorkommen, stellte ich ihnen, genau wie bereits Jahre zuvor in Britisch Kolumbien, mit einem Kleinkalibergewehr nach und ließ sie den anderen Gästen und mir zum Mittagessen zubereiten. Ein absoluter Gaumenschmaus.

Regelrecht fasziniert war ich von den beiden Elchtieren, die sich auf den Hinterläufen stehend mit den Hufen der Vorderläufe beharkten. Sicher ging es um die Gunst eines im Dickicht wartenden Hirschen.

Was die Waldkaribus in Neufundland betrifft, haben Wissenschaftler festgestellt, dass der Bestand in den vergangenen Jahren drastisch sank. Schuld daran ist der zunehmende Druck durch die Räuber: Schwarzbären, Kojoten, die vor etwa 15 Jahren übers Eis aus Labrador kamen, und Luchse. Bis zu 90 Prozent des Kälber-Nachwuchses geht durch sie alljährlich verloren.

Drei Abende habe ich bis zur absoluten Dunkelheit im Wald auf einer Leiter am Luderplatz gesessen, um einen Schwarzbären zu erlegen. Leider jedoch kam er immer erst dann, wenn ich bereits dabei war, in der Lodge den Nachtisch zu essen. Woher ich das weiß? Wir stellten eine Infrarot-Kamera auf und sahen, dass sich der mindestens 350 Pfund schwere Bär nie vor 22 Uhr über die Leckerbissen hermachte. Heimlich, leise und klug war er, der schwarze Geist.

Zwar befand ich mich bei zunehmendem Mond vor Ort, aber während der anhaltenden Schlechtwetterperiode mit dicken Wolken war das Licht in den Nächten derart schwach, dass ich einen schwarzen Bären beim besten Willen nicht hätte erkennen können. Kein Problem, aber ein Grund mehr, noch einmal nach Neufundland zu fliegen.

Abenteuer Wattenjagd

Mehr als zufrieden stehen wir am späten Vormittag Anfang November inmitten eines riesigen Schilfgebiets in Ostfriesland kaum 500 Meter von der Nordsee entfernt in den Salzwiesen und wischen uns den Schweiß von der Stirn. Insgesamt fünf Stockenten, drei Kricken und zwei Graugänse hängen bereits an unseren Galgen. Zwei weitere Enten sucht mein Drahthaar Hatz gerade nach. Nur Minuten später bringt er zunächst die eine, dann die andere. Dicke Stockerpel.

Wir, das sind mein Freund Erich und ich. Endlich hatten wir es mal wieder geschafft, gemeinsam auf die Wattenjagd zu gehen. Und wie immer machte es riesigen Spaß, dort zu waidwerken. Lassen Sie mich die lebendig gebliebene Vergangenheit in die Gegenwart zurückholen:

Zwar hatte ich die ganze Nacht kein Auge zubekommen, weil es wie aus Kübeln schüttete und Abertausende Regentropfen unaufhörlich an die Fensterscheiben klopften, aber die Jagd mit Erich abzusagen, kam gar nicht infrage. So stand ich bereits zwei Stunden vor der Morgendämmerung auf und freute mich, als ich Hatz nach kurzem Frühstück ins Auto einsteigen ließ, dass es von einer Minute zur anderen aufhörte zu regnen.

Eine halbe Stunde später standen wir am Deich bei Rysum und warteten auf Erich. Kurzzeitig wurde es zwar ziemlich neblig, aber die Milchsuppe löste sich schon bald wieder auf. Kaum hatte ich die Stiefel angezogen und den dicken, wasserdichten Wachsanzug übergezogen, traf auch Erich ein.

Nachdem sich Hatz gelöst hatte, und Erich startbereit war, machten wir uns auf den Weg zum Schilf, wo wir den Enten gut getarnt auf unseren Sitzrucksäcken auflauern wollten. Weil es noch ziemlich dunkel und der Boden aufgrund der starken Regenfälle in der Nacht ziemlich aufgeweicht war, blieben die Gummistiefel bei jedem Schritt stecken, sodass wir nur schleppend vorankamen. Hatz, der wie immer einige Meter voranging, schaute sich ständig nach uns um. „Wo bleibt ihr denn?"

Als wir die Stelle suchten, an der wir gefahrlos einen Graben überspringen konnten, stieg vor uns mit lautem „Rhääāb-rhääāb" ein Stockerpel auf. Wären wir im Hellen hier vorbeigekommen, hätten wir ihn vielleicht erwischt. „Macht nix", sagte Erich, „nächstes Jahr ist er dicker."

Gleich darauf, als es bereits zu dämmern begann, stand Hatz mitten im Strandhafer vor. Allerdings nicht lange, denn dem Fasanenhahn wurde der Boden unter den Ständern derart heiß, dass er sich bereits Sekunden später mit lautem „Gockgockgockgockgock" erhob und über den Deich in Richtung Festland davonflog. „So ein Blödmann", flüsterte Erich. „Er müsste doch wissen, dass er hier nicht geschossen werden darf."

Nachdem wir unsere seit vielen Jahren bewährten Plätze etwa 30 Meter voneinander entfernt eingenommen hatten, drangen die Stimmen unzähliger Wasservögel an unsere Ohren. Als ich mich fertig gemacht hatte, fiel der Blick auf die vielen Wasserperlen an den Blättern des mannshohen Schilfs. Wunderschön. Wir liebten dieses Fleckchen Erde.

Und dann ertönte ein Geräusch, als führen Lastwagen auf einer holperigen Straße. Wir kannten es. Die Graugänse waren von ihren Schlafplätzen aufgestiegen und flogen nun, einer schwarzen Wolke gleich, zum Frühstücken auf die Wiesen im Binnenland.

Immer näher kam der Flug. Die Höhe stimmte. Etwa 25 Meter. Noch hielten Erich und ich die Köpfe so weit über das Schilf, dass wir alles beobachten konnten, aber als die Gänse höchstens noch 200 Meter entfernt waren, duckten wir uns langsam und entsicherten die Flinten.

Zwar flogen die Gänse gut 50 Meter an mir vorbei, aber Erich hatte Glück. Mit zwei in Ruhe abgegebenen Schüssen erlegte er beide anvisierten Vögel. Nach nur noch wenigen Flügelschlägen landeten sie im Abstand von etwa zehn Metern im Schilf.

Jetzt war Hatz in seinem Element. Obwohl er aufgrund des hohen Schilfs, in dem wir saßen, nicht sehen konnte, wo die Gänse eingefallen waren, preschte er sofort, nachdem ich ihn geschnallt hatte, in den richtigen Bereich.

Und dann dauerte es auch nicht mehr lange, bis er mir den ersten Vogel brachte. Für den zweiten brauchte er etwas länger. Aber als Erich ihn eingewiesen hatte, fand er ihn sofort. So schnell es ging, brachte ich Erich die Beute, klopfte ihm auf die Schulter und lief zu meinem Platz zurück.

Gut so, denn als ich saß und die Flinte auf die Knie legte, flog ein Schof von sechs Enten kaum mehr als 25 Meter links von mir in einer Höhe von maximal 30 Metern vorbei. Ich erhob mich und schoss beide Läufe leer. Ein Erpel fiel zu Boden, der zweite Schuss ging daneben. „Apport, Hatz!“

Weil ich meinem Hund zuschaute, wie er die Ente suchte und aufnahm, bekam ich nicht mit, dass sich uns mehrere Krickenten näherten. Aber Erich sah sie und holte eine aus der Luft. Er war nicht nur auf dem Schießstand ein hervorragender Flintenschütze, auch bei der Jagd machte ihm niemand etwas vor. Unvergesslich das Bild, wie er hochkonzentriert seiner „Gummi-Entenquäke“, wenn sich Enten näherten, derart perfekte Töne entlockte, dass Hatz ganz kirre wurde und völlig irritiert in die Luft schaute.

Fast zwei Stunden noch strichen Enten und Gänse über uns hinweg, und Erich und mir gelang es, weitere zwei Kricken sowie acht Stockenten zu schießen. Davon sechs Erpel. Wunderschön ihre goldgrünen Köpfe, die braunen Brüste und die silbern glänzenden Schwingen. Ein außergewöhnlich erfolgreicher Tag. Normalerweise erlegten wir lediglich zwei bis drei Enten. Und oft genug ging gar nichts. Heute jedoch lachten sechs Augen, und drei Herzen tanzten vor Freude.

Was ich zu diesem Zeitpunkt noch nicht wusste, Erich, ein Freund, mit dem ich mich blind verstand, war schwer krank und würde uns nach zähem Kampf bereits in wenigen Jahren für immer verlassen. Dementsprechend traurig war ich, mit ansehen zu müssen, wie ein solcher Prachtkerl mehr und mehr abbaute und schließlich nur noch ein Schatten seiner selbst war.

Die Wattenjagd, es ist mir ein Bedürfnis, das zu sagen, zählte für mich zu den wunderbarsten und reizvollsten Erlebnissen in meinem Leben. Der Wandel der Gezeiten, die Stimmen der Vögel, der Geruch von Schlick und Tang, der Blick übers Watt die Priele entlang bis hin zu den Schiffen im Fahrwasser, die nach Salz schmeckenden Lippen, die wunderbaren Arbeiten meines Hundes ... All das und vieles andere mehr bleibt unvergessen. Seit dem 1. Januar 1995 ist die Wattenjagd verboten.

Kaminerinnerungen

Mitte November. Seit zwei Stunden schon ist es dunkel, und draußen heult der Sturm. Windstärke neun. Die Schuppentür ist offen, klappert unaufhörlich laut quietschend hin und her. Gerade als ich mich aus dem Sessel erheben will, um dem Lärm ein Ende zu bereiten, wirft sie sich krachend ins Schloss.

Völlig unvermittelt prasseln Regentropfen gegen die Fensterscheiben. Erst nur vereinzelt, dann mit Urgewalt in Mengen, wie wir es nur selten erlebten. Minuten später läuft die Dachrinne über. Einer derartigen Flut ist sie nicht gewachsen. Pfui Teufel. Was für ein ungemütliches Wetter.

Wie behaglich dagegen ist es im Haus. Zusätzlich zur Zentralheizung sorgt das flackernde, prasselnde Feuer im Kamin für wohlige Wärme. Der helle Feuerschein wirft gespenstische Schatten auf die erst vor Tagen frisch tapezierten Trophäenwände. 24 Bock-Gehörne, die Krucken von zwei in Österreich erlegten Gams sowie das Kopf-Träger-Präparat meines Mister Billy, des starken Schneeziegenbocks, den ich in Kanada erlegte, präsentieren sich in ständig wechselndem Licht.

Ich bin nicht allein. Mir gegenüber auf dem Dreisitzer der alten Ledergarnitur sitzt Joke, mein guter alter Jagdfreund, dem ich viel zu verdanken habe. In der dunkelsten Ecke des Zimmers hat es sich Hatz, mein geliebter Drahthaar, gemütlich gemacht, schläft den Schlaf des Gerechten.

Nur gelegentlich ist leises Schnaufen, Stöhnen und Jiffeln zu hören. Mehrmals nacheinander zucken die Läufe, und er zieht die Lefzen hoch. Sicher ist er im Traum auf der Jagd und versucht gerade, Wildwitterung um die Nase zu bekommen.

Während wir geistesabwesend in den knisternden Kamin schauen, stellt meine Frau die Whiskygläser, die ich im Schrank mal wieder nicht gefunden habe, auf den Tisch und schenkt uns einen kleinen Schluck aus meiner Bowmore-Flasche ein. „Schottischer Single Malt, zwölf Jahre alt", sage ich zu Joke, der offiziell Johann heißt. „Dass Erika den spendiert, darauf kannst du dir was einbilden."

Eigentlich wollten wir zur Entenjagd heute Nachmittag, aber bei diesem Wetter, bei diesem Sturm hätte es wohl wenig Zweck gehabt. Und als könne er Gedanken lesen, zeigt Joke zum Fenster und schüttelt den Kopf. „Ich glaube, unsere Entscheidung, nicht zu gehen, war richtig!" Ich musste ihm recht geben. Der einzige, der anderer Meinung war, war Hatz. Ihm hätte das Wetter nichts ausgemacht.

Und so kam es, dass wir uns nach dem Abendessen, das uns Erika brutzelte, gemütlich vor den Kamin setzten und uns gegenseitig Jagdgeschichten erzählten. Joke allerdings, das erkannte ich neidlos an, hatte wesentlich mehr zu bieten als ich. Immerhin war er fast 30 Jahre älter und hatte, wie er zu sagen pflegte, „richtig gute Zeiten" erlebt.

Während uns der schlafende Hatz mit wohligem Brummen aus tiefstem Herzensgrund amüsierte, erzählte Johann, wie er vor gut 50 Jahren während einer Nachmittagsstreife mit drei Freunden in einem 300 Hektar großen Revier in Ostfriesland derart viele Rebhühner schoss, dass ihm der Rücken beim Tragen der Vögel am Galgen bis zum Auto schmerzte. „Die Hasen und Fasanen, die ebenfalls von den Hunden hochgemacht wurden", sagte er, „haben wir erst gar nicht beschossen."

Jokes Geschichte erinnerte mich an einen meiner eindrucksvollsten Jagdtage mit Hatz, bei dem auch ich Rückenschmerzen und lange Arme bekam. Es muss im Spätherbst 1988 gewesen sein. Die Wattenjagd in Ostfriesland war noch erlaubt, und die Wetterbedingungen, ein paar Enten zu erlegen, optimal: windig und bedeckt. Hatz befand sich im zweiten Feld und konnte es gar nicht erwarten, in den Schilfgürtel vor den Salzwiesen bei Rysum zu kommen. Es war nicht das erste Mal, dass wir uns dort verschanzten und auf die Wasservögel warteten. Er kannte das Spiel.

15 Uhr. Eigentlich viel zu früh. Aber ich konnte nicht anders. „Lieber zu früh als zu spät!" Hier draußen zu sitzen, tat der Seele gut, machte den Kopf frei von Sorgen aller Art.

Kaum hatten wir uns eingerichtet, ließen sich bereits die ersten Enten blicken. Ein Schof Stockenten flog in einer Höhe von etwa 25 Metern direkt auf uns zu, und ich brachte es fertig, die beiden einzigen Erpel im Verbund zu erlegen. Innerhalb weniger Sekunden hatte sie Hatz gebracht.

Dann begann bereits so etwas wie der Abendflug. Ständig waren Enten in der Luft und flogen die Küste entlang. So kam es, dass ich bis zur Dunkelheit neun weitere Stockenten, vier Krickenten und zwei dicke Graugänse erlegen konnte.

Hatz war in Hochform. Brachte jeden einzelnen Vogel in rekordverdächtiger Schnelligkeit. Wenn er die Beute ausgegeben hatte, setzte er sich neben mich und schaute zum Himmel. Bloß keine Zeit verplempern.

Als ich schließlich vollbeladen mit meinem vierläufigen Freund an der Leine zum hinter dem Deich geparkten Wagen zurückging, dröhnte vom Fahrwasser der Ems das gleichmäßige Stampfen der Maschine eines Überseedampfers zu uns herüber. Noch einmal fiel der Blick aufs Wasser der Nordsee, und fasziniert schaute ich einer Sternschnuppe nach, die, einer Feuerkugel mit langem Schweif gleich, infolge Verdampfung noch in der Luft verglühte. Schöner hätte dieser fantastische Jagdtag nicht enden können.

Dann war Joke wieder an der Reihe, und ich hütete mich, ihn zu unterbrechen, so spannend waren seine Geschichten. Während einer Gänsejagd vom Boot aus auf der Ems schossen er und ein Freund während der Abenddämmerung „vor ewigen Zeiten" kurz vor Weihnachten 26 Graugänse, und sie hatten große Probleme bei aufkommendem Sturm und Regen mit der Beute im Boot den rettenden Hafen zu erreichen.

Als er etwas geistesabwesend zu meiner Trophäenwand schaute, huschte ein Lächeln über sein Gesicht, und erst nachdem er einen tiefen Zug aus seiner Zigarette nahm und sich über die kunstvoll geblasenen Ringe des Rauchs freute, fuhr er fort:

„Während einer Treibjagd auf Niederwild“, erzählte er, „fielen in einem Revier in unmittelbarer Nähe zur Nordsee 127 Hasen. Und das bei lediglich 14 Schützen. Mindestens die doppelte Menge haben wir unbeschossen gelassen, sodass wir auch in den Folgejahren noch ähnliche Ergebnisse erzielten.“ Dass er an besagtem Tag allein 28 Hasen erlegte, erwähnte er nur ganz leise und angelegentlich am Rande.

„Was meinst du wohl, warum ich so lange Arme habe?“, scherzte Joke. „Das kommt vom Schleppen der vielen Enten nach den unzähligen abendlichen Ansitzen an der Küste. Wir haben früher so viele Enten geschossen, dass wir die gesamte Verwandtschaft beschenken konnten.“ Abschöpfen vom Überfluss der Natur, nannte er es.

Als sich Johann, er war bereits weit über 80 Jahre alt, gegen Mitternacht mit leichten „Gleichgewichtsstörungen“ vom Sofa erhob und verabschiedete, brachte ich ihn zur Tür und drückte ihm die Hand. „Mach's gut, Joke. Bis demnächst!“ – „Jo. Tschüss Akki. Und sag' Erika noch mal Danke für das leckere Essen und den Whisky!“

Es sollte kein Demnächst mehr geben. Johann zog es vor, zwei Wochen nach unserem letzten Zusammensein in seinem Bett einzuschlafen und einfach nicht mehr aufzuwachen. Die Flamme der bereits müde flackernden Kerze war erloschen.

Unvergessener Hatz

10. Januar 2004. Noch drei Tage vor seinem Tod nahm ich meinen über alles geliebten Drahthaar Hatz mit auf die Entenjagd und ahnte, dass es das letzte Mal sein würde, denn die Niederwild-Schonzeit stand bevor. Bis zum Aufgang der nächsten Jagdperiode, das war augenscheinlich, konnte er es nicht mehr schaffen. Nachdem er, nahezu taub und fast blind, am späten Nachmittag auch die letzte von mir erlegte Ente noch gefunden hatte, war mein zäher Methusalem sterbensmüde – nur noch ein Schatten seiner selbst.

Während die Turmuhr in Suurhusen bei Emden lautstark ihr Abschiedsgeläut für Hatz erklingen ließ, gingen wir im Zeitlupentempo zurück zum Auto. Tieftraurig hob ich meinen Hund hinein und fuhr, ihn unaufhörlich streichelnd, mit feuchten Augen nach Hause.

Unzählige Male während unserer gemeinsamen Jahre hatte er mich mit seinen klugen, braunen Augen angeschaut und mir die Hand geleckt, wenn es nach der Jagd heimwärts ging. Auch an diesem Tag – so, als wollte er sich bedanken. „Ja Hatz", sagte ich, wohl wissend, dass er mich kaum noch hören konnte, „ich glaube, das heute war unsere letzte gemeinsame Jagd." Und, als verstünde er, klopfte er zur Antwort mehrere Male nacheinander mit seinem Stummelschwanz auf den Boden des Beifahrersitzes. Sollte wohl heißen: „Immerhin. Das haben wir noch auf die Reihe gekriegt!"

Am 13. Januar 2004 holte der Allmächtige unseren Hatz nach 16 Jahren, acht Monaten und 16 Tagen zu sich in die ewigen Jagdgründe. Beerdigt haben wir ihn in unserem Innenhof. Besser gesagt, in seinem Innenhof. Grabstein wurde ein großer, uriger, weißer Quarz, den ich in einem Waldstück gefunden hatte. Und bis heute habe ich kein einziges Mal vergessen, wenn ich am Wochenende von der Arbeit in Rheinland-Pfalz nach Hause kam, meinem Hund Hallo zu sagen. Nach dem Begrüßungsküsschen für Erika ging es erst einmal zu Hatz.

Und während ich nun vor seinem Grab stehe, über unserem Haus Hunderte keilförmig nach Norden ziehende Graugänse um die Wette kakeln, lasse ich zum wiederholten Mal einige der vielen unvergesslichen Geschichten unseres gemeinsamen Lebenswegs Revue passieren:

Hatz war gerade mal drei Monate alt, als mein damals 16-jähriger Sohn und frisch gebackener Jäger und ich einen Freund besuchten, der „deutsche Drahthaare" züchtete. Gott, waren die Welpen schön, als sie in ihrem Auslauf umhertobten. Witzig, pfiffig, einfallsreich. Neugierig und unternehmungslustig schauten sie in die Welt. Die reinste Freude, ihnen zuzusehen. Nichts, kein Strohhalm, kein Stein, kein Ast war vor ihnen sicher. Freches Gekläff und spielerische Kämpfe wechselten einander ab. Unschwer zu erkennen – jeder eine Persönlichkeit für sich. Einer jedoch schien etwas anders zu sein als seine Geschwister, schien „über den Dingen" zu stehen: Hatz!

Und dann kam der Moment der Entscheidung. Wie selbstverständlich lief er auf uns zu, als wir am Gatter des Auslaufs standen, stellte sich senkrecht an den Zaun und wollte auf den Arm genommen werden. Carsten verstand, nahm ihn, setzte sich auf einen Stuhl und legte Hatz auf seinen Schoß. Und da blieb er über eine Stunde liegen. Nicht zuletzt deshalb, weil er bereits nach wenigen Minuten einschlief. „Zu euch will ich!" – anders konnten wir diese Zuneigung nicht deuten. Eine Sympathie, die sofort auf Gegenseitigkeit beruhte. Auch wir wollten ihn, und nur ihn. Liebe nicht nur auf den ersten, sondern auf alle weiteren Blicke.

Was für ein Glück wir mit unserem Hund hatten, sollten wir schon bald erfahren. Hatz entpuppte sich von Jugend an als „mitdenkender Jäger" und machte uns sein ganzes Leben lang nur Freude.

Als der junge Elchhirsch zu aufdringlich wurde, musste Shane ihn mit einem Stock auf Distanz halten.

Während sein Herrchen den alten Bock aus der Decke schlägt, passt Hatz geduldig auf das Gehörn auf.

Ein prächtiger Kojote. Die Hasenklage ließ ihn alle Vorsicht vergessen.

In Neufundland werden Träume wahr ...: 410 Pfund wog dieser Schwarzbär. Trevor freute sich, als hätte er ihn selbst geschossen.

Als Hatz ein halbes Jahr alt war, brachten wir ihm bei, wie man Türen öffnet. „Es könnte ja mal brennen!“ Nur einmal führte Carsten seine rechte Pfote auf die Klinke, drückte sie herunter, und Hatz begriff. Nachdem wir ihn in der Küche „eingesperrt“ hatten und von der anderen Seite aus „Haaatz!“ riefen, dauerte es gerade mal drei Sekunden, bis er die Klinke heruntergedrückt und die Tür geöffnet hatte. Strahlend vor Glück stand er vor uns und ließ sich feiern. Mit Begeisterung öffnete er daraufhin alle Türen innerhalb des Hauses. Richtig gemütlich war's ... Da er auch die Tür vom Innenhof zur Straße hin öffnen konnte, wechselten wir diese Klinke gegen einen runden Knauf. Unters Auto sollte er nun wirklich nicht kommen.

Es hat ihm nie etwas ausgemacht, sich durch dorniges Gestrüpp zu quälen oder in eiskaltes Wasser zu springen, um Carsten und mir verendetes oder krank geschossenes Wild zu bringen. Unzählige Male haute er uns, wenn er die Beute ausgegeben hatte und sich schüttelte, den Schlick aus dem Watt im wahrsten Sinne um die Ohren.

Wie konzentriert Hatz arbeiten konnte, mag folgende Geschichte belegen: Nachdem Hatzi und ich mehrere Kilometer durch den Strandhafer in den Salzwiesen im Wattengebiet gepirscht waren und mit zwei Enten am Galgen zum Auto zurückkamen, bemerkte ich, dass ich die Schlüssel verloren hatte. „So ein Schiet!“ Damals gab es noch kein Handy, sodass ich Erika nicht anrufen konnte. Aber ich hatte eine Idee. Ich bat einen Radfahrer, der zufällig vorbeikam, mir kurz sein Schlüsselbund zu geben. Das zeigte ich Hatz und ließ es vor seiner Nase hin und her bimmeln. „Such verlooor'n Apport!“

Und Hatz verstand. Mit Staubsaugernase machte er sich auf den „Rückwechsel“. Jetzt hieß es warten. Es dauerte etwa 20 Minuten, da hörte ich klingelnde Geräusche. Klingelnde Geräusche? Tatsächlich! Hatz kam mit meinen Schlüsseln im Fang zurück, setzte sich und gab das Bund aus. „Hopp!“, sagte ich. Daraufhin sprang er aus dem Stand senkrecht in die Höhe, direkt in meine vor die Brust gehaltenen Arme, und ließ sich knutschen.

Ich musste laut lachen. Und auch Hatz musste lachen. Es war immer wieder ein wunderschöner Anblick, wenn seine Mundwinkel zu zucken begannen, zu sehen, wie seine Augen strahlten, wie nicht nur die Rute, sondern das ganze Hinterteil wackelte, wenn er gelobt wurde. „Wenn du nicht ein so toller Jagdhund wärst", flüsterte ich ihm ins Ohr, „würde ich mit dir im Zirkus auftreten, und innerhalb weniger Jahre wären wir reich."

Wie war das noch, als Hatz den von mir erlegten „Tabakbeutelbock" aus einer riesigen Brombeerhecke ans Tageslicht zerrte? Am Anschuss hatte ich Lungenschweiß gefunden und ließ ihn daraufhin an der langen Leine suchen. Und er machte seine Sache gut. Immerhin war er ja von Natur aus „nur" ein Vorstehhund. Immer wieder Schweiß verweisend, zog er bis zu einer Brombeerhecke, und weil ich davon überzeugt war, dass der Bock lag, schnallte ich ihn. Zielsicher zog er in den „Urwald".

So gut es ging, folgte ich ihm, kam jedoch nur kriechend voran. „Zehn Zentimeter unter der Grasnarbe." Winnetou hätte seine Freude an mir gehabt. Spitze Dornen zerrissen mein Hemd, zerkratzten das Gesicht, piekten in die Beine, stachen in die Hände. Zweige drangen in den Kragen. An einem rostigen Stacheldrahtbündel blieb die Hose hängen, sodass ich ein wunderschönes Guckloch im Oberschenkelbereich erhielt. Schließlich erblickte ich einige Meter vor mir Hatz und den Bock. Meinen Tabakbeutelbock, der, wie vermutet, inzwischen verendet war.

Hatz hatte ihn gepackt und zog ihn nun Zentimeter für Zentimeter rückwärts aus der Hecke. Ich konnte nichts tun und robbte deshalb aus dem Brombeergestrüpp. Als ich draußen war, wartete ich. Und dann dauerte es auch nicht mehr lange, bis ich meinen Hund hörte. Sehen konnte ich ihn nicht, wusste jedoch aufgrund der Bewegungen in der Hecke, wo er sich befand. Minuten später kam zunächst sein Hinterteil, dann der Rest mit dem Rehbock zum Vorschein. „Danke! Klasse Leistung, Hatz!"

Peter, unser Kater und viele Jahre Hatzis Lebensgefährte, war im Alter von 15 Jahren schwer erkrankt. Hatz spürte, dass etwas nicht stimmte und legte sich zum Schlafen des Öfteren zu seinem

Freund. Als Peter schließlich an Altersschwäche eingegangen war, hob ich in unserem Garten sein Grab aus, legte ihn in eine passende Holzkiste und wollte ihn im Beisein meiner Frau und der Kinder begraben.

Wir waren sehr traurig, denn auch Peter hatte uns mit seinen eigenwilligen Nücken nur Freude bereitet. Am traurigsten jedoch war Hatz. Als ich die Kiste mit dem toten Peter darin geschlossen hatte und auf den Arm nahm, um zum Grab zu gehen, stellte sich Hatz senkrecht auf, stützte sich mit einer Pfote an mir ab und mit der anderen kratzte er an der Holzkiste. Dabei stöhnte er jämmerlich. „Was machst du mit Peter? Wo gehst du hin?“ Die ganzen zwölf Meter bis zu Peters Grab lief er wie ein Mensch aufrecht neben mir und schluchzte. Es ist uns sehr nahegegangen.

Wir hatten Januar, und es war bitterkalt. Das jedoch hielt Hatz, der sich in der Blüte seines Lebens befand, und mich nicht davon ab, auf die Jagd zu gehen. Aber als ich am Ufer der Ems eine Graugans schoss, gab es ein Problem. Die Gans fiel mitten ins Zentimeter dicke Treibeis. Ich überlegte, ob ich Hatz die Bergung zumuten könne, aber er nahm mir die Entscheidung ab. Ehe ich mich versah, spurtete er bereits über das Eis im Uferbereich und sprang ins eiskalte Wasser.

Geschickt schwamm er durchs Treibeis und packte die in gleicher Geschwindigkeit abtreibende Gans. Mit ihr im Fang manövrierte er sich zurück ans Ufer. Dort legte er die Beute kurz ab, schüttelte sich, nahm sie wiederum in den Fang und brachte sie mir. Wie ich später feststellte, wog sie nahezu acht Pfund.

Wenn Hatz nach der Jagd ein wenig streng roch, um nicht zu sagen stank, wurde er auf dem Rasen unseres Innenhofs zunächst mit warmem Wasser übergossen, dann intensiv mit Duschgel eingeseift und schließlich wieder mit warmem Wasser abgespült. So lange, bis er roch wie ein Mensch. Das allerdings hielt nie lange an.

Was uns immer wieder in Erstaunen versetzte, war die Geduld, mit der Hatz die Prozedur über sich ergehen ließ. Es schien ihm sogar Spaß zu machen, gebadet zu werden. Erst wenn wir fertig waren, schüttelte er sich – wie ein Bär, der gerade dem Wasser entstiegen ist. Auch wir schüttelten uns, allerdings vor Lachen. Und das fand er großartig, rannte wie ein wild gewordenes Handtuch Haken schlagend durch den Hof. Erst Minuten später beruhigte er sich und ließ sich mit dem Handtuch trocken rubbeln.

So wie ich um ihn, war auch Hatz um mich besorgt. Wenn ich hustete, kam er sofort angeschossen und tröstete mich. „Was hast du? Bist du krank?" Selbst abends, wenn er schlief, wachte er sofort auf und kam angelaufen, wenn er mich röcheln hörte. Wenn jemand anderes hustete, interessierte ihn das nicht im Geringsten. Keine Ahnung, warum er sich diesbezüglich so einseitig verhielt.

Es war in Harolds Revier. Und nachdem ich mit Hatz an meiner Seite ein paar Enten geschossen hatte, bemerkte ich, dass ich keine einzige Patrone mehr in der Tasche hatte. Wahrscheinlich waren sie mir auf dem Rückweg zum Auto beim Überqueren eines Grabens herausgefallen. Dann kam, was kommen musste. Vor einem Schilfgürtel stand Hatz vor und rührte sich nicht mehr. Lediglich die Haare und der Behang flatterten im Wind.

Was nun? Eine Flinte, aber keine Patronen. Da es nur noch etwa 200 Meter bis zum Auto waren, in dem sich noch ein paar Schrotpatronen befanden, ging ich langsam und vorsichtig los, wurde jedoch bereits nach 30 Metern wesentlich schneller. Nur kurz drehte sich Hatz zu mir um, äugte aber sogleich wieder nach vorn. Unbeirrt stand er vor. Ob er warten würde, bis ich mit der Munition zurückkam?

Zirka zehn Minuten später hüpfte mir das Herz vor Freude in der Brust. Hatz stand tatsächlich immer noch vor. Fantastisch! Dass er nach meinem Kommando die geflügelte Ente, die irgendjemand krank geschossen haben musste, griff und ich nicht zu schießen brauchte, tat unserer gemeinsamen Freude keinen Abbruch.

Hatz legte eine große Apportierfreude an den Tag. Auch beim Angeln. Zander und Hechte schien er besonders zu mögen. Es hat allerdings etwas gedauert, bis wir ihm beigebracht hatten, dass er nicht schon während des Drills ins Wasser springen sollte, sondern warten musste, bis der Fisch reif für die Landung war.

„Hatzibatzi“ hatte zwei Seelen in der Brust: Zu Hause war er fast ein „Schmusehund“ und suchte ständig Körperkontakt. In aller Seelenruhe ließ er sich von meiner Frau wie ein Filmstar mit Hut, Sonnenbrille, Kofferradio, Strohhalm und Coca Cola fotografieren. Einmal setzte sie ihn vor den Schreibtisch, verpasste ihm eine Brille, steckte ihm einen Kugelschreiber in den Fang und sagte „Neiiin!“, als er sich bewegen wollte. Daraufhin ließ Hatz die Prozedur über sich ergehen. Erst als das „Redakteurs-Foto“ geschossen war, spuckte er den Kuli aus und verdrückte sich.

Suchen, Finden, Vorstehen ... Großartig. Auf der Jagd zeigte Hatz sein wahres Gesicht, war nicht kleinzukriegen. Ich kann mich kaum erinnern, dass er ein erlegtes oder schwer krankes Stück Wild nicht gefunden hätte. Wenn er vorstand, erstarrte er zur Salzsäule; wenn er geflügelten, tauchenden Enten im Wasser nachstellte, gab er erst Ruhe, wenn er die Beute im Fang hatte.

Seine Technik diesbezüglich übrigens war bemerkenswert. Wenn eine Ente mal längere Zeit nicht an die Wasseroberfläche kam, hielt Hatz den Kopf unter Wasser und suchte. Wie die Braunbären in den Brooks im Katmai-Nationalpark in Alaska, wenn sie die zum Laichen aufsteigenden Lachse fangen. Das funktionierte allerdings nur in relativ klarem Wasser.

Selbst schwierigste Nachsuchen, zum Beispiel auf geflügelte Enten in der Dämmerung, waren immer von Erfolg gekrönt. Dabei nahm er sich kein einziges Mal Zeit zum Lösen, sondern erledigte alles „im Galopp“. Krummer Buckel, aber weitersuchen! Nur selten machte er einen großen Haufen an einer Stelle. „Keine Zeit!“

Wie passioniert mein Hund jagte, erkannte ich an seinem unnachahmlichen Grinsen, wenn er mir während der Quersuche blitzende Blicke zuwarf. Er presste die Zähne zusammen, öffnete die Lefzen und grinste mit seinem leuchtend weißen Gebiss so breit, als müsse er Reklame für Kukident machen.

Aber es gab nicht nur schöne Zeiten, sondern auch brenzlige Situationen. So zum Beispiel schoss ich im Herbst 1989 an einem Spülfeld eine Stockente, die genau da aufschlug, wo der Schlamm besonders weich war. Hatz, der keine Pfütze ausließ, konnte das nicht riechen und saß etwa acht Meter vom Deich entfernt urplötzlich mit dem Erpel im Fang bis zum Hals fest. Es ging weder vor- noch rückwärts, und mit jeder Bewegung sackte er tiefer ein.

Ohne zu überlegen, zog ich mich bis auf die Unterhose aus und eilte meinem Hund zu Hilfe. So schnell es ging, wühlte ich mich durch den Schlamm und hatte erst in Hüfthöhe einigermaßen festen Boden unter den Füßen. Schließlich bekam ich Hatz gerade noch zu fassen, bevor er unterging und hob ihn mit letzter Kraft senkrecht aus dem Schlamm. Dann ging es mit meinem Hund auf den Armen im Zeitlupentempo zurück zum rettenden Ufer. Erst da bemerkte ich, dass er den Erpel noch immer im Fang hatte. Wir sahen aus wie die Schweine. Einheitlich grau. Als wären wir gerade aus der Suhle gekommen.

Sofort liefen wir zum Kanal in der Nähe und sprangen ins kühle Nass. Bei einer Wassertemperatur von höchstens zwölf Grad allerdings lag das Vergnügen mehr bei Hatz als bei mir. Dass ich ihn bei plötzlich einsetzender Strömung im Kanal wie einen gefangenen Fisch, den ich schonend zurücksetzen will, mit dem Kopf gegen die Strömung hielt, damit der Dreck besser abging, war ihm allerdings nicht ganz so recht ...

Ein Bauer, der mit seinem Traktor vorbeifuhr, schüttelte ungläubig den Kopf, als „der Nackte und der Hund“ dem Wasser entstiegen. „Das gibt's doch nicht!“ Aber ja doch! Jedenfalls sind wir ziemlich sauber nach Hause gekommen. Meiner Frau erzählte ich, wir wären „ausgerutscht“ ...

Im Sommer des folgenden Jahres revanchierte sich Hatz: Als ich mich einem waidwund geschossenen Bock näherte, um ihm den Fangschuss anzutragen, nahm mich dieser urplötzlich an. Wie ein Stier schoss er mit seinen langen Stangen auf nach unten gehaltenem Haupt auf mich zu und schien mich aufspießen zu wollen. Hatz reagierte sofort und warf sich förmlich dazwischen. Blitzschnell fasste er den Bock an der Drossel und tat ihn ab. Eher hätte er sich das Fell von den schlagenden Schalen an den Läufen des Bockes vom Leib reißen lassen, als dass er ihn losgelassen hätte.

Drei Schlaganfälle hat unser Hund überlebt, und weil er nach jedem Anfall nicht gleich wieder fressen konnte, haben wir ihm seine Mahlzeiten mit einem Mixer zerkleinert, mit Wasser verdünnt und mit einer Spritze in den Hals befördert. Seine Devise: „Och nee, sterben kann ich immer noch."

Er jagte mit mir während orkanartiger Stürme hinter dem Deich, saß neben mir, wenn ich bei eisiger Kälte im Winter auf dem Hochsitz auf den Fuchs wartete und schwitzte bei glühender Hitze während der Bockjagd im Sommer so sehr, dass ihm die Zunge aus dem Hals hing. In unseren Fotoalben häuften sich die Bilder, und Hatz war allgegenwärtig. Er war nicht nur im wahrsten Sinne des Wortes ein Stück Leben für uns, er war der Mittelpunkt unseres Lebens.

Mit unbändiger Passion schleppte er mir bis ins hohe Alter das erlegte Niederwild an, begeisterte mich immer wieder mit fantastischen Nachsuchen. Und wehe, wenn ich einmal eine Ente, einen Fasan oder einen Hasen fehlte. Geradezu vorwurfsvoll schaute er mich an, und es konnte durchaus passieren, dass er mich, während er der gesunden Beute wehmütig nachsah, mit heiser klingendem Bellen regelrecht beschimpfte.

Natürlich war es traurig, ansehen zu müssen, wie er von Woche zu Woche abbaute. Andererseits war es aber auch schön, ihn alt werden zu sehen, und wir waren unendlich dankbar, ihn so lange bei uns haben zu dürfen. Sein ganzes Leben lang wäre er für jedes Familienmitglied gestorben. Jetzt waren wir für ihn da, unseren guten alten Freund im biblischen Drahthaaralter.

Mehrmals suchte und barg ich erlegte Enten selbst, sogar aus dem Wasser, zog dann außerhalb seiner Sichtweite eine etwa 30 Meter lange Schleppe und versteckte die Beute im hohen Gras. Dann führte ich Hatz an der Leine zum „Anschuss" und ließ ihn suchen. „Such verlooor'n Apport, mein Hund!" Alles an Hatz war uralt, auf seine Nase jedoch war immer noch Verlass. Zielsicher fand er jede Ente. Als Letztes stirbt die Nase. „Bravo, Hatz!" Zur Belohnung gab's knackige Bockwürste. Frisches Wasser soff er aus der hohlen Hand.

Immer noch verharre ich vor Hatzis Grab, und wieder ziehen laut kakelnd mehrere Flüge Graugänse über mich hinweg. Die Gedanken kreisen. Mir scheint, als wäre es erst kürzlich gewesen, so stark ist die Erinnerung: Am Sonntag, dem 11. Januar 2004, stieg ich nachmittags nach dem Tee in Emden in mein Auto, um nach Rheinland-Pfalz zur Arbeit zu fahren. Wie immer stand Erika mit Hatz an der Leine an der Straße, um mich zu verabschieden. Als ich das Radio anstellte, um in Kürze die Nachrichten zu hören, erklang gerade „Time to say goodbye" von Andrea Boccelli. Ich öffnete das Fenster und stellte, völlig gegen meine Natur, die Musik auf maximale Lautstärke. Meine Frau schüttelte mit dem Kopf und winkte, und Hatz … wackelte mit dem Schwanz! „Mach's gut, fahr vorsichtig!", sagte Erika.

Dann legte ich den ersten Gang ein und setzte das Gefährt in Bewegung. „Time to say goodbye?" Nach 20 Metern blieb ich abrupt stehen, legte den Rückwärtsgang ein und fuhr zurück. Ich stieg aus und verabschiedete mich noch einmal von den beiden. Ganz besonders herzlich von Hatz. Er konnte mich nicht mehr sehen und nicht mehr hören, aber als er meine Hand spürte, schmiegte er sich ganz fest an mich. Schließlich fuhr ich los. Ein letzter Blick noch, dann bog ich mit einem mulmigen Gefühl in der Magengegend um die Ecke. – Ich sollte Hatz nie wiedersehen.

Ob wir traurig waren, als er starb? Unendlich! Ob wir ihn vermissen, unseren Hatz? Jeden Tag! Wir haben über ihn gelacht, wenn er seine Späße machte, und um ihn geweint, wenn er krank war. Am meisten jedoch haben wir über ihn gestaunt. Carina brachte es auf den Punkt: „Hatz ist tot, aber er lebt!"

Danke Diana!

„Akki, komm schnell rüber. Nimm den Haupteingang und geh die Treppe hoch!“, flüstert Shanna, die Partnerin von Trevor Pilgrim, dem Manager von Mayflower Adventures in Neufundland, ins Telefon: „Direkt hinter dem Haus wuseln zwei Schwarzbären herum!“ Na, das fängt ja gut an. Kaum habe ich im Mayflower-Hotel in Roddickton, in dem ich eine Nacht schlafen werde, bevor es in die 50 Kilometer entfernte Lodge geht, die Koffer abgestellt, bekomme ich bereits das begehrte Wild in Anblick, denn ich hoffe, außer dem Angeln auf Atlantische Lachse einen Blacky zu erlegen. Während Shanna fleißig Fotos macht, übergibt mir Trevor das Fernglas und lässt mich wissen, dass der größere der beiden Bären weit über 400 Pfund wiegt. „It's a monster!“ Hier am Stadtrand ist er natürlich tabu.

Am nächsten Morgen, es ist der 19. Juni, fährt mich Trevor in die Lodge, von der aus wir morgens mit der Fliegenrute den Atlantischen Lachsen im Beaver Brook am weltweit einmaligen Underground Salmon Pool nachstellen und, sobald die Möglichkeit besteht, irgendwann am späten Nachmittag den Bären aufs Fell rücken werden. Eine Kombination, so richtig nach meinem Geschmack.

Am Abend des vierten Tages – bis dahin widmen wir uns ausschließlich den äußerst beißfreudigen Lachsen – ist es so weit. Wir gehen auf die Pirsch. Langsam steigen wir in absoluter Wildnis einen nur spärlich mit Laubbäumen bewachsenen Hang hinauf, immer darauf bedacht, ja keinen Ast zu zertreten.

Fast zeitgleich entdecken wir einen markanten schwarzen Punkt und saugen uns mit den Ferngläsern förmlich an ihm fest. „Ein

Baumstumpf", sage ich und will gerade weiterpirschen, als Trevor flüstert: „Hast du schon mal einen wandernden Baumstumpf gesehen?" – „Was?" Nein, das ist kein Baumstumpf. Das ist ein Bär. Und was für einer: Tief hängender Körper, weit ausladende Keulen. Das Haupt ist breit, geht direkt in den massigen Körper über. Kraftvoll wirken die rollenden Bewegungen. Die Entfernung beträgt etwa 150 Meter.

Was für ein Glück! Von links nach rechts schaukelnd und ständig Wind holend zieht der Bär direkt auf uns zu. Das Anpirschen in unübersichtlichem Gelände wäre schwierig gewesen, denn die Sohlengänger können zwar nicht gut äugen, haben jedoch eine fantastische Nase und ein scharfes Gehör.

Doch plötzlich ist der Bär verschwunden. Ob er wieder auftaucht? Ja! Der schwarze Fleck zwischen den halbhohen Weiden, das ist er. Jetzt trottet er nach links. Imponierend seine Schulterhöhe. Wirklich ein Hauptbär. Im Gegensatz zu mir, sieht Trevor der Geschichte gelassen entgegen. Schließlich ist der Bär kaum mehr als 50 Meter entfernt, und als das Absehen des Zielfernrohrs die Schulter des Bären findet, mache ich den Finger krumm.

Das 11,7 Gramm schwere Core-Lokt-Geschoss der geliehenen Remington Model Seven Short Action im Kaliber .300 Ultra Magnum verlässt den Lauf und erwischt den schwarzen Riesen genau da, wo es soll. Auf den Schuss hin beißt sich der Bär in die Schulter, schlägt um sich, stürzt und rappelt sich wieder auf. Den Bruchteil einer Sekunde später sehe ich, wie der massige Schädel kaum mehr als zehn Meter vom Anschuss entfernt zur Seite fällt. Trevor schlägt mir auf die Schulter. „Er liegt, aber wir warten noch ein wenig."

20 Minuten später stehen wir vor dem verendeten Bären: Er ist etwa sechs Jahre alt, ausgesprochen großes Gebäude, 410 Pfund schwer. Wunderschön seine maulwurfschwarze Decke. Wir sind begeistert.

Zwei Tage später. 13 Atlantische Lachse habe ich inzwischen gefangen. Trevor sicher dreimal so viel. Seit über 40 Jahren fischt er mit der Einhand-Fliegenrute in den verschiedenen Lachsflüssen in der Nähe von Roddickton und kennt dementsprechend jede Erfolg versprechende Stelle. Ohne seine Ratschläge wäre ich aufgeschmissen.

Als ich mit der Wathose mitten im reißenden Fluss stehend mit dem rechten Fuß auf dem Geröll umknicke und der Knöchel beängstigende Ausmaße annimmt, muss ich das Angeln unterbrechen. Humpelnd mache ich mich auf zum Ufer und schaue Trevor zu, wie er meisterlich die Flugschnur wirft und kurz hintereinander drei frisch aufgestiegene Lachse drillt. Dann jedoch kommt er zu mir und fragt, ob ich Waldkaribus mag. „Ja, am liebsten gebraten, mit Salz, Pfeffer und Pilzen", antworte ich. „Im Ernst!", fährt er fort. „Ich weiß, dass du lieber auf einen zweiten Schwarzbären pirschen würdest, aber weil das nicht geht, da du ja nicht laufen kannst, solltest du ansitzen. Die beste Methode für alte oder fußkranke Jäger. Im Moment trifft ja beides auf dich zu." – „Mistkerl!" Bereits nach wenigen Sekunden hat er sich von meinem Leberhaken erholt …

Ein zweiter Schwarzbär? Ja. Wer auf Neufundland einen Bären bucht, bekommt von der Regierung einen weiteren Abschuss sowie eine Kojoten-Lizenz geschenkt! Eine sinnvolle Entscheidung, denn der Waldkaribubestand ging aufgrund der viel zu hohen Schwarzbären- und Kojotenpopulation in den vergangenen Jahren dramatisch zurück. Etwa 80 Prozent des Kälbernachwuchses fallen in jedem Frühjahr den Raubtieren zum Opfer.

Nachdem Trevor am späten Nachmittag dieses Tages meine nach dem Essen stark nach Küche riechende Bekleidung längere Zeit in abgeschnittene Fichtenzweige steckte, damit sie den Waldgeruch annehmen, und er mich zusätzlich mit „Anti-Menschengeruch" eingesprüht hat, hilft er mir, einen 25 Meter vom Luderplatz entfernten Hochsitz zu erklimmen. „Hier geht ein über 200 Pfund schwerer Bär", sagt er. „Fast jeden Abend ist er da. Ich habe eine Infrarotkamera aufgestellt, daher weiß ich das. Wenn du ihn hast, rufe mich auf dem Cellphone an. Waidmannsheil!" Und schon ist Trevor verschwunden. „Waidmannsheil!", flüstere ich mir in meinen Bart.

Auweia! Die Moskitos und Black Flies sind unterwegs und ... können mich mal. Denn Trevor hatte mir sein geniales Kapuzenshirt aus Fliegengaze mitgegeben. Das ziehe ich über die Tarnjacke, die mitgebrachten Camouflage-Handschuhe sowie die Mütze, und die Quälgeister haben keine Chance. Was mich erstaunt: Trotz der mückensicheren Gaze vor meinen Augen kann ich hervorragend sehen.

19 Uhr. Zwei Grauhörnchen (Grey Squirrels) jagen unaufhörlich laut keckernd über den Waldboden und fegen die Bäume hoch und runter. Entweder sie haben Stunk, oder der Herr möchte die Dame besteigen und sie ziert sich noch. Minuten später klettert einer der beiden Rabauken über die Leiter den Hochsitz empor, verharrt kurz vor meinen Füßen, äugt mich kackfrech an und macht sich daran, den Inhalt des abgestellten Rucksacks zu erkunden. Das kann ich mir natürlich nicht gefallen lassen. Eine kurze Drehung mit dem Fuß ... Aua, der falsche! Und schon ist der Halunke verschwunden.

Nicht weit entfernt äsen Elche an den frischen Trieben eines Busches, ein Tier und ein junger Hirsch. In der Ferne bellt ein Kojote. Etwas seitlich von mir erhält er Antwort. Hallo? Etwa 40 Meter entfernt steht urplötzlich mitten auf einer kahlen Fläche ein riesiger fast schwarzer Kojote und mustert mich. Ein Wolf kann es nicht sein. Die gibt es hier nicht. Völlig bewegungslos steht er da. Erst nach etwa fünf Minuten verdrückt sich der „schwarze Teufel" einem Geist gleich in die Wildnis. Ich hätte ihn schießen können, Trevor jedoch hatte mich gebeten, in einem solchen Fall lieber auf den Bären zu warten. Der Blick zur Kirrung, zum sogenannten Bait, bestätigt: Nichts im Anmarsch.

19.25 Uhr. Ein Kolkrabe blockt auf dem Baum auf, unter dem sich die Kirrung befindet. Deutlich kann ich erkennen, dass er neugierig nach unten äugt. Gleich darauf steigt er in die Luft und beginnt, so laut er kann, fürchterlich zu krächzen. Es hört sich an wie vor langer Zeit das Röcheln meiner Großmutter, als sie beim Hechtessen plötzlich eine Gräte quer in der Speiseröhre hatte und keine Luft mehr bekam. Mein beherzter Griff mit damals noch dünnen Fingern in ihren Hals jedoch bewahrte sie vor Schlimmerem.

Unaufhörlich rufend dreht der Kolkrabe immer größere Runden, und es dauert etwas, bis ich begreife. Die Kirrung ist mit einem schweren Stein versehen, sodass der hungrige schwarze Vogel nicht an die Leckerbissen herankann. Er ruft seinen großen schwarzen Bruder, der das Büffet eröffnen soll. So muss es sein.

Und genauso kommt es. Etwa 20 Minuten später erscheint der Sohlengänger absolut lautlos an der Kirrung. Langsam und behäbig prüft Meister Petz, ob die Luft rein ist. Weil das von Trevor genannte Gewicht hinkommt und sich kein Junges blicken lässt, schieße ich sofort, als sich die Gelegenheit ergibt. Kurzes Zeichnen, eine blitzschnelle Drehung, und schon ist Blacky im Wald verschwunden. Mehrmaliges Knacken von Ästen signalisiert, dass er liegt. Gesundes Wild macht keinen Krach.

Weil ich sicher bin, gut abgekommen zu sein, rufe ich Trevor sofort an und beschreibe ihm, was passiert ist. „Ich bin schon unterwegs", sagt er. Selbstverständlich bleibe ich sitzen und baume erst ab, als er 30 Minuten später eintrifft. 20 Meter weit hat es der Baribal, wie der Schwarzbär auch genannt wird, noch geschafft, dann ist er zusammengebrochen und verendet. 250 Pfund bringt er auf die Waage.

„Geile Geschichte", jubelt Trevor. „Das mit dem Kolkraben habe ich an einer anderen Stelle auch schon erlebt. Es ist durchaus nicht selten, dass Raben und Bären zusammenarbeiten. Der clevere Vogel signalisiert dem Bären, dass der Tisch gedeckt ist. Und wenn Blacky dann den Stein von der Kirrung rollt, fressen sie einträchtig nebeneinander. Der eine profitiert vom anderen. Kommensalismus nennt man das, glaube ich."

Der letzte Tag in Neufundland: Weil ich noch einen Kojoten frei habe, führt mich Trevor auf einen nicht ganz so hohen Sitz und holt seinen Locker aus der Tasche. Die Töne, die er herauszaubert, klingen wie ein klagender Hase. Derart perfekt, dass ich förmlich mit leide. „Das arme Tier", flüstere ich Trevor ins Ohr. „Konzentrier' dich, jede Sekunde kann er kommen!", antwortet er und rammt mir seinen Ellenbogen in die Flanke. Jetzt sind wir quitt.

Drei Mal lässt mich der sterbende Hase förmlich erschauern, dann sehe ich in einer Entfernung von etwa 80 Metern urplötzlich zwei Gehöre inmitten des Zwergbirkengestrüpps. „Nicht bewegen, da ist er", flüstert Trevor. Ich bin bereit. Wenn er frei steht, schieße ich. Aber es ist ein Geduldsspiel. Gut fünf Minuten sichert der „kleine Wolf im Stimmbruch", wie ihn Trevor nennt, weil er eine so helle Stimme hat. Dann jedoch tippelt er vorwärts. „Hier irgendwo muss doch der Hase verendet sein!" Gewehr lautlos auf die Brüstung, entsichern und mitgehen ... Als der Kojote in einer Entfernung von etwas mehr als 60 Metern kurz verhofft, ist die Kugel draußen. Ich schaue nach vorn, sehe jedoch nichts. Totenstille. „Er ist umgefallen wie ein Sandsack", beruhigt mich Trevor.

Zehn Minuten später stehen wir vor dem dritten Stück Wild, das ich innerhalb weniger Tage auf Neufundland erlegt habe. Ein wunderschöner, grauschwarzer, ausgewachsener Kojote mit einem Gewicht von knapp 60 Pfund. „Ich kann's kaum glauben", sagt Trevor und reibt sich die Augen. „It's a dream! So viel Glück hat nicht jeder. Zwei Bären und ein Kojote! Von ganzem Herzen Waidmannsheil, Akki!" – „Waidmannsdank!", antworte ich, wohl wissend, wem ich das alles zu verdanken habe.

Was für eine Freude! Weitere Höhepunkte in meinem Jägerleben! Und wo ich gerade so darüber nachdenke, komme ich zu der Erkenntnis, dass ich keine einzige Sekunde, die ich in der Natur verbrachte, missen möchte. Niemals habe ich mich gelangweilt, weder bei erfolgloser Pirsch, noch bei Ansitz ohne Beute.

Was für ein Erlebnis, wenn die Sonne glühend rot hinter den Bäumen, die den See säumen, aufgeht, wenn Tautropfen an Halmen, Büschen und Bäumen funkeln wie Edelsteine. Wie großartig, den Spinnen zuzuschauen, wie sie kunstvoll ihre Netze bauen. Zu sehen, wie Wildenten auf dem Wasser einfallen und im flachen Uferbereich zu gründeln beginnen, den noch arglosen Jungfuchs beim Mausen zu beobachten. Zu staunen, wie im Frühling aus prallen Knospen an Büschen, Bäumen und Sträuchern wunderschöne zartgrüne Blätter oder farbenfrohe Blüten werden. Das Schilpen aufgeplusterter Spatzen, das Zwitschern der Schwalben bei der Insektenjagd oder das Flöten der Stare zu hören.

Blitz und Donner, Wolkenbrüche mit Regentropfen, so groß wie Taubeneier, Orkanböen, Bäume, so krumm wie Angelruten während des Drills eines großen Fisches, der Duft von frisch gemähtem Gras, brütende Hitze, Eis und Schnee, die unheimlichen Geräusche in tiefer, schwarzer Nacht ... Einfach nur großartig.

Was für eine Stimmung, wenn in der Abenddämmerung urplötzlich der Gesang der Amseln verstummt, Waldschnepfen pfeilschnell mit lautem „Knorr Puitz" hinter den Wipfeln der Bäume verschwinden, wenn im allerletzten Licht das heimliche Wild austritt, das Rufen der Eulen beginnt.

All diesem Zauber konnte ich mich nie entziehen, war gefangen von den spannenden Vorgängen in der Natur. Die Wildnis gab Geheimnisse preis, die mich immer wieder in ungläubiges Erstaunen versetzten. Unzählige Male hat mir Diana den randvollen Becher gereicht, und jedes Mal habe ich ihn bis zum letzten Tropfen ausgetrunken.

Ein Sesselpupser jedenfalls war ich nie. Die Lust, die Natur hautnah zu erleben, trieb mich immer wieder nach draußen. Egal bei welchem Wetter. Erst, wenn eines Tages die Beine den Dienst verweigern, wenn Rheuma die Gelenke schmerzen lässt, die Augen müde und die Hände zittrig sind, werde ich die Flinte, die Büchse und die Angelrute an den Nagel hängen.

Was ich anders machen würde, könnte ich mein Leben noch einmal leben? Nicht viel. Ein paar Kleinigkeiten vielleicht. Ganz sicher würde ich wieder ein Angler und ein Jäger werden, und auch dieselbe Frau würde ich noch einmal heiraten, nicht zuletzt in der Gewissheit, dieselben Kinder zu bekommen, die wir bekamen, aber ich würde versuchen, viel weniger Dinge so ernst zu nehmen, wie ich sie ernst nahm.

Ich würde mich nicht so oft über Kleinigkeiten ärgern, wie ich es tat und nicht so perfekt sein wollen, wie ich es nie war. Ich würde mehr riskieren, noch verrücktere Dinge tun, als ich tat, würde noch mehr reisen, viel öfter Berge besteigen und wilde Flüsse durchwaten.

Das Leben besteht aus Momenten. Viel zu oft vergaß ich es, war manchmal sogar stolz darauf, ein „Denker und Planer“ zu sein. Vergaß darüber hinaus jedoch allzu oft den Augenblick.

Ganz sicher, könnte ich mein Leben noch einmal leben, würde ich noch öfter im Wald und am Wasser sitzen, als ich im Wald und am Wasser saß. Würde noch mehr Stunden in der Natur verbringen, als ich verbrachte.

Zum Glück bin ich heute, als ich diese Zeilen schreibe, erst 64 Jahre alt, sodass ich noch genügend Zeit habe, all die guten Vorsätze in die Tat umzusetzen. Denn eins habe ich in all den Jahren, in denen ich auf der Welt bin, gelernt: Es gibt keine bessere Zeit, um glücklich zu sein, als jetzt, genau in diesem Moment. Nicht morgen, nicht in vier Wochen, nicht in drei Jahren.

Es hat keinen Sinn, auf das nächste Gehalt, den Sommerurlaub, den Frühling oder den Herbst zu warten. Jetzt! Das Leben beginnt nicht irgendwann. Jetzt!

Spät kam sie, die Erkenntnis, aber sie kam. Morgen Nacht werde ich, warm eingepackt, von der offenen Kanzel aus bei Mondlicht in klirrend kalter Nacht versuchen, einen roten Freibeuter zu erlegen! Wie heißt es so schön? Jagd ist nicht alles, aber ohne Jagd ist alles nichts!